U0268891

珠江三角洲典型水网区
水资源调度技术研究

贺新春　汝向文　丁波　王翠婷　郑江丽　孔兰　著

中国水利水电出版社
www.waterpub.com.cn
·北京·

内 容 提 要

本书重点分析了珠江三角洲水资源调度形势与现状，以及闸泵调控作用下的珠三角洲河网区水动力和水质变化特性，研究了珠江骨干水库统一调度背景下的珠三角洲河网区水资源调度技术与方案。主要内容包括珠江三角洲水资源特性分析、调度形势与现状分析、调度策略与技术框架、调度实施与效果评估，以及中珠联围水资源调度模型构建、水动力水质变化特征分析、群闸优化调度等。

本书可供从事流域水资源管理的技术人员以及资源环境等相关领域的科研人员、大学教师和研究生参考。

图书在版编目（ＣＩＰ）数据

珠江三角洲典型水网区水资源调度技术研究 ／ 贺新春等著. -- 北京 ： 中国水利水电出版社，2018.7
ISBN 978-7-5170-6740-5

Ⅰ. ①珠… Ⅱ. ①贺… Ⅲ. ①珠江三角洲－水系－水资源管理－研究 Ⅳ. ①TV213.4

中国版本图书馆CIP数据核字(2018)第179812号

书 名	**珠江三角洲典型水网区水资源调度技术研究** ZHUJIANG SANJIAOZHOU DIANXING SHUIWANGQU SHUIZIYUAN DIAODU JISHU YANJIU
作 者	贺新春 汝向文 丁波 王翠婷 郑江丽 孔兰 著
出 版 发 行	中国水利水电出版社 （北京市海淀区玉渊潭南路1号D座 100038） 网址：www. waterpub. com. cn E - mail：sales@waterpub. com. cn 电话：(010) 68367658（营销中心）
经 售	北京科水图书销售中心（零售） 电话：(010) 88383994、63202643、68545874 全国各地新华书店和相关出版物销售网点
排 版	中国水利水电出版社微机排版中心
印 刷	天津嘉恒印务有限公司
规 格	184mm×260mm 16开本 16印张 385千字
版 次	2018年7月第1版 2018年7月第1次印刷
印 数	0001—1000册
定 价	**80.00元**

前言

　　珠江三角洲是世界上水系最复杂的三角洲之一，由西北江思贤滘以下、东江石龙以下河网水系和入注三角洲诸河组成，集水面积 2.68 万 km²，其中河网区面积 9750km²；珠江三角洲河网区河道纵横交错，其中西北江三角洲集雨面积 8370km²，河网密度为 0.81km/km²；东江三角洲集雨面积 1380km²，河网密度为 0.88 km/km²。珠江三角洲河网区分布着众多联围，联围内城镇和工业企业密布，人口高度集中，由于社会经济的快速发展，截污和污水处理速度跟不上污染物排放的速度，入河排污量加大，导致入河污染物总量接近或超过水功能区纳污能力，内河涌污染严重。此外，珠江三角洲河网区为感潮河网区，受潮流和径流的双重作用，污染物在河网区往复流荡，难以净化，造成污染物的积累，加剧了水体污染，严峻的水环境问题已成为珠江三角洲地区社会经济发展的关键制约因素。受枯季上游径流减少、口门形态和拦门沙的消长与运移、海平面季节变化、航道整治和河道挖砂等因素综合影响，近年来珠江口咸潮上溯越来越严重；咸潮上溯直接威胁澳门、珠海、中山、广州、东莞等城市供水安全，受影响人口多达 1500 余万，咸潮已成为珠江三角洲河网区供水安全亟待解决的突出问题。珠江三角洲河网区河涌有排涝、纳污、供水等多种功能，水资源调度管理要统筹协调多种功能目标；同时，珠江三角洲河网区主干河涌大多为跨行政区河流或边界河流，各行政区的水资源管理各自为政，缺乏流域层面和上一级行政层面的统一管理机制，导致河涌上下游、左右岸竞争性用水问题突出。

　　笔者接触并研究珠江三角洲水资源问题，距今已有 10 年时间。2006—2008 年，受中山市三防指挥部办公室的委托，笔者在余顺超教授的指导下开展了中山市报汛站点洪潮水位相关模式与水文预报方法研究，第一次感受到珠江三角洲径潮动力的复杂与奥妙；2008—2013 年，笔者有幸参与了王琳教授主持的水体污染控制与治理科技重大专项"多汊河口的水库—闸泵群联合调度咸潮抑制技术"（2009ZX07423 - 001 - 2），全程参与了项目策划申报、组织实施、鉴定验收、成果出版，配合王琳教授提出了多汊河口水库—闸泵群联合抑咸调度理念，创建了多汊河口水库—闸泵群联合调度技术体系，并负责"流域骨干水库群优化调度抑咸技术研究"专题；2009—2012 年，笔者参与了莫思平教授主持的水利部公益性行业科研专项经费项目"珠江三角洲咸潮防控工程技术研究"（200901034），负责"水源地布局与新辟水源地工程的咸潮防控作用"专题，论证了现有水源地优化调整和新辟水源地相结合的咸潮防控措施，重点研究了中珠联围内河涌作为咸潮期应急备用水源地的可行性；2014—2017年，笔者主持了水利部公益性行业科研专项经费项目"珠江三角洲典型水网区水资源调度技术研究"（201401013），针对珠江三角洲河网区的水资源问题和水资源调度管理需求，开展了河道取排水格局优化、改善水环境的闸泵优化调度、抢淡蓄淡应急供水的水闸优化调度等方法与技术研究，并在中珠联围开展了调度试验与示范；此外，2015—2016年，笔者还先后两次受珠海市海洋农业和水务局委托，开展了"一河两涌"水环境调度和前山河流域七闸联调原型试验研究，为前山河水环境治理提供了可行的调度方案。通过上述研究工作，笔者深刻体会到，要解决珠江三角洲地区的水环境和供水安全问题，必须从流域和区域两个层面实施水资源调度，通过珠江骨干水库统一调度增加磨刀门水道等外江水道的径流量，保障一江清水下泄并抑制咸潮上溯；通过区域联围闸泵群联合调度，引外江清水置换围内受污水体以改善水环境，将外江淡水抢蓄到围内河涌以保障枯水期供水安全。

本书是对上述项目研究成果的总结与凝练，重点分析了珠江三角洲水资源调度形势与现状，分析了闸泵调控作用下的珠江三角洲河网区水动力和水质变化特性，研究了珠江骨干水库统一调度背景下的珠江三角洲河网区水资源调度技术与方案。本书取得了以下理论和应用成果。

（1）针对珠江三角洲受排污影响河网区和受咸潮影响河网区的水资源特征和调度需求，提出了珠江三角洲水资源调度策略与技术框架，构建了珠江三角洲河网区水资源调度模型。

（2）选择中珠联围作为典型研究区，分析了闸泵工程对联围内河涌水动力和水环境的影响作用，揭示了联围内河涌的水动力和水环境特征和变化规律。

（3）针对中珠联围改善水环境的调度需求，研究提出了联围整体调度与局部重点改善相结合的调度方法，制定了改善河网区水环境质量的闸泵调度方案。

（4）针对中珠联围咸潮影响期应急供水的调度需求，研究提出了水闸抢淡—河涌蓄淡—水库调咸—泵站供淡的调度方法，建立了水闸调度的咸度阈值，制定了保障咸潮影响期应急供水的抢淡蓄淡调度方案。

本书共分为10章，第1章由贺新春、汝向文编写，第2章由丁波、王翠婷、孔兰编写，第3章由贺新春、郑江丽、丁波、关帅编写，第4章由贺新春、汝向文编写，第5章由贺新春、丁波、王翠婷、刘晋编写，第6章由汝向文、王翠婷、郑江丽编写，第7章由汝向文、王翠婷编写，第8章由贺新春、丁波、郑江丽编写，第9章由贺新春、汝向文、丁波、王翠婷、郑江丽编写，第10章由贺新春、丁波编写，全书由汝向文、丁波统稿，贺新春定稿。

在项目研究和本书编写过程中，得到了水利部国际合作与科技司、水利部珠江水利委员会、珠海市海洋农业和水务局、中山市水务局、坦洲镇政府、珠海市水务集团、坦洲自来水公司等单位领导的大力支持和帮助。同时，很荣幸地得到了毛革、王现方、王琳、徐良辉、王萍、余顺超、刘祖发、窦永强、张渊、李兵、方晔、叶永巧、梁剑喜、袁海深、谢乐明、王杭州、陈泽颖、李国雄、余结德、黄润基、余灿业、潘少明、赵剑辉等专家的支持和帮助。在本书出版之际，我们谨向支持和帮助本书编写出版的有关单位领导和专家表示衷心的感谢！

由于作者水平所限，书中内容难免有疏漏和不妥之处，恳请广大读者批评指正。

作者

2017 年 12 月

目录

第 **1** 章

绪 论

1.1 研究背景

　　珠江三角洲地区地处我国广东省中南部，包括广州、深圳、佛山、珠海、东莞、中山、惠州、江门、肇庆 9 个城市，被称为中国的南大门，该区域土地面积 5.47 万 km²。2016 年珠江三角洲地区常住人口为 5998.49 万人，城镇化率达 84.85％；GDP 约 73118.77 亿元，占全省的 91.96％，占全国的 9.83％。珠江三角洲地区是我国经济和社会高速发展的地区，是我国改革开放的先行地区，在我国新时期经济社会发展和深化改革开放大局中具有突出的带动作用和举足轻重的战略地位。珠江三角洲地区在整个广东经济发展中起着龙头带动作用，已经成为我国国际资本和跨国公司、国际大财团投资最活跃的地区之一，且为我国重要的先进产业制造基地。此外，珠江三角洲地区还毗邻香港和澳门特别行政区，政治地位重要，拥有突出的地缘优势和丰富的海外资源，在对外开放和全球治理中扮演着十分重要的角色。

　　国家高度重视珠江三角洲地区的发展问题，同时对泛珠三角区域合作和粤港澳深度合作提出了高标准要求。2008 年 12 月，国家发展和改革委员会出台《珠江三角洲地区改革发展规划纲要（2008—2020 年）》，要求到 2020 年珠江三角洲地区需率先基本实现现代化，基本建立完善的社会主义市场经济体制，形成以现代服务业和先进制造业为主的产业结构，形成具有世界先进水平的科技创新能力，形成全体人民和谐相处的局面，形成粤港澳三地分工合作、优势互补、全球最具核心竞争力的大都市圈之一。2016 年 3 月，国务院出台《国务院关于深化泛珠三角区域合作的指导意见》（国发〔2016〕18 号），要求进一步完善合作发展机制，加快建立更加公平、开放的市场体系，推动珠江—西江经济带和跨省区重大合作平台建设，促进内地九省区一体化发展，深化与港澳更紧密合作，构建经济繁荣、社会和谐、生态良好的泛珠三角区域。2016 年 4 月，广东省人民政府出台《广东省国民经济和社会发展第十三个五年规划纲要》，要求深入实施泛珠三角区域合作国家战略，贯彻落实《国务院关于深化泛珠三角区域合作的指导意见》，构建以粤港澳大湾区为龙头，以珠江—西江经济带为腹地，带动中南、西南地区发展，辐射东南亚、南亚的重要经济带，将泛珠三角区域打造成为全国改革开放先行区、全国经济发展重要引擎、内地与港澳深度合作核心区、"一带一路"建设重要区域、生态文明建设先行先试区。2017 年 3 月，"粤港澳大湾区"被写入国务院政府工作报告，上升为国家战略。粤港澳大湾区是指由广州、深圳、佛山、珠海、东莞、中山、惠州、江门、肇庆 9 市和香港、澳门两个特别行政区形成的城市群，拥有 5.56 万 km² 国土面积、6755 万人口和 13％ 全国经济总量，是继美国纽约湾区、旧金山湾区和日本东京湾区之后的世界第四大湾区，是我国建设世界级城市群和参与全球竞争的重要空间载体。

纵观以上跨越性的发展规划，要求珠江三角洲地区建立现代水利支撑保障体系，落实"节水优先、空间均衡、系统治理、两手发力"的新时期治水方针。水资源作为珠江三角洲地区发展的基础保障性资源，对区域发展规划的落实与推进起到关键性的作用。但社会经济迅速发展的同时，水资源需求量也越来越大，给各高强度用水区域的供水带来巨大压力，尤其是珠江三角洲典型水网区。一方面，由于水网区用水密度过于集中，高强度的污染物排放对河涌水环境带来巨大的影响；另一方面在河口水网区，由于径流、潮汐等自然因素的作用，咸潮上溯对供水安全的影响进一步加剧了水资源压力。在此背景下，开展珠江三角洲典型水网区水资源调度关键技术研究便极为重要。

中珠联围是地处磨刀门水道北岸，地跨中山、珠海两市，临近澳门，地理位置极为优越。近年来联围致力于实施"工业强镇""外向带动""科教兴国"战略，经济社会迅速发展，已经由一个典型农业区发展成为具有岭南水乡特色的现代化工业地区。2008年经历国际金融危机后，联围外向型加工制造业受到较大影响，同时以《珠江三角洲地区改革发展规划纲要（2008—2020年）》为指导将珠江三角洲地区发展上升为国家战略为契机，深入学习实践科学发展观，充分发挥自身优势，消除发展瓶颈，淘汰落后生产能力，加快发展方式转变和结构调整：一是壮大工业力量，继续将招商引资工作摆在首位，加大高新技术产业和先进制造业的招商力度，积极引导培育支柱产业和特色经济，推动产业链向高端方向延伸。二是提升工业质量，深入实施名牌带动战略，创造更多的国家级和省级名牌名标，增强自主创新能力和核心竞争力。引导和鼓励企业与科研单位和高等院校进行联合、协作，加快科研成果转化为现实生产力，促进加工贸易及来料加工企业转型升级，优化产业结构，增强生产环节价值，提升获利空间，切实抓好节能减排工作，推动循环经济发展。三是繁荣民营企业和服务业，利用与港澳特区、珠海特区之间的价格洼地效应和便利交通条件，加大基础设施投入力度，发掘水乡文化内涵，依托小水果生产基地建设，积极发展水乡生态休闲旅游。四是提高服务水平，利用太澳高速、西部沿海高速、江珠高速、京珠高速等便利发达的交通优势，大力发展现代物流业，为企业发展提供良好的平台。

中珠联围地区地理位置特殊，水系特别发达，河涌纵横交错，宽度超过15m的河涌共计40条、总长122.8km，河网密度达0.93km/km²，水面率达6.4%；但也正是由于此特殊性，区域受到磨刀门水道咸潮上溯影响极为严重，特别是冬春季节进入枯水期，西江上游来水锐减，致使联围内部各类用水受到不同程度的影响，加上近年来区域高速的发展，对联围内部水体环境造成了巨大的冲击，许多河涌的水质问题极为突出。考虑到中珠联围在珠江三角洲中的典型性，本书以珠江三角洲为宏观研究对象，以中珠联围为典型研究区，开展水资源调度关键技术研究。

1.2 关键科学问题的提出

珠江三角洲三江汇集、八口分流，河网密布，属于显著感潮河网区；水闸和泵站众多，水动力条件复杂；由于受排污和咸潮影响，局部地区水环境和供水安全问题突出。由于经济社会发展布局、取排水口和水利工程布局、水资源条件等不同，珠江三角洲各水网区存在的主要水资源问题也各有差异，归纳起来，珠江三角洲地区在水资源调度管理方面有以下关键科学问题有待解决。

1. 改善水环境的闸泵群联合调度问题

珠江三角洲地区河网密布，水流异常复杂，既受下游浅海潮波的影响，又受上游河川径流的影响，是一种周期性的非恒定往复流，同时，由于珠江三角洲各联围的水闸和泵站众多，且基本都是分散管理，联围内各镇区均根据自身情况进行单一的闸泵调度管理，缺乏针对宏观区域的闸泵联合调度管理，从而导致河网区水流运动特征的不确定性。此外，珠江三角洲局部水网区受排污影响严重，污染物进入河道后，水流往往还来不及流出，便受到涨潮流的顶托，或者受到水闸的限制，使得污染水体始终在河道中来回游荡，缺乏对流扩散的有利条件，随着污染负荷的增加，大量污染物存留在河道中分解和沉积，导致网河区水环境恶化。因此，正确认识现状闸泵调度下三角洲水网区的水动力和水环境变化特征与规律，提出闸泵群联合调度优化方案，改善网河区水动力条件，加速水体置换，形成区域内水流的良性循环，从而改善区域水环境，是当前水资源调度所关注的一个重要科技问题。

2. 咸潮影响期的抢淡蓄淡应急调度问题

珠江三角洲咸潮一般出现在 10 月至次年 4 月，一般年份 0.5‰ 咸潮线在虎门水道至化龙附近，鸡啼门水道至新沙，横门水道至小引涌口，磨刀门水道至灯笼山附近，崖门水道至黄冲一带；大旱年 0.5‰ 咸潮线分别上移至广州市西村、鹤洞、番禺沙湾、中山市张家边、竹排沙尾、江门石咀附近。20 世纪 90 年代以前较严重的咸潮出现在大旱年 1963 年，马口站平均流量仅 3840m³/s，上游来水显著减少，咸潮入侵范围较大；20 世纪 90 年代以后珠江三角洲咸潮越来越频繁，范围越来越大，强度越来越高，时间越来越提前，极大地影响了人们的生产和生活。为了有效应对咸潮，珠江三角洲一些联围常采用"抢淡蓄淡"的方式，即充分利用水网区内河涌的有效涌容，通过水闸进行抢淡蓄淡，将外江淡水蓄积到内河涌，以保障枯水期局部地区的供水安全。然而，由于水闸调度实施受内河涌水量水质变化、外江径流条件和咸潮活动等多重影响，在抢淡蓄淡应急调度实施过程中，面临着抢淡时机难以把握、内河涌水体置换周期过长、抢淡蓄淡效率较低等诸多问题。如何考虑外江径流特征和咸潮活动规律，探索区域水闸优化调度技术，提出抢淡蓄淡应急调度方案，是保障珠江三角洲供水安全需要解决的重要科技问题。

珠江三角洲的水资源调度具有污染—咸潮双重胁迫、水量—水质动态耦合、闸泵—河库联合调度的特征，要解决珠江三角洲这类复杂水网地区日益复杂的水资源问题，必须抓住水网区水系特点和水资源调度特征，探讨适合该区域的水资源调度技术和方法，充分发挥现有水闸和泵站的调度功能、河涌和水库的调蓄作用，深入挖掘水利设施调度运用对区域水环境改善和供水安全保障的优势和潜力。

1.3 研究内容

本书基于珠江三角洲水网区的水动力特征、河涌水体受排污与咸潮双重影响的现实问题，针对受排污影响水网区的水环境污染问题，探讨改善水环境的闸泵优化调度方法，提出典型水网区的闸泵优化调度方案；针对受咸潮影响水网区枯水期的应急供水保障问题，探讨抢淡蓄淡应急供水调度方法，提出典型水网区的水闸优化调度方案；提出典型水网区水资源优化调度效果评估指标体系，开展实际调度实施与效果评估。主要研究内容如下。

1. 珠江三角洲水资源调度形势与现状

从来水丰枯遭遇、水污染风险和咸潮影响等方面分析了珠江三角洲水资源调度工作面临的形势；收集整理了珠江三角洲各地的调度现状资料，分析了改善水环境和保障供水的调度现状，总结了水资源调度存在的问题，并提出了相应对策。

2. 珠江三角洲水资源调度策略与技术框架

在总结分析国内外水资源调度研究现状与发展趋势的基础上，根据珠江三角洲的水动力特征、水环境条件、咸潮活动规律和调度需求，提出了珠江三角洲水网区改善水环境和保障供水安全的调度策略；分析了闸泵调控改善水环境和抢淡蓄淡调度的机理，并建立了水网区水资源调度模型结构。

3. 中珠联围水资源调度模型构建

选取中珠联围作为典型研究区，构建了珠江流域骨干水库抑咸调度模型和磨刀门水道咸潮数学模型；根据珠江流域骨干水库抑咸调度模型和磨刀门水道咸潮数学模型确定的边界条件，构建了基于群闸联调的中珠联围水资源调度模型，并对模型进行了率定验证。

4. 中珠联围水动力水环境变化特征

利用已经建立的中珠联围水资源调度模型，进行中珠联围水动力水环境变化过程的模拟计算，分析了主要内河涌的水位、流速、COD、NH_3-N、咸度的变化过程，在此基础上分析了中珠联围内河涌水动力水环境变化特征。

5. 中珠联围改善水环境的闸群优化调度方案

根据中珠联围内河涌水动力水环境变化特征，提出了改善水环境的闸群优化调度方法，设置了改善水环境的闸群优化调度方案，从水体更新速度、联围整体污染物浓度、关键断面污染物浓度等方面分析了不同方案的调度效果，优选了调度方案，并提出了局部区域重点改善的工程措施。

6. 中珠联围抢淡蓄淡应急供水调度方案

根据枯水期磨刀门水道潮位和咸度条件，提出了抢淡蓄淡应急供水调度方法，设置了抢淡蓄淡应急供水调度方案，从水闸抢淡、河涌蓄淡、水库调咸和泵站供淡等方面分析了不同方案的调度效果，优选了调度方案。

7. 典型水网区水资源调度实施与效果评估

根据中珠联围的水动力、水环境特征，以及改善水环境和保障供水安全的调度目标，构建了典型水网区水资源优化调度效果评估指标体系；结合中珠联围水资源调度实施情况，对水资源调度效果进行了评估。

第 2 章
珠江三角洲水资源特性分析

2.1 水资源条件

2.1.1 自然地理

1. 珠江三角洲

珠江三角洲位于广东省中南部,地处北回归线以南,濒临南海,系珠江下游一块异常肥沃的冲积平原。地理位置重要,自然条件优越,经济发展水平也较高。珠江三角洲是世界上水系最复杂的三角洲之一,由西北江思贤滘以下、东江石龙以下河网水系和入注三角洲诸河组成,集水面积 2.68 万 km²,其中河网区面积 9750km² (图 2.1-1)。

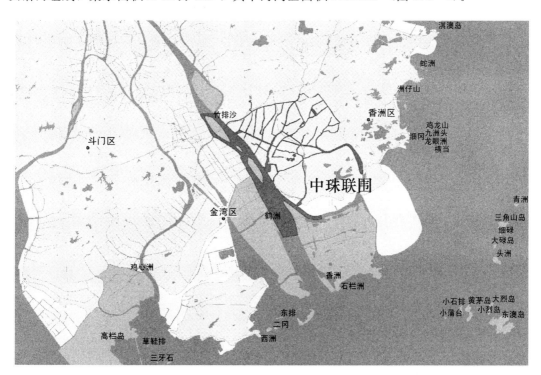

图 2.1-1 中珠联围位置示意图

珠江三角洲除平原外,有 1/5 的面积为丘陵、台地和残丘,而且愈近南部河口,山岭愈高;丘陵面积约占三角洲总面积的 13%,三角洲平原中、北部也分布着不少海拔超过

100m 的残丘。珠江三角洲的西、北、东三面被山岭包围，东面的大岭山、羊台山系莲花山余脉，北面的白云山为罗浮山—九连山的延伸部分，西南边缘为古兜山、皂幕山；东、北诸山海拔约 500m，西南诸山海拔高达 800～900m。

珠江每年带来约 1 亿 t 泥沙倾注入海，使三角洲不断发育。据推算，每年平均向海面伸展约 27m。堆积特别旺盛地段伸展更快，如万顷沙 63m/a，灯笼沙 121m/a。这些泥沙还在三角洲前缘形成广阔滩涂。珠江口海域滩涂面积超过 100 万亩，主要分布于伶仃洋西岸（23 万亩）、磨刀门口（30 万亩）和崖门口的黄茅海（25 万亩），其余分布在伶仃洋东岸。这些滩涂土质肥沃，淡水资源丰富，其中约 1/3 滩涂围垦条件已很成熟，是人多地少的三角洲地区相当宝贵的后备土地资源。

2. 中珠联围

中珠联围位于中山南部，磨刀门左岸，东南与澳门半岛相邻，南临马骝洲水道，西南与珠海斗门白蕉联围隔河相望，北接五桂山和凤凰山脉，邻近澳门，北距广州 120km，南距澳门 10km。地跨中山、珠海两市，围内包括中山坦洲镇和三乡镇（部分）、珠海的前山、南屏和湾仔镇。位于北纬 22°10′～22°20′，东经 113°20′～113°30′，区内水陆交通条件十分优越，纵贯南北的沙坦公路北与 105 国道、南与 306 国道对接，坦神公路自东向西延伸直达神湾港（图 2.1-1）。

中珠联围属珠江三角洲冲积平原，地势自北向南倾斜，耕地高程基本在 −0.6～0.4m 之间，城建区地面高程在 1.3～2.0m 之间。整个中珠联围的产水最终汇集到坦洲平原网河区和珠海的平原网河区，平原网河区就像一个集水盆，东、西、北方向的降水均向此汇集，实际汇水面积除坦洲镇境内的汇水面积外，还有北面来自五桂、珠海、三乡方向的产水汇入茅湾涌。此外，其东面珠海的产水直接汇入到与坦洲平原网河区相连通的珠海平原网河区，这三部分共同构成中珠联围。

2.1.2 气象水文

1. 珠江三角洲

珠江三角洲位于北回归线以南，地处南亚热带，濒临南海，气候温暖，光照充足，热量丰富，生长季长，雨量充沛，且水热条件配合良好。大部分地区年平均温度为 22℃ 左右，最冷月也在 13℃ 以上，霜日仅 2～3d。这样丰富的光、温、水资源，可以充分满足双季稻、甘蔗、蚕桑等喜温作物和亚热带水果生长的需要。

珠江三角洲多年平均年降水量在 1600～2100mm 之间，各地降水量略有差别，一般是滨海地区降水量略大于距滨海较远地区；降雨年际变化大，见图 2.1-2，年内分配也不均，见表 2.1-1。

珠江三角洲各地各月平均降水量列于表 2.1-1，可以看出，4—9 月为雨水集中期，即汛期，其降水量占全年降水量的 81%～85%，7—9 月为台风暴雨期，并有雷暴。全年降水天数为 145～151d，降水天数约占全年 40%，降水天数较多，其中大于 150mm/d 的暴雨天数为 0.3～0.6d。年总雨量最大为 2250～2850mm，最小为 1000mm 左右。一次连续最大降雨量为 403.6mm，历时 44h40min（顺德县站 1965 年 9 月 27—29 日）。24h 最大降雨量的典型为 1979 年 9 月 23—24 日，整个三角洲降雨量在 300mm 左右。

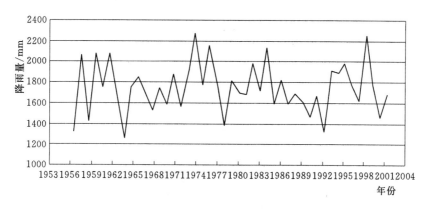

图 2.1-2　珠江三角洲 1956—2002 年年降雨过程图

表 2.1-1　　　　　　　　　　　珠江三角洲各地各月平均降水量表　　　　　　　　　　单位：mm

月份 站名	1	2	3	4	5	6	7	8	9	10	11	12	全年平均	记录年代
三水	42.7	65.6	98.0	157.4	263.6	295.8	206.3	225.8	203.3	59.5	41.3	18.3	1677.6	1957—1970
广州	39.1	62.5	91.5	158.5	267.2	299.0	219.6	225.3	204.4	52.0	41.9	19.6	1680.5	1951—1970
番禺	38.5	58.3	74.4	181.3	253.7	249.9	226.8	222.6	180.0	77.1	41.1	27.2	1030.9	1960—1984
顺德	33.1	56.1	69.4	165.9	241.1	275.1	197.9	295.3	216.2	49.6	42.7	14.9	1657.3	1959—1970
东莞	31.3	43.6	60.8	189.3	275.4	308.6	236.0	279.7	219.2	86.3	30.1	29.3	1789.9	
深圳	28.4	45.2	57.4	133.2	241.6	337.9	318.5	347.1	262.7	97.6	32.3	25.0	1926.7	1956—1997
中山	32.7	57.1	60.2	140.1	247.5	301.7	220.1	241.9	218.8	54.3	42.1	17.3	1633.7	1955—1970
新会	32.1	43.9	59.9	159.4	253.4	300.5	214.3	272.5	261.6	88.1	34.8	21.4	1714.9	
珠海	26.2	49.2	57.9	126.3	191.7	399.7	252.4	298.0	278.1	91.9	27.0	17.0	1825.3	1961—1970
上川	26.2	53.7	81.4	152.7	256.4	343.5	257.1	315.2	320.2	176.8	35.1	14.6	2032.8	1958—1970

2. 中珠联围

中珠联围有灯笼山水位站，建于 20 世纪 50 年代，于 1959 年开始观测，是国家级水文站点；大涌口水位站位于大涌口水闸闸内，该站由中山市水务局于 1973 年设立，主要观测闸内水位，1983 年大涌口水闸实现雨量和水位观测，21 世纪初迅速发展自动化水文遥测站点，2003 年对水、雨、风、咸情进行实时综合测报。水文遥测分中心站点设在大涌口，水文遥测基本覆盖镇域境内磨刀门水道和前山水道的各排洪出口处及小（1）型水库（铁炉山水库）。水文测站情况及水文遥测系统控制站点分布情况见表 2.1-2。

中珠联围地处低纬度，面临海洋，属南亚热带季风湿润气候区，气候温和，雨量充沛，春夏先后盛行西南风和东南风，温湿的海洋气流带来大量降水。受南海海洋性气候影响，是台风活动侵袭经过的地区之一，夏秋季节主要灾害性天气是强台风带来的狂风暴雨。冬季受东北风控制，天气干燥少雨。

中珠联围降雨年内分配很不均匀，每年 1 月和 12 月受干冷的东北季风影响，降水量很少，2—3 月则出现低温阴雨，此期间雨期虽长但量少。4 月起进入前汛期，随印度季风

表 2.1－2　　　　　　　水文测站情况及水文遥测系统控制站点分布情况表

站　名	测量参数	所属水道	观　测　年　限	备　注
灯笼站	水位、咸度	磨刀门水道	自 1959 年开始观测水位，2003 年开始观测咸度	省水位站点
大涌口	双水位、雨量、咸度、风速、风向	磨刀门水道	自 1983 年开始对水位、雨量实现观测，2003 年开始观测咸度、风速、风向等项目	大涌口水闸管理站
马角水闸	双水位、咸度	磨刀门水道	2003 年开始观测水位、咸度	
联石湾水闸	双水位、咸度	磨刀门水道	2007 年开始观测咸度	
石角咀水闸	双水位	前山水道	2003 年开始观测	
铁炉山水库	水位、雨量		2003 年开始观测	

槽建立，孟加拉湾的暖温气流源源流入，与南下冷空气频频交绥。在此期间雨日和雨量随时日而递增，到 6 月上中旬，端午节前后达到高峰，即龙舟水。据统计资料，前汛期暴雨，一般在 6 月中旬未进入盛期，所以 7 月上中旬雨量有所回落。8 月副热带高压北抬至最北位置，热带气旋频频入侵华南，故此时雨量出现第二次高峰。9 月后，副热带高压南撤，控制华南上空，联围面上出现秋高气爽季节，雨量锐减，后汛期随之结束。

根据 1983—2008 年大涌口水闸站的降雨资料统计，中珠联围多年平均降雨量为 2078mm，年降雨量最大为 1992 年的 2904mm，最小为 2004 年的 1419mm。年最大一天雨量多年平均值为 205mm，年最大一天雨量的最大值发生在 2000 年 4 月 13 日，雨量达 463mm，年最大一天雨量的最小值发生在 1991 年 6 月 18 日，雨量仅 85.2mm。多年年平均降雨天数为 103.4d，全年降雨天数最多的为 1983 年的 134d，年降雨量为 2405mm，降雨天数最少的为 1993 年的 67d，年降雨量 1787mm。年降雨量最多的 1992 年的降雨天数为 104d，其最大一天雨量为 198mm；年最大一天雨量的最大值为 320mm，发生在 1999 年的 9 月 17 日，但 9 月的雨量仅为 424mm，全年的降雨量也仅为 1975mm。可见受热带气旋影响，降雨量的年际及年内变化都较大。例如，以周边观测资料年限较长的神湾雨量站 1960—2008 年降雨系列资料统计，中珠联围多年平均降雨量为 2039mm，年降雨量最大为 1973 年的 3165mm，最小为 1977 年的 1270mm，变差系数 C_v 值为 0.23，丰枯比极值为 2.49。丰水年主要出现在 1973 年、1975 年、1997 年，枯水年主要出现在 1967 年、1971 年、1977 年。在 1983—2008 年间，多年平均降雨量为 2100mm，年降雨量最多的为 1997 年，达 3018mm，最少是 1991 年，为 1413mm。在 1960—2008 年间，年最大一天雨量多年平均值为 179mm，年最大一天雨量的最大值发生在 1997 年 7 月 2 日，雨量达 414mm，年最大一天雨量的最小值发生在 2007 年 5 月 20 日，雨量仅为 73mm。由此可见，降雨量的年际变化较大。

按同步期多年降雨月分配统计（表 2.1－3 和表 2.1－4），每年 5—8 月均出现连续最大 4 个月降雨量，占全年降雨量的 63%～66%；汛期（4—9 月）降雨量占全年降雨量的 85%～88%，此时又逢西北江汛期，江河水位高，容易带来洪涝灾害；10 月至次年 3 月一般为少雨期，连续 6 个月降雨量占年降雨量的 14.5%～15.1%。最枯 3 个月为 11—12

月至次年 1 月，其降雨量仅占全年降雨量的 4.8%～5.2%，极可能造成干旱缺水及咸潮危害。

表 2.1－3　　　　　　　　　　大涌口站雨量系列历年月平均降雨量　　　　　　　单位：mm

月份 年代	1月	2月	3月	4月	5月	6月	7月	8月	9月	10月	11月	12月	全年	平均值
1983—2008 年	28.8	59.7	93.1	216.2	286.3	390.9	313.7	346.4	217.8	52.1	37.8	35.5	2078	173.2

表 2.1－4　　　　　　　　　　神湾站雨量系列历年月平均降雨量　　　　　　　单位：mm

月份 年代	1月	2月	3月	4月	5月	6月	7月	8月	9月	10月	11月	12月	全年	平均值
1960—2008 年	28.8	49.4	73.1	173.6	291.1	393.0	309.3	306.4	258.6	86.2	40.4	29.0	2039.0	169.9
1983—2008 年	30.9	59.8	85.2	177.1	267.6	434.6	345.3	315.1	253.1	55.9	41.9	33.2	2099.8	175.0

2.1.3　河流水系

1. 珠江三角洲

珠江三角洲是复合三角洲，由西北江思贤滘以下，东江石龙以下河网水系及入注三角洲诸河组成，集水面积 2.68 万 km^2，占珠江流域面积的 5.91%，其中河网区面积 9750 km^2。入注珠江三角洲的中小河流主要有潭江、流溪河、增江、沙河、高明河、深圳河等。珠江三角洲河网区内河道纵横交错，其中西江、北江水道互相贯通，形成西北江三角洲，集雨面积 8370 km^2，占三角洲河网区面积的 85.8%，主要水道近百条，总长约 1600km；东江三角洲隔狮子洋与西北江三角洲相望，基本上自成一体，集雨面积 1380 km^2，仅占三角洲河网区面积的 14.2%，主要水道 5 条，总长约 138km。

西江的主干流从思贤滘西滘口起，向南偏东流至新会区天河，称西江干流水道，长 57.5km；天河至新会区百顷头，称西海水道，长 27.5km；从百顷头至珠海市洪湾企人石流入南海，称磨刀门水道，长 54km。主流在甘竹滩附近向北分汊经甘竹溪与顺德水道贯通；在天河附近向东南分出东海水道，东海水道在海尾附近又分出容桂水道和小榄水道，分别流向洪奇门和横门出海；主流西海水道在太平墟附近分出古镇水道，至古镇附近又流回西海水道；在北街附近向西南分出江门水道流向银洲湖；在百顷头分出石板沙水道，该水道又分出荷麻溪、劳劳溪与虎跳门水道、鸡啼门水道连通；至竹洲头又分出螺洲溪流向坭湾门水道，并经鸡啼门水道出海。

北江主流自思贤滘北滘口至南海紫洞，河长 25km，称北江干流水道；紫洞至顺德张松上河，长 48km，称顺德水道；从张松上河至番禺小虎山淹尾，长 32km，称沙湾水道，然后入狮子洋经虎门出海。北江主流分汊很多：在三水市西南分出西南涌与芦苞涌汇合后再与溪流河汇合流入广州水道，至白鹅潭又分为南北两支，北支为前航道，南支为后航道，后航道与佛山水道、陈村水道等互相贯通，前后航道在剑草围附近汇合后向东注入狮子洋；在南海紫洞向东分出潭州水道，该水道又于南海沙口分出佛山水道，在顺德登洲分出平洲水道，并在顺德沙亭又汇入顺德水道；顺德水道在顺德勒流分出顺德支流水道，与甘竹溪连通，在容奇与容桂水道相汇后入洪奇门出海；在顺德水道下段分出李家沙水道和沙湾水道，李家沙水道在顺德板沙尾与容桂水道汇合后进入洪奇门出海；沙湾水道在番禺磨碟头分出榄核涌、西樵分出西樵水道、石碁分出骝岗涌，均汇入蕉门水道。

东江流至石龙以下分为两支，主流东江北干经石龙北向西流至新家埔接纳增江，至白鹤洲转向西南，最后在增城禺东联围流入狮子洋，全长42km；另一支为东江南支流，从石龙以南向西南流经石碣、东莞，在大王洲接东莞水道，最后在东莞洲仔围流入狮子洋。东江北干流在东莞乌草墩分出潢涌，在东莞斗朗又分出倒运海水道，在东莞湛沙围分出麻涌河；倒运海水道在大王洲横向分出中堂水道，此水道在芦村汇潢涌，在四围汇东江南支流；中堂水道又分出纵向的大汾北水道和洪屋涡水道，这些纵向水道均流入狮子洋经虎门出海。

珠江河口前缘东起九龙半岛九龙城，西到赤溪半岛鹅头颈，大陆岸线长450km。河口由八大口门组成，东面四口门自东而西是虎门、蕉门、洪奇门和横门，同注入伶仃洋；西四口门自东而西为磨刀门、鸡啼门、虎跳门和崖门，其中磨刀门直接入注南海，鸡啼门注入三灶岛与高栏岛之间的水域，虎跳门和崖门注入黄茅海河口湾。八大口门动力特性不尽相同，泄洪纳潮情况不一，中部的磨刀门为西江的主要泄洪口门，泄洪输沙量最大，而东部虎门的潮汐吞吐量则占首位。两侧的虎门和崖门以潮汐作用为主，其他口门径流动力较强。

虎门：虎门是虎门水道的出口，位于东莞市沙角，虎门水道纳东江、流溪河全部来水来沙和北江部分水沙后，从虎门入注伶仃洋河口湾。虎门水道水流含沙量低，水深河宽，河床较稳定，出虎门向南是伶仃洋河口湾，东、西两条深槽将伶仃洋浅滩分隔为东滩、中滩和西滩三部分。虎门潮流动力较强，纳潮量居八大口门之首，伶仃洋—虎门—狮子洋是重要的纳潮、泄洪通道，最大涨潮差2.59m，最大落潮差3.12m，虎门的年径流量为603亿 m^3，占珠江入海总径流量的18.5%，年输沙量658万 t，占珠江入海总输沙量的9.3%。

蕉门：蕉门是蕉门水道的出口，位于番禺区广兴围、虎门江以西，内伶仃洋西侧，承泄部分西江、北江的水沙。蕉门水道上游有沙湾水道分出的榄核涌、西樵涌和骝岗涌3条水道在亭角汇入，下游有洪奇门水道分出的上横沥、下横沥汇入，蕉门口外分为两条水道与伶仃洋相通，主干为东西向的凫洲水道，直接汇入内伶仃洋的顶部，支汊蕉门延伸段沿万顷沙垦区向东南向延伸，汇入内伶仃洋的中部。蕉门最大涨潮差2.72m，最大落潮差2.81m，其年径流量为565亿 m^3，占珠江入海总径流量的17.3%，年输沙量1289万 t，占珠江入海输沙量的18.1%。

洪奇门：洪奇门位于番禺区沥口、内伶仃洋的西北角，是洪奇门水道的出口，承泄部分西江、北江的水沙，上游由李家沙水道、容桂水道在板沙尾汇流而成，西侧有桂洲水道、黄圃沥、黄沙沥汇入，至大陇滘向蕉门分出上横沥、下横沥。自下横沥分水口向东南延伸、至万顷沙垦区十七涌与横门北汊相汇后，其汇合延伸段进一步向东南向延伸，在伶仃洋中部汇入。洪奇门水道最大涨潮差2.79m，最大落潮差2.57m，其年径流量209亿 m^3，占珠江入海总径流量的6.4%，年输沙量517万 t，占珠江入海总输沙量的7.3%。

横门：横门位于中山市横门山，是横门水道的出口，承泄部分西江的水沙。横门水道上游由西江的支流小榄水道和鸡鸦水道汇合而成，鸡鸦水道通过黄沙沥、黄圃沥与洪奇门水道相通。横门水道出横门后分为南、北两汊，北汊为主干，与洪奇门水道相汇后，经汇合延伸段入伶仃洋，南汊经芙蓉山峡口后向南流，从内伶仃洋西侧汇入。横门水道年径流量365亿 m³，占珠江入海总径流量的11.2%，年输沙量925万 t，占珠江入海总输沙量的13%。

磨刀门：磨刀门位于珠海市洪湾，是西江主要的泄洪输沙出口，径流作用较强。磨刀门上游是西江干流水道，向东分出甘竹溪、东海水道后向东南向延伸，至北街、百顷头向西又分出江门水道和石板沙水道、螺洲溪。磨刀门浅海湾的一主一支洪水通道格局已基本形成，主干为磨刀门水道，于横洲口入南海，支流洪湾水道向东延伸至马骝洲，经澳门水道入伶仃洋。磨刀门水道最大涨潮差1.9m，最大落潮差2.29m，其年径流量923亿 m³，占珠江入海总径流量的28.3%，年输沙量2314万 t，占珠江入海总输沙量的33%。

鸡啼门：鸡啼门是西江分支鸡啼门水道的出口，鸡啼门外是三灶岛与高栏岛之间的浅海区，海床呈浅碟形式，明显的深槽仅限于小木乃附近，小木乃—草鞋排的深槽高程只有-3m左右，深槽宽500~700m，草鞋排—三牙石之间东西横卧着拦门沙，坎顶只有-2.6m。南水—高栏岛连岛堤建成后，阻挡了沿岸流的通道，加快了淤积速度，也减小了浅海区的潮汐动力。鸡啼门水道最大涨潮差2.44m，最大落潮差2.71m，其年径流量197亿 m³，占珠江入海总径流量的6.1%，年输沙量496万 t，占珠江入海总输沙量的7%。

虎跳门：虎跳门是虎跳门水道的入海口，西侧紧临崖门，与崖门水道出流相汇后入黄茅海。虎跳门水道上游荷麻溪是西江石板沙水道的分支水道，向东分出赤粉水道与鸡啼门水道相通，虎跳门口门附近与崖门汇流处较宽浅。虎跳门水道属西江出海航道的出口段，水道内设有众多航道整治工程，如丁坝群、锁坝等。虎跳门水道最大涨潮差2.51m，最大落潮差2.66m，其年径流量202亿 m³，占珠江入海总径流量的6.2%，年输沙量509万 t，占珠江入海总输沙量的7.2%。

崖门：崖门是珠江河口八大入海口门中位于最西部的口门，崖门接纳上游潭江和西江分流经江门水道、虎坑水道汇入的水沙，与虎跳门出流汇合后注入黄茅海。崖门水道（又称银洲湖）以潮流动力为主，水深河宽、河床比较稳定，黄茅海—崖门—银洲湖是珠江河口西侧重要的纳潮、排洪、航运通道，也是近期正在开发的5000t级出海航道。崖门水道最大涨潮差2.73m，最大落潮差2.95m，其年径流量196亿 m³，占珠江入海总径流量的6%，年输沙量363万 t，占珠江入海总输沙量的5.1%。

2. 中珠联围

中珠联围总面积为338.04km²，其中：五桂山区域的面积为19.08km²，神湾片面积为1.64km²，坦洲片面积为125.60km²，三乡区域的面积为73.00km²，珠海片总面积为118.68km²（其中：与三乡交界的面积为19.18km²，与坦洲交界的面积为99.50km²）。茅湾涌的三乡与坦洲交界的断面的集水面积为112.90km²。但中珠排洪渠截流面积为14.09km²（其中三乡镇内4.88km²，五桂山镇内4.45km²，珠海市内4.76km²），神湾片的面积平山湖区域片已被神湾直接引流。因此，联围内实际集雨面积为322.27km²，其中：珠海片的实际汇水面积为113.65km²（与三乡交界的面积为14.42km²，与坦洲交界的面积为99.50km²），三乡与坦洲的茅湾涌交界断面的实际集水面积为 97.17km² （表 2.1-5）。

表 2.1-5 中珠联围面积核查成果表 单位：km²

检查项目 \ 核查区域	中珠联围	中山市					珠海市
		坦洲	三乡	五桂山	神湾	小计	
集水面积	338.00	125.60	73.00	19.08	1.64	219.32	118.68
中珠截洪渠截流面积	14.09		4.88	4.45		9.33	4.76
实际集水面积	322.27	125.60	68.12	14.63		208.35	113.92

中珠联围水系特别发达，河涌纵横交错，河涌容量达 2946 万 m³。宽度超过 15m 的河涌大小总共有 40 条，最长的河涌为前山水道（长 13.08km），其次还包括茅湾涌、西灌渠、坦洲涌、东灌渠、三沽涌、申塘涌、南沙涌、蛛洲涌、二沽涌、猪母涌、六村涌、公洲涌、大沽涌、七村涌、十四村涌、大涌、沙心涌、安阜涌、鹅咀涌、隆盛滘、江洲涌、灯笼横涌、联石湾、灯笼涌、上界涌、涌头涌、三合涌、下界涌、十围涌、十四村新开河、东桷涌、同胜涌、广德涌和永合滘仔涌。此外，还有孖仔涌、糖厂涌、野仔涌、大尖尾涌和三角围仔涌 5 条长度小于 0.5km 的短小河涌。水面最宽的河涌为大涌，最小宽度都超过 150m，最宽处达 350m 左右；较宽的河涌还有前山水道、茅湾涌、坦州涌、联石湾涌、猪母涌、隆盛滘等。

茅湾涌是中珠联围的一条主要排水河涌，源头自五桂山，经三乡镇至坦洲与前山水道相连通。五桂山和三乡方向的来水均由茅湾涌排入坦洲境内。茅湾涌三乡境内长约 6.75km，最大宽度为与坦洲交接段达 71m，坦洲境内长 7.73km，宽度为 63~143m。

前山水道是中山市、珠海市主要的内河水运通道，起自磨刀门水道左岸的联石湾水闸，终至石角咀水闸，下游接澳门濠江。前山水道坦洲境内长 13.08km，宽度为 58~220m。珠海境内长约 7km，宽度为 200~300m。

西灌渠是一条人工开挖的渠道，目前被用作饮用水引水渠，西灌渠与茅湾涌交汇处建有永一节制闸，以隔绝茅湾涌和东灌渠的水流。茅湾涌以西的联石湾涌、大沽涌、二沽涌、南沙涌、三沽涌和申堂等河涌水质较好，主要是因为西面为农田保护区，而且还能定期从西灌渠放水冲洗河涌。而茅湾涌以东、前山水道以北的东北面的河涌污染较严重，尤其东灌渠、安阜涌、十四村涌，因为尚未实现雨污分流，这些河涌接纳了大量的工业废水、工业垃圾和生活垃圾，而由于下界涌和东灌渠河道狭窄，即使开启永一水闸从西灌渠放水，也很难有足够的流量冲洗这些河涌，故目前除洪水时期外，很难冲洗到。

2.2 水资源量变化特性分析

珠江三角洲水系是由西北江思贤滘以下、东江石龙以下的网河水系和注入三角洲的其他河流组成的复合三角洲，其中西江、北江以及东江来水量，占据珠江三角洲主要水资源来源。为了解决枯季水资源短缺问题，珠江防汛抗旱总指挥部在国家防汛抗旱总指挥部的授命下，先后实施珠江流域骨干水库调度和珠江水量统一调度。在此背景下，分析西江、北江和东江水资源量的变化特性，对珠江三角洲水资源调度影响极为重要。

2.2.1 年际变化特性分析

1. 分析方法与手段

水文现象是一种自然现象，往往异常复杂，基本存在两种规律，即动态物理规律（成因规律）和统计规律，这也决定了水文现象的发生有其必然性一面，也具有偶然性一面。基于这两种规律，水文学研究方法具有多学科交叉与渗透，确定性与随机性相结合，通过水文试验、水文模型揭示水文规律等特点。水文计算中通常是将复杂的水文现象做简化处理，借鉴系统概念将许多互相关联部分组成一个总体，水文计算基本上是根据以往发生的水文现象来分析预测未来的水文情势，因预测期长短不同而采用不同的方法。预测期较短时，必然性起主要作用，往往采用动态规律相结合的方法；预测期较长时，必然性退居次要地位，偶然性显示其重要性，因此多采用统计方法进行概率预测。本书中的水资源特征分析，综合两种方法进行研究。

（1）Mann-Kendall 法。Mann-Kendall 法（以下简称 M-K 法）以序列平稳为前提，具体计算方法如下。

对于具有 n 个样本量的时间序列 x，构造一秩序列，即

$$s_k = \sum_{i=1}^{k} r_i \quad (k=1,2,\cdots,n) \tag{2.2-1}$$

其中

$$r_i = \begin{cases} 1 & x_i > x_j \\ 0 & x_i \leqslant x_j \end{cases} \quad (j=1,2,\cdots,i) \tag{2.2-2}$$

在时间序列随机独立的假定下，定义统计量

$$\mathrm{UF}_k = \frac{s_k - E(s_k)}{\sqrt{\mathrm{Var}(s_k)}} \quad (k=1,2,\cdots,n) \tag{2.2-3}$$

式中：$\mathrm{UF}_1 = 0$；$E(s_k)$、$\mathrm{Var}(s_k)$ 分别为累计数 s_k 的均值和方差，在 $x_1, x_2, \cdots, x_n$ 相互独立，有相同连续分布时，可由式（2.2-4）算出，即

$$\begin{cases} E(s_k) = \dfrac{n(n-1)}{4} \\[2mm] \mathrm{Var}(s_k) = \dfrac{n(n-1)(2n+5)}{72} \end{cases} \tag{2.2-4}$$

UF_k 为标准正态分布，它是按时间序列 x 的顺序 $x_1, x_2, \cdots, x_n$ 计算出的统计量序列，给定显著性水平 α，查正态分布表，若 $|\mathrm{UF}_k| > U_\alpha$，则表明序列存在明显的趋势变化。按时间序列 x 的逆序 $x_n, n_{-1}, \cdots x_1$，再重复上述过程，同时使 $\mathrm{UB}_k = -\mathrm{UF}_k$（$k=n, n-1, 1$），$\mathrm{UB}_1 = 0$。

若 UF_k 或 UB_k 的值大于 0，则表明降水序列呈上升趋势，小于 0 则表明呈下降趋势，当它们超过临界值时，表明上升或下降趋势显著。超过临界线的范围确定为出现突变的时间区域。如果 UF_k 和 UB_k 两条曲线出现交点，且交点在临界线之间，那么交点对应的时

刻便是突变开始的时间。

M-K 法的优点在于不需要样本遵从一定的分布，也不受少数异常值的干扰，可以是随机序列，更适合于水文气象等非正态分布的数据。该方法还能明确水文序列的演变趋势是否存在突变现象以及突变开始的时间，并指出突变区域，本书用 Mann-Kendall 法来分析西江、北江、东江的径流量的年际变化特征。

（2）线性回归方法。线性回归方法是建立水文序列 x_i 与相应的时序 i 之间的线性回归方程来检验时间序列变化的趋势性。该方法可以给出时间序列是否具有递增或递减的趋势，并且线性方程的斜率在一定程度上表征了时间序列的平均趋势变化率，这是目前趋势性分析中较简便的方法，其不足是难以判别序列趋势性变化是否显著。线性回归方程为

$$x_i = ai + b \qquad (2.2-5)$$

式中：x_i 为时间序列；i 为相应的时序；a 为线性方程斜率，表征时间序列的平均趋势变化率；b 为截距。

（3）累积距平法。累积距平法也是一种常用的、由曲线直观判断变化趋势的方法。累积距平曲线呈上升趋势，表示累积距平值增加；反之减小。

对于序列 x，其某一时刻 t 的累积距平表示为

$$\hat{x} = \sum_{i=1}^{t} (x_i - \overline{x}) \quad (t = 1, 2, \cdots, n) \qquad (2.2-6)$$

其中

$$\overline{x} = \frac{1}{n} \sum_{i=1}^{n} x_i$$

（4）变差系数。变差系数 C_v 是水文统计中的一个重要参数，用来说明水文变量长期变化的稳定程度。C_v 值大，说明变量变化剧烈；否则平缓稳定。公式为

$$C_v = \frac{\sqrt{\dfrac{1}{n-1} \sum (x_i - \overline{x})^2}}{\overline{x}} \qquad (2.2-7)$$

式中：x_i 为年径流量；$\overline{x}$ 为多年平均年径流量；n 为年数。

年径流量的 C_v 值反映年径流量总体系列的离散程度，C_v 值大，年径流的年际变化剧烈，对于水资源的利用不利，并且易发生洪涝灾害；C_v 值小，年径流量的年际变化小，有利于径流资源的利用。

2. 年际变化计算与分析

采用以上方法，收集珠西江、北江、东江 3 个控制性水文站 1959—2010 年共计 52a 的水文实测资料，由图 2.2-1、图 2.2-2 可以看出，西江、北江、东江径流量有明显的丰枯变化，长系列呈下降趋势。由表 2.2-1 可以看出，西江、北江、东江各水文站 1959—2010 年径流量系列变差系数分别为 0.19、0.26、0.27，变差系数较小，有利于水资源的开发和利用。

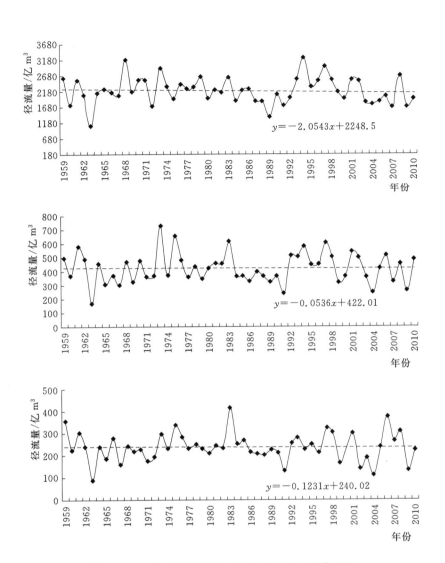

$$y = -2.0543x + 2248.5$$

$$y = -0.0536x + 422.01$$

$$y = -0.1231x + 240.02$$

图 2.2-1　各水文站 1959—2010 年径流量变化过程

表 2.2-1　　　　　　各水文站 1959—2010 年径流量系列变差系数表

河流	水文站	年径流量系列变差系数
西江	高要	0.19
北江	石角	0.26
东江	博罗	0.27

　　由表 2.2-2、图 2.2-3 可以看出，西江、北江、东江径流量不同年代年平均径流量有明显的差异，西江高要站 20 世纪 70、90 年代年平均径流量较大，20 世纪 60 年代年平均径流量次之，20 世纪 80 年代及 21 世纪初年平均径流量较小；北江石角站 20 世纪 70、90 年代年平均径流量较大，20 世纪 80 年代及 21 世纪初年平均径流量次之，20 世纪 60 年代年平均径流量最小；东江博罗站 20 世纪 70、80 年代年平均径流量较大，20 世纪 90 年代及 21 世纪初年平均径流量次之，20 世纪 60 年代年平均径流量最小。

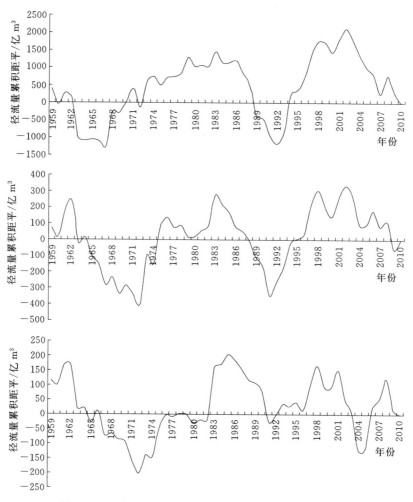

图 2.2-2　各水文站 1959—2010 年径流量累积距平曲线

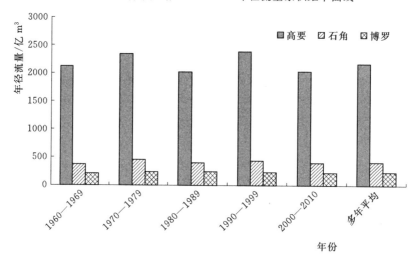

图 2.2-3　各水文站不同年代年平均径流量对比

表 2.2 - 2　　　　　　　　　各水文站 1959—2010 年年平均径流量变化过程

水文站	时　段	年径流量平均值/亿 m³
高要	1960—1969 年	2124.04
	1970—1979 年	2353.32
	1980—1989 年	2030.83
	1990—1999 年	2398.83
	2000—2010 年	2038.82
	多年平均	2186.22
石角	1960—1969 年	379.91
	1970—1979 年	455.71
	1980—1989 年	408.16
	1990—1999 年	451.47
	2000—2010 年	402.29
	多年平均	419.17
博罗	1960—1969 年	216.75
	1970—1979 年	244.95
	1980—1989 年	247.78
	1990—1999 年	235.55
	2000—2010 年	228.03
	多年平均	234.48

利用 M - K 法对西江、北江、东江控制性水文站径流量序列进行计算分析（图 2.2 - 4），结果表明，西江高要站径流量序列在 1968—1987 年和 1997—2003 年具有上升趋势，其他时段具有下降趋势，但是变化趋势都没有通过 95% 的置信度检验，上升或下降趋势不显著。北江石角站径流量序列在 1996—2008 年具有上升趋势，在 1963—1974 年和 1986—1994 年具有下降趋势，上升或下降趋势不显著。东江博罗站径流量序列在 1976—1988 年具有上升趋势，在 1959—1975 年和 1989—1996 年具有下降趋势，上升或下降趋势不显著。

利用 1971—2004 年珠江三角洲马口站、三水站、澜石站等 14 个主要代表水文（水位）站（图 2.2 - 5）的水文、地形等资料进行分析。在研究大量资料的基础上，分析了珠江三角洲的水资源变化特性。由图 2.2 - 5 可以看出，珠江三角洲各代表站年变化幅度存在明显差异，靠近上游的马口站和三水站年平均水位变化幅度、年最高水位变化幅度、年最低水位变化幅度都较大，水位显著下降的原因主要是河道下切的影响；澜石站、板沙尾站、小榄站、马鞍站、竹银站、横门站、灯笼山站、横山站和白蕉站的水位变化主要受流量、潮汐变化的双重影响，有不少代表站水位有较明显的下降趋势，与近 20 年大规模的河道采砂也有重要关系；大横琴站、三灶站和黄金站近珠江口门处，海平面上升是水位增加趋势的主要影响因素。

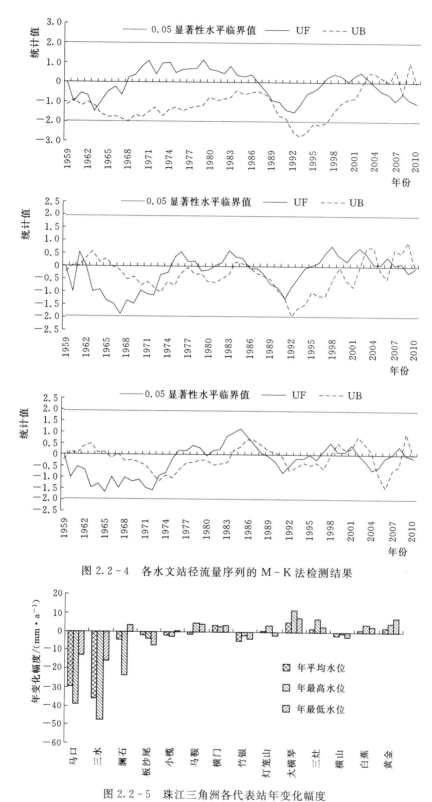

图 2.2-4　各水文站径流量序列的 M-K 法检测结果

图 2.2-5　珠江三角洲各代表站年变化幅度

2.2.2 年内变化特性分析

1. 分析方法与手段

（1）年内分配不均匀系数。径流量年内分配不均匀系数 C_u 是反映河川径流年内分配不均匀性的一个指标。径流量年内分配不均匀系数 C_u 计算公式为

$$
\begin{cases}
C_u = \dfrac{\sigma}{\overline{R}} \\[2mm]
\sigma = \sqrt{\dfrac{1}{12}\sum\limits_{i=1}^{12}(R_i - \overline{R})^2} \\[2mm]
\overline{R} = \dfrac{1}{12}\sum\limits_{i=1}^{12}R_i
\end{cases}
\tag{2.2-8}
$$

式中：R_i 为年内各月径流量；$\overline{R}$ 为年内月平均径流量。

C_u 值越大，则年内各月径流量差异越大，径流量年内分配越不均匀，从而反映对径流量调控难度较大。

年内分配不均匀系数 C_u 的优点是能直观地反映径流量年内特征。本报告用来分析径流量的年内变化不均匀特征。

（2）年内分配完全调节系数。年内分配完全调节系数 C_r 是反映河川径流年内分配不均匀性的一个指标。年内分配完全调节系数 C_r 计算公式为

$$
C_r = \frac{\sum\limits_{i=1}^{12}\Phi_i(R_i - R)}{\sum\limits_{i=1}^{12}R_i}
\tag{2.2-9}
$$

$$
\Phi_i = \begin{cases} 0 & (R_i < R) \\ 1 & (R_i \geqslant R) \end{cases}
$$

年内分配完全调节系数 C_r 与年内分配不均匀系数 C_u 相似，值越大，则年内各月径流量年内分配越集中，即各月径流量差异越大。

年内分配完全调节系数优点是类似年内分配不均匀系数，计算简单，能直观地反映径流量年内特征。

（3）集中程度。分别采用集中度 C_n 和集中期 D 表示。集中度 C_n 就是将各月的径流量按一定角度以向量方式累加，其各分量之和的合成量占年总量的百分数；集中期 D 是指径流量向量合成后的方位，即表示一年中最大月径流量出现的月份。集中度和集中期的计算公式如下。

集中度为

$$
C_n = \frac{R}{\sum\limits_{i=1}^{12}r_i}
\tag{2.2-10}
$$

集中期为

$$
D = \arctan\frac{R_x}{R_y}
\tag{2.2-11}
$$

12 个月的分量和构成合成量的水平、垂直分量为

$$R_x = \sum_{i=1}^{12} r_i \sin\theta_i$$

$$R_y = \sum_{i=1}^{12} r_i \cos\theta_i$$

合成量为

$$R = \sqrt{R_x^2 + R_y^2}$$

式中：r_i 为月平均径流量；θ_i 为各月对应的角度。

本书数据基于水文年，不考虑 2 月是 28d 或 29d，不区分大月、小月，各月代表的角度 1 月为 15°、2 月为 45°，以后各月均按 30° 累加所得。考虑到平面三角学的基本原理，正弦、余弦值由于所在象限中所具有的正、负号不相同，集中期计算时不仅要视 R 的正、负号，而且要视 R_x、R_y 的正、负号去决定 D 的大小及其所在象限或其角度值。

集中程度研究方法的优点是能很好地反映径流量年内集中程度和全年径流量集中的重心所出现的月份，本报告采用集中度 C_n 和集中期 D 研究了西江、北江、东江控制性水文站径流量在年内各时段的集中程度以及最大径流量出现的时间。

（4）相对变化幅度。相对变化幅度包括极大比 C_{max}、极小比 C_{min} 以及极值比 C_m 等指标，计算公式为

$$C_{max} = \frac{R_{max}}{\overline{R}} \tag{2.2-12}$$

$$C_{min} = \frac{R_{min}}{\overline{R}} \tag{2.2-13}$$

$$C_m = \frac{R_{max}}{R_{min}} \tag{2.2-14}$$

式中：R_{max} 为最大月平均径流量；R_{min} 为最小月平均径流量；$\overline{R}$ 为年平均径流量。

相对变化幅度的优点是能有效地反映径流量的变化程度，本书采用相对变化幅度来研究西江、北江、东江控制性水文站径流量的变化特征。

2. 年内变化计算与分析

珠江流域每年 4 月进入汛期，降水量集中在 4—9 月。珠江流域内的西江、北江和东江流域径流年内分布略有差异。西江来水量主要集中在 5—9 月，占西江流域全年的 72.5%；枯季集中在 10 月至次年 3 月，占西江流域全年的 23.1%。北江汛期较西江早，石角站来水量主要集中在 4—9 月，占北江流域全年的 75.7%；枯季集中在 10 月至次年 3 月，占北江流域全年的 24.3%。东江博罗站来水量也集中在 4—9 月，占东江流域全年的 70.3%；枯季集中在 10 月至次年 3 月，占北江流域全年的 29.7%。

北江流域以 4 月、5 月、6 月共 3 个月的来水量最为集中，占全年的 48.4%，6 月是全年月分配的高峰值，为 18.8%；东江流域和西江流域均以 6 月、7 月和 8 月共 3 个月的来水量最为集中，分别占全年的 40.1% 和 50.5%，东江在 6 月达全年月分配之峰值的 16.5%，西江则以 7 月达全年峰值的 18.2%。由此可见，汛期最大来水量的 3 个月以西江的来水最为集中，北江次之，东江的集中程度最低。西北江下游进入三角洲网河区后，汛期来水量在各月分配较西江、北江干流相对均匀和相对平缓，峰态趋于偏平；西江马口

站 4 月的来水分配值比干流的高要站大，是由于北江较早进入汛期，北江水位较西江水位高，致使北江来水经思贤滘向西江分水的结果（表 2.2 - 3、图 2.2 - 6）。

表 2.2 - 3　　　　　　　各水文站多年平均径流年内分配表　　　　　　　单位：m³/s

水文站名称	高要		石角		博罗	
所在河流	西江		北江		东江	
项目	多年平均	占年/%	多年平均	占年/%	多年平均	占年/%
4 月	5580	6.4	2040	12.5	782	8.3
5 月	9510	11.1	2780	17.1	1050	11.4
6 月	14300	16.1	3060	18.8	1550	16.5
7 月	15600	18.2	1800	11.1	1080	11.8
8 月	14000	16.2	1500	9.2	1080	11.8
9 月	9650	10.9	1140	7	989	10.5
10 月	5550	6.3	778	4.8	654	7.2
11 月	3770	4.3	552	3.4	441	4.7
12 月	2370	2.8	422	2.6	386	4.2
1 月	1950	2.3	450	2.8	370	4.1
2 月	2130	2.2	631	3.9	408	4
3 月	2820	3.3	1120	6.9	512	5.6
汛期 4—9 月各月平均	11400	78.7	2050	75.7	1090	70.4
枯期 10 月至次年 3 月各月平均	3110	21.3	639	22.3	463	29.5

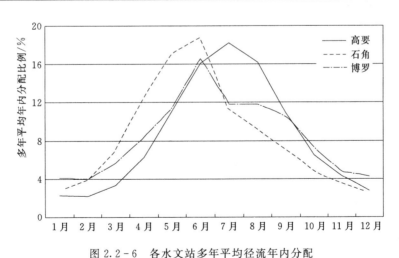

图 2.2 - 6　各水文站多年平均径流年内分配

为了识别西江、北江、东江径流量的年内变化规律，重点选取西江、北江、东江高要站、石角站、博罗站 3 个控制性水文站进行研究，分析西江、北江、东江径流量年内分配不均匀系数、年内分配完全调节系数、集中程度和变化幅度。

由表 2.2 - 4、图 2.2 - 7 和图 2.2 - 8 可以看出，西江、北江、东江径流量的年内变化在不同时间段存在差异。

表 2.2-4   各水文站不同时间段径流量年内变化指标值对比表

水文站	时 段	年内分配不均匀系数 C_u	年内分配完全调节系数 C_r	集中度 C_n	集中期 $D/$度	极大比 C_{max}	极小比 C_{min}	极值比 C_m
高要	1960—1969 年	0.81	0.32	0.47	215.47	2.90	0.24	12.69
	1970—1979 年	0.79	0.33	0.48	211.30	2.70	0.23	12.30
	1980—1989 年	0.67	0.28	0.41	211.07	2.37	0.26	9.48
	1990—1999 年	0.81	0.34	0.50	208.89	2.71	0.23	12.94
	2000—2010 年	0.82	0.33	0.48	214.05	2.98	0.26	11.60
	多年平均	0.78	0.32	0.47	212.19	2.74	0.24	11.80
石角	1960—1969 年	0.85	0.33	0.45	179.03	3.07	0.23	15.91
	1970—1979 年	0.75	0.31	0.43	176.11	2.69	0.26	10.77
	1980—1989 年	0.77	0.31	0.44	162.84	2.71	0.21	13.75
	1990—1999 年	0.73	0.30	0.44	176.36	2.59	0.24	11.97
	2000—2010 年	0.78	0.31	0.46	181.32	2.83	0.23	12.51
	多年平均	0.78	0.31	0.45	175.25	2.78	0.23	12.97
博罗	1960—1969 年	0.73	0.28	0.39	206.66	2.84	0.33	11.62
	1970—1979 年	0.58	0.24	0.33	213.00	2.26	0.39	6.18
	1980—1989 年	0.52	0.22	0.32	188.88	2.06	0.42	5.14
	1990—1999 年	0.51	0.20	0.29	202.02	2.16	0.47	4.65
	2000—2010 年	0.56	0.22	0.32	202.77	2.36	0.47	5.63
	多年平均	0.58	0.23	0.33	202.67	2.34	0.42	6.62

（1）自 20 世纪 60 年代以来，西江高要站、北江石角站径流量年内分配不均匀系数、年内分配完全调节系数、集中程度、极大比、极值比较大，并且长系列变化趋势不明显；东江博罗站径流量年内分配不均匀系数、年内分配完全调节系数、集中程度、极大比、极值比较小，并且长系列具有明显的下降趋势，径流量年内分配具有明显均匀化趋势；东江博罗站比西江高要站、北江石角站径流量年内分配更均匀，有利于水资源的开发和利用。

（2）自 20 世纪 60 年代以来，西江高要站、北江石角站径流量极小比较小，并且长系列变化趋势不明显；东江博罗站径流量极小比较大，并且长系列具有明显的上升趋势，说明东江年最小流量有增加趋势。

（3）西江高要站集中期主要在 7 月和 8 月，北江石角站集中期主要在 5 月和 6 月，东江博罗站集中期主要在 6 月和 7 月，西江、北江、东江径流量集中期长系列变化趋势不明显。随着经济社会的快速发展，水利工程建设、水土流失治理、取用水等人类活动的影响逐步加剧，一定程度上对径流起到了削峰填谷作用，使下游枯季径流增加，汛期径流减少，东江流域此调节作用将更加明显，对下游河段水资源的影响有所增加，长远来看，这种水资源变化特征对下游增加供水、减少水旱灾害等方面是有利的。

利用 1973—2004 年逐月水位数据，分析珠江三角洲潮水位年内变化特征。由表 2.2-5

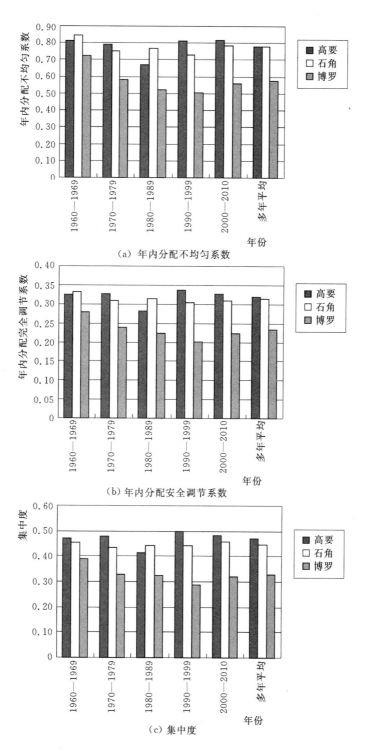

（a）年内分配不均匀系数

（b）年内分配安全调节系数

（c）集中度

图 2.2-7（一）　各水文站不同年代径流量年内变化指标值对比

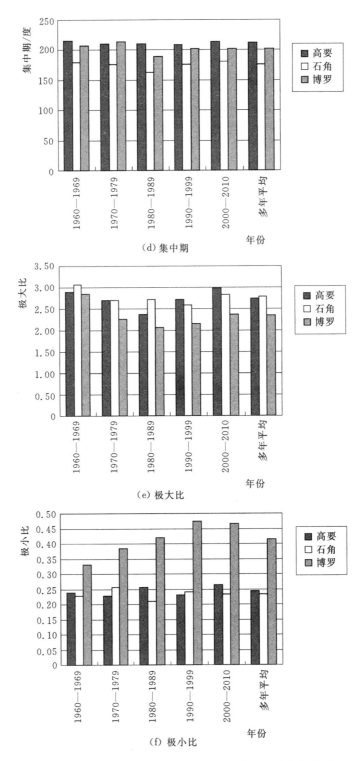

（d）集中期

（e）极大比

（f）极小比

图 2.2-7（二）　各水文站不同年代径流量年内变化指标值对比

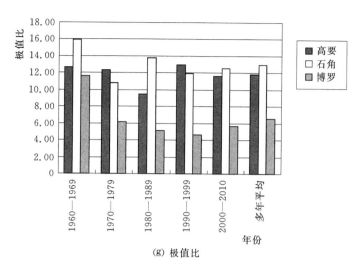

（g）极值比

图 2.2-7（三） 各水文站不同年代径流量年内变化指标值对比

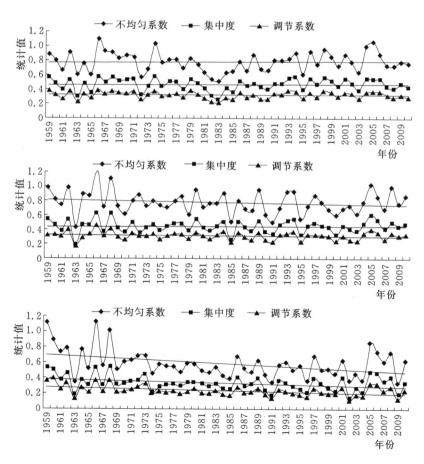

图 2.2-8 各水文站径流量年内变化指标值变化

可以看出，珠江口潮水位的年内变化在不同年代存在明显的时空差异。位于珠江口深处的马口站在20世纪70年代和20世纪90年代以来水位的年内变化大于80年代，其他站在20世纪70年代水位的年内变化最大，20世纪80年代以来趋于均匀；马口站和澜石站水位年内变化不均匀系数和集中度最大，近口门处的横门站、灯笼山站和三灶站水位年内变化不均匀系数和集中度较小；马口站和澜石站水位集中期最小，主要在7月，横门站和灯笼山站较大，分别在8月和9月，三灶站最大，主要在10月，说明年内水位集中期由珠江口深处向河口处有后推（或增加）趋势。初步分析马口站和澜石站水位年内变化受径流变化影响较大，而近口门处的横门站、灯笼山站和三灶站水位年内变化受潮汐和海平面变化的影响较大。

表2.2-5　　　　　　　　　不同年代水位年内变化指标值对比表

时 间	马口站			澜石站			横门站			灯笼山站			三灶站		
	C_u	C_n	D	C_u	C_n	D	C_u	C_n	D	C_u	C_n	D	C_u	C_n	D
1973—1979年	0.83	0.51	206	0.94	0.53	205	0.47	0.29	225	0.45	0.27	243	0.52	0.29	295
1980—1989年	0.72	0.44	203	0.71	0.41	207	0.34	0.19	239	0.38	0.21	242	0.45	0.21	297
1990—1999年	0.87	0.54	206	0.78	0.47	210	0.37	0.23	234	0.41	0.25	240	0.46	0.25	295
2000—2004年	0.88	0.52	205	0.71	0.43	211	0.31	0.20	237	0.37	0.23	249	0.37	0.21	295
多年平均	0.81	0.50	205	0.78	0.46	208	0.37	0.23	234	0.40	0.24	242	0.45	0.24	295

2.3　水资源开发利用现状

2.3.1　现状水资源利用量

根据《2015年珠江片水资源公报》，珠江三角洲现状各用水部门中，工业用水量最大，其次为农业用水。2015年珠江三角洲总用水量为173.3亿 m^3，其中：农业用水量44.4亿 m^3，占总用水量的25.62%；工业用水74.7亿 m^3，占总用水量的43.10%；生活用水51.0亿 m^3，占总用水量的29.43%；生态用水3.2亿 m^3，占总用水量的1.85%。2015年珠江三角洲各项用水量占比情况见图2.3-1。

2.3.2　水资源利用水平

1. 水资源开发和利用变化趋势

根据《珠江片水资源公报》，2006—2015年珠江三角洲用水水平开发利用率呈波动趋势，且波动范围达40%，2007年和2011年达到小高峰，其余年份均在70%的开发率以下（图2.3-2）。

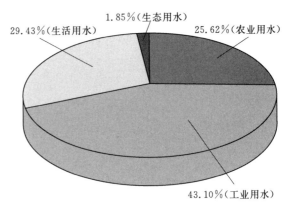

图2.3-1　2015年珠江三角洲各项用水量占比

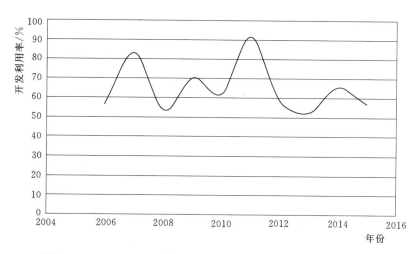

图 2.3-2 2006—2015 年珠江三角洲用水水平开发利用率趋势图

2. 供用耗排变化趋势

（1）供水量。2006—2015 年珠江三角洲供水量见表 2.3-1，由表 2.3-1 可知，地表水供水量逐年下降，年下降率为 1.3%，地下水水源供水量 2006—2012 年逐年下降，2012 年以后下降到最低值 1 亿 m^3 后保持不变，其他水源供应量从 2006 年的 0 增加到 2011 年 0.73 亿 m^3 的最高值后又降到 0.7 亿 m^3，而后保持不变。总体来看，供水量呈下降趋势。

表 2.3-1　　　　　　　　　2006—2015 年珠江三角洲供水量表　　　　　　　　单位：亿 m^3

年份	地表水源供水量	地下水源供水量	其他水源供水量	总供水量
2015	171.60	1.00	0.70	173.30
2014	174.70	1.00	0.70	176.40
2013	176.50	1.00	0.70	178.20
2012	180.10	1.10	0.70	181.90
2011	188.10	1.11	0.73	189.94
2010	191.00	1.34	0.63	192.97
2009	192.47	1.25	0.72	194.44
2008	191.81	1.33	0.46	193.60
2007	193.40	1.71	0.26	195.37
2006	193.35	1.63	0.00	194.98

（2）用水量。2006—2005 年珠江三角洲用水量趋势图如图 2.3-3 所示。由图 2.3-3 可知，珠江三角洲总用水量总体呈下降趋势，2011—2015 年下降尤其明显；除生活和工业用水在 2011 年有较大波动以外，其余用水量及年份均变化平稳；工业用水和农业用水呈总体下降趋势，生活用水略有上升（表 2.3-2）。

（3）排水量。2006—2015 年珠江三角洲废污水排放量趋势图如图 2.3-4 所示，由图 2.3-4 可知，2006—2008 年废污水排放量呈下降趋势，2008 年以后废污水排放总量基本保持不变，维持在 67 亿 t 上下，第二产业废污水排放量逐年下降，平均年下降率为 5.29%，而第三产业和城镇居民生活废污水排放量则略有上升（表 2.3-3）。

表 2.3-2 **2006—2015 年珠江三角洲各行业用水量** 单位：亿 m³

年份	农业用水	工业用水	生活用水	生态用水	总用水量
2006	52.72	95.32	43.89	3.05	194.98
2007	50.49	98.67	42.67	1.28	195.37
2008	52.07	93.98	42.82	4.72	193.59
2009	51.41	95.10	43.09	4.85	194.43
2010	49.60	93.30	45.30	5.60	193.00
2011	48.10	103.90	32.30	5.74	189.90
2012	48.00	79.90	49.40	4.50	181.90
2013	46.70	79.30	48.80	3.10	178.00
2014	46.80	76.50	49.70	3.20	176.20
2015	44.40	74.70	51.00	3.20	173.30

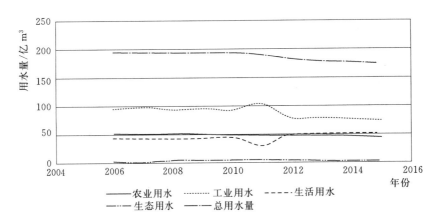

图 2.3-3　2006—2015 年珠江三角洲用水量趋势图

表 2.3-3　**2006—2015 年珠江三角洲废污水排放量** 单位：亿 t

年份	城镇居民生活	第二产业	第三产业	合计	第二产业年下降率/%
2015	24.40	31.10	11.50	67.10	3.72
2014	23.60	32.30	11.20	67.10	2.71
2013	23.30	33.20	10.90	67.40	5.41
2012	23.50	35.10	10.50	69.10	1.96
2011	23.80	35.80	8.95	68.60	4.53
2010	22.56	37.50	7.88	67.94	2.77
2009	21.77	38.57	7.29	67.64	5.02
2008	22.13	40.61	6.97	69.71	11.54
2007	22.39	45.91	6.95	75.25	9.98
2006	22.89	51.00	7.31	81.20	5.29

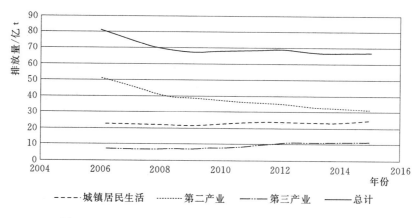

图 2.3-4 2006—2016 年珠江三角洲废污水排放量趋势图

3. 用水指标变化趋势

（1）人均水资源量及人均总用水量。由图 2.3-5 可知，2006—2015 年珠江三角洲的人均水资源量波动较大，总体呈下降趋势，人均总用水量则变化平稳，逐年下降，年下降率为 3.71%。

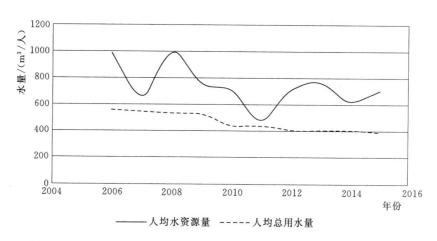

图 2.3-5 2006—2015 年珠江三角洲人均水资源量及人均总用水量趋势图

（2）亩均灌溉用水量。由图 2.3-6 可知，2006—2015 年珠江三角洲亩均灌溉用水量呈波动趋势，2010 年有一个大幅下降，降到最低 632m³/亩，随后又上升到 750m³/亩的用水水平，一直到 2015 年都变化很小。

（3）生活用水量。由图 2.3-7 可知，2006—2010 年珠江三角洲人均城镇生活用水量呈下降趋势，2010 年以后则波动不大，始终保持在 200L/(人·d) 的用水量水平左右，2006—2015 年珠江三角洲人均农村生活用水量呈小幅波动趋势，整体围绕在 150L/(人·d) 的用水量水平。

（4）工业增加值综合用水量。由图 2.3-8 可知，2006—2015 年珠江三角洲工业增加值综合用水量逐年下降，到 2015 年下降到最低为 38m³/万元，年下降率为 11.02%。

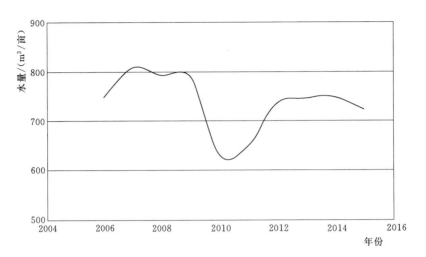

图 2.3-6 2006—2015 年珠江三角洲亩均灌溉用水量趋势图

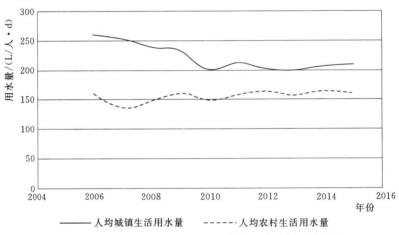

——— 人均城镇生活用水量　　- - - - 人均农村生活用水量

图 2.3-7 2006—2015 年珠江三角洲生活用水量趋势图

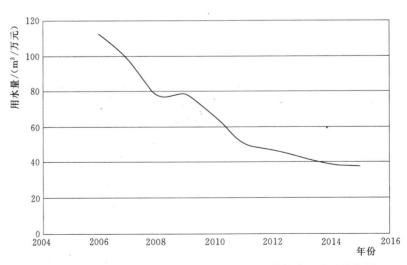

图 2.3-8 2006—2015 年珠江三角洲工业增加值综合用水量趋势图

第 **3** 章

珠江三角洲水资源调度形势与现状分析

3.1 珠江三角洲水资源调度形势

3.1.1 珠江三角洲来水丰枯遭遇分析

3.1.1.1 Copula 函数介绍

1. Copula 函数的定义和性质

n 维 Copula 函数是具有以下性质的函数 $C: I^n \to I$。

（1）C 的定义域 $I^n \in [0,1]^n$。

（2）$\forall u_a$、$u_b \in I^n$，只要 u_a 有一个分量大于 u_b 中的对应分量，则 $C(u_a) \geqslant C(u_b)$，称为 n 维递增（n-increasing）。

（3）$\forall u \in I^n$，如果至少有一个 u 的分量等于零，则 $C(u) = 0$；如果除了 $u_k(X < x)$，$Z < z$ 的其他分量均为 1，则 $C(u_k) = u_k$。

显然，如果 $F_1, F_2, \cdots, F_n$ 特征为连续一维，令 $u_i = F_i$，则函数 $C(u_1, u_2, \cdots, u_n)$ 的边缘分布呈现均匀 $[0,1]$。

Skar's 定理是 Copula 函数理论的核心，可表述如下。

定理 3-1 令 F 为 n 维分布函数，其边缘分布是 $F_1, F_2, \cdots, F_n$，则存在着 n 维 Copula 函数 C，对任意 $x \in R^n$ 都有

$$F(x_1, x_2, \cdots, x_n) = C[F_1(x_1), F_2(x_2), \cdots, F_n(x_n)] \tag{3.1-1}$$

式（3.1-1）中，若 $F_i(x_i)$ 是连续的，则 Copula 函数 C 是唯一确定的；否则，C 在 $\mathrm{ran}F_1 \times \mathrm{ran}F_2 \times \cdots \times \mathrm{ran}F_n$ 上唯一确定。

定理 3-2 令 F、C，$F_1, F_2, \cdots, F_n$ 如定理 3-1 中所定义，$F_1^{(-1)}, F_2^{(-1)}, \cdots, F_n^{(-1)}$ 分别为 $F_1, F_2, \cdots, F_n$ 的反函数，则 $\forall u \in I^n$ 有

$$C(u_1, u_2, \cdots, u_n) = F[F_1^{(-1)}(u_1), F_2^{(-1)}(u_2), \cdots, F_n^{(-1)}(u_n)] \tag{3.1-2}$$

定理 3-3 令 $X_1, X_1, \cdots, X_n$ 随机变量，其分布是 $F_1, F_2, \cdots, F_n$，联合分布式 F，则必存在 Copula 函数 C 使得式（3.1-1）成立。若 $F_i(x_i)$ 是连续的，则 Copula 函数 C 是唯一确定的；否则，C 在 $\mathrm{ran}F_1 \times \mathrm{ran}F_2 \times \cdots \times \mathrm{ran}F_n$ 上唯一确定。

以 n 维 Copula 为例，Copula 函数 C 还具有以下性质。

（1）C 是有界的，$0 \leqslant C(u_1, u_2, \cdots, u_n) \leqslant 1$。

（2）$\forall u_a$、$u_b \in I^n$，令 $u_{a_i} \leqslant u_{b_i}(i=1,2,\cdots,n)$，则

$$\sum_{i_1=1}^{2}\sum_{i_2=1}^{2}\cdots\sum_{i_n=1}^{2}(-1)^{i_1+i_2+\cdots+i_n}C(x_{1i_1},x_{2i_2},\cdots,x_{pi_p},x_{ni_n})\geqslant 0 \tag{3.1-3}$$

$$x_{p1}=u_{a_p}, \quad x_{p2}=u_{b_p} \quad (p=1,2,\cdots,n)$$

若 $n=2$，则由式（3.1-3）可得

$$C(u_{a_2},u_{b_2})-C(u_{a_1},u_{b_2})-C(u_{a_2},u_{b_1})+C(u_{a_1},u_{b_1})\geqslant 0 \tag{3.1-4}$$

（3） $C(u_1,u_2,\cdots,u_n)$ 满足 Fréchet-Hoeffding 边界不等式，即

$$\max\{u_1+u_2+\cdots+u_n-n+1,0\}\leqslant C(u_1,u_2,\cdots,u_n)\leqslant \min\{u_1,u_2,u_n\} \quad (n\geqslant 2) \tag{3.1-5}$$

2. Archimedean Copula 函数

采用的构造方法差异，可获得不同的 Copula 函数，比较常用的类型为椭圆 Copula 函数、Archimedean Copula 函数和 Plackett Copula 函数等。但在水文学领域 Archimedean Copula 应用得最为广泛，故此处重点介绍该类型的 Copula 函数。

Archimedean Copula 函数的构造相对简单，适应性也较强，具有广泛的应用价值。Archimedean Copula 函数分对称型和非对称型两种。

对称型的构造形式为

$$C(u_1,u_2,\cdots,u_n)=\varphi^{(-1)}[\varphi(u_1)+\varphi(u_2)+\cdots+\varphi(u_n)] \tag{3.1-6}$$

式中： φ 为生成元，且为连续严格递减的凸函数； $\varphi^{(-1)}$ 为 φ 的反函数，也是连续且严格递减的凸函数。

只需确定 φ，则可确定一种相应的 Copula 函数。水文中常采用的 4 种二维对称 Archimedean Copula 函数如下。

（1）Gumbel-Hougaard（GH）Copula。

$$C_\theta(u,v)=\exp\{-[(-\ln u)^\theta+(-\ln v)^\theta]^{1/\theta}\}, \quad \theta\in[1,\infty) \tag{3.1-7}$$

式中： u、v 即边缘分布； θ 为 Copula 函数的参数，下同，其生成元 $\phi(t)=(-\ln t)^\theta$。

（2）Clayton Copula。

$$C(u,v)=(u^{-\theta}+u^{-\theta}-1)^{-1/\theta}, \quad \theta\in(0,\infty) \tag{3.1-8}$$

其生成元 $\phi(t)=t^{-\theta}-1$。

（3）Ali-Mikhail-Haq（AMH）Copula。

$$C(u,v)=\frac{uv}{1-\theta(1-u)(1-v)}, \quad \theta\in[-1,1) \tag{3.1-9}$$

其生成元 $\phi(t)=\ln\dfrac{1-\theta(1-t)}{t}$。

（4）Frank Copula。

$$C(u,v)=\frac{1}{\theta}\ln\left[1+\frac{(e^{-\theta u}-1)(e^{-\theta v}-1)}{e^{-\theta}-1}\right], \quad \theta\in R\backslash\{0\} \tag{3.1-10}$$

其生成元为 $\phi(t)=\ln\dfrac{e^{\theta t}-1}{e^\theta-1}$。

与前文中二维对称 Copula 相对应的三维对称 Copula 函数如下。

（1）Gumbel-Hougaard（GH）Copula。

$$C(u_1,u_2,u_3)=\exp\{-\left[(-\ln u_1)^\theta+(-\ln u_2)^\theta+(-\ln u_3)^\theta\right]^{1/\theta}\}, \quad \theta\in[1,+\infty)$$

$$(3.1-11)$$

（2）Clayton Copula。

$$C(u_1,u_2,u_3)=(u_1^{-\theta}+u_2^{-\theta}+u_3^{-\theta}-2)^{-1/\theta}, \quad \theta\in[1,\infty) \tag{3.1-12}$$

（3）Ali – Mikhail – Haq（AMH）Copula。

$$C(u_1,u_2,u_3)=\frac{u_1 u_2 u_3}{1-\theta(1-u_1)(1-u_2)(1-u_3)}, \quad \theta\in[-1,1) \tag{3.1-13}$$

（4）Frank Copula。

$$C(u_1,u_2,u_3)=-\frac{1}{\theta}\ln\left[1+\frac{(e^{(-\theta u_1)}-1)(e^{(-\theta u_2)}-1)(e^{(-\theta u_3)}-1)}{(e^{(-\theta)}-1)^2}\right], \quad \theta\in R\backslash\{0\}$$

$$(3.1-14)$$

n 维对称型 Archimedean Copula 函数在使用上存在一定的限制。它要求两两变量间的结构是相同或类似的；当生成元只有一个参数时，所构造的 n 维对称型 Archimedean Copula 函数也只有一个参数，因此对于非常复杂的相关性结构，其使用受到限制。

将二维对称 Archimedean Copula 函数通过 $n-1$ 重嵌套，可得出 n 维非对称型 Archimedean Copula 函数，即

$$C(u_1,u_2,\cdots,u_n)=C_1(u_n,C_2(u_{n-1},\cdots,C_{n-1}(u_2,u_1)))$$
$$=\varphi_1^{(-1)}(\varphi_1(u_n)+\varphi_1(\varphi_2^{(-1)}(u_n-1)+\cdots+\varphi_{n-1}^{(-1)}(\varphi_{n-1}(u_2)+\varphi_{n-1}(u_1))\cdots))$$

$$(3.1-15)$$

相应的三维表达式为

$$C(u_1,u_2,u_3)=C_1(u_3,C_2(u_2,u_1))$$
$$=\varphi_1^{(-1)}(\varphi_1(u_3)+\varphi_1(\varphi_2^{(-1)}(\varphi_2(u_2)+\varphi_2(u_1)))) \tag{3.1-16}$$

以下是 4 种常采用的三维非对称型 Archimedean Copula 表达式。

（1）Gumbel – Hougaard（GH）Copula，即

$$C(u_1,u_2,u_3)=\exp\{-([(-\ln u_1)^{\theta_2}+(-\ln u_2)^{\theta_2}]^{\theta_1/\theta_2}+(-\ln u_3)^{\theta_1})^{1/\theta_1}\}$$
$$\theta_2\geqslant\theta_1\in[1,+\infty) \tag{3.1-17}$$

（2）Clayton Copula，即

$$C(u_1,u_2,u_3)=[(u_1^{-\theta_2}+u_2^{-\theta_2}-1)^{\theta_1/\theta_2}+u_3^{-\theta_1}-1]^{-1/\theta_1}, \quad \theta_2\geqslant\theta_1\in[0,+\infty)$$

$$(3.1-18)$$

（3）Ali – Mikhail – Haq（AMH）Copula，即

$$C(u_1,u_2,u_3)=\frac{u_1 u_2 u_3}{[1-\theta_1(1-u_3)][1-\theta_2(1-u_2)(1-u_1)]+\theta_1 u_1 u_2(1-u_3)}$$
$$\theta_2\geqslant\theta_1\in[-1,1) \tag{3.1-19}$$

（4）Frank Copula，即

$$C(u_1,u_2,u_3)=-\frac{1}{\theta_1}\ln\{1-(1-e^{-\theta_1})^{-1}(1-[1-(1-e^{-\theta_2})^{-1}(1-e^{-\theta_2 u_2})(1-e^{-\theta_2 u_1})]^{\theta_1/\theta_2})(1-e^{-\theta_1 u_3})\}$$
$$\theta\in(0,\infty) \tag{3.1-20}$$

3. 边缘分布函数

（1）分布类型。在水文统计中，Pearson – Ⅲ分布在拟合暴雨、洪水中运用得最为广

泛，且其为各类水利水电工程设计中推荐使用的水文频率分析线型。当然，不同地域的不同水文变量可能服从着不同的分布，一律使用 Pearson - Ⅲ 分布则可能无法达到最佳的拟合效果。因此，在本次统计运用中，使用 Pearson - Ⅲ 分布（P - Ⅲ）广义极值分布（GEV）、指数分布（EXP）和对数正态分布（LOGN）对各变量进行拟合，再确定各自所需选用的最佳边缘分布类型。

（2）参数估计。本书一律采用线性矩法（L - moments）对各边缘分布进行参数估计。对于小样本参数估计，极大似然估计量具有很大的不稳定性，而水文序列一般较短，故本书使用线性矩估计各边缘分布的参数。线性矩是 Hosking 基于 Greenwood 提出的概率权重矩（Probability Weighted Moments）概念而提出的，已成为水文分析计算中广泛使用的重要方法之一。与常规矩法类似，线性矩法估计参数的原理是用样本线性矩代替总体线性矩，根据总体的线性矩与参数的关系求得总体分布的参数，此处不再赘述。

（3）拟合优度检验。随机变量的理论分布能否代表其总体分布，需要进行相应的假设检验，且需进行拟合优度评价，选择出能够最恰当地代表总体分布的理论分布。本书使用 Kolmogorov - Smirnov（KS）进行检验，且使用均方根误差（RMSE）和概率点距相关系数法（PPCC）评价拟合优劣，再用 AIC 信息准则确定最优分布。

1）KS 检验。设有大小为 n 的样本 X，其经验分布为

$$F_n(x_i) = \frac{m_i - 1}{n} \tag{3.1-21}$$

式中：m_i 是 $X \leqslant x_i$ 的个数。

检验原假设：样本 X 服从理论分布 $F(x)$，则 KS 统计量为

$$D = \sup_x |F_n(x) - F(x)| = \max_i \{ |F(x_i) - F_n(x_i)|, |F(x_i) - F_n(x_{i+1})| \}$$

$$\tag{3.1-22}$$

比较 D 与临界值 D_c：若 $D > D_c$，拒绝原假设，即样本 X 不服从理论分布 $F(x)$；否则，不拒绝原假设，认为服从理论分布 $F(x)$。

2）RMSE。

$$\text{RMSE} = \sqrt{\frac{1}{n} \sum_{i=1}^{n} (\hat{x_i} - x_i)^2} \tag{3.1-23}$$

式中：$\hat{x_i}$ 和 x_i 分别为理论频率和经验频率；n 为样本大小。

RMSE 越小，则理论频率和经验频率越接近。

3）PPCC。设一个待检验序列 $(x_1, x_1, \cdots, x_n)$，将 x_i 递增排列后计算的经验频率分布点据 Pe_i 为概率点据。结合理论分布计算出各 Pe_i 对应分位数 y_i，为理论值，排列后 x_i 与对应 y_i 的相关性系数为

$$r = \frac{\sum_{i=1}^{n} (x_i - \overline{x})(y_i - \overline{y})}{\left[\sum_{i=1}^{n} (x_i - \overline{x})^2 + \sum_{i=1}^{n} (y_i - \overline{y})^2 \right]} \tag{3.1-24}$$

式中：$\overline{x}$ 和 $\overline{y}$ 分别是 x_i 和 y_i 的均值。

4）AIC 信息准则。AIC 信息准则由 Akaike 提出，包括两部分，即模型偏差和模型

参数个数引起的不稳定性。AIC 的计算公式为

$$\text{MSE} = \frac{1}{n} \sum_{i=1}^{n} (\hat{x}_i - x_i)^2 \tag{3.1-25}$$

$$\text{AIC} = n\ln(\text{MSE}) + 2m \tag{3.1-26}$$

式中：m 为分布函数参数的个数。

以上方法中涉及经验频率计算，即

$$Pe_i = \frac{i - 0.44}{n + 0.12} \tag{3.1-27}$$

式中：i 为样本从小到大排列后各值的序号；n 为样本总量。

3.1.1.2 丰枯遭遇数据资料

本书以西江、北江、东江为研究对象，收集西江高要站、北江石角站 1956—2010 年的实测月径流量资料和东江博罗站 1954—2010 年的实测月径流量资料，且根据咸潮影响时间段，选取每年 10 月至次年 3 月非汛期序列资料，利用 Copula 函数进行非汛期丰枯遭遇分析。

3.1.1.3 丰枯遭遇结果分析

1. 三大水系分布函数拟合与优选

（1）边缘分布拟合结果。采用 4 种分布函数对西江、北江、东江三大水系非汛期的河川径流量进行拟合，并进行检验与优选，确定出最优的边缘分布，拟合度检验结果见表 3.1-1。由表 3.1-1 中可以看出，4 种分布函数皆通过 KS 检验，拟合结果满足要求。根据 AIC 值最小、PPCC 值最大以及均方根误差（RMSE）最小准则，分别选择三大水系的最优边缘分布函数。其中，西江高要站最优边缘分布函数为 P-Ⅲ分布，北江石角站最优边缘分布函数为 P-Ⅲ分布，东江博罗站为 GEC 分布函数，相应分布函数的参数见表 3.1-2。

表 3.1-1　　　　　　　　三大水系非汛期径流量边缘分布拟合结果

水系	评价指标	分 布 函 数 类 型			
		P-Ⅲ	GEV	EXP	LOGN
西江	AIC	**−340.78**	−325.05	−319.05	−335.31
	PPCC	**0.9919**	0.9902	0.9886	0.9917
	RMSE	**0.0212**	0.0253	0.0276	0.0225
	DK-S	0.0716	0.0568	0.0667	0.0605
北江	AIC	**−306.73**	−302.41	−297.38	−305.90
	PPCC	**0.9962**	0.9894	0.9906	0.9946
	RMSE	**0.0310**	0.0325	0.0351	0.0313
	DK-S	0.1099	0.1043	0.1192	0.1071
东江	AIC	−303.95	**−310.68**	−246.27	−309.30
	PPCC	0.9629	**0.9682**	0.9622	0.9669
	RMSE	0.0319	**0.0296**	0.0620	0.0301
	DK-S	0.0753	0.0795	0.1324	0.0779

注　KS 检验临界值 $D_c = 0.2579$；显著性水平 0.005；表中加粗为最优边缘分布函数。

表 3.1-2 　　　　　　　　　　三大水系最优边缘分布函数参数值

水系	参数名称	参数值
西江 (P-Ⅲ)	均值	508.5476
	C_v	0.1313
	C_s	1.6039
北江 (P-Ⅲ)	均值	103.811
	C_v	0.199
	C_s	1.8592
东江 (GEV)	位置参数	57.9127
	尺度参数	17.45
	形状参数	−0.0035

（2）二维 Copula 函数拟合结果。对于三大水系非汛期径流量两两间的联合分布，采用 4 种二维 Copula 函数进行参数估算，并对拟合结果分别依据 AIC 最小准则、离差平方和最小准则（OLS）确定拟合度最优的 Copula 函数，结果见表 3.1-3。由表 3.1-3 中可以看出，三大水系两两间联合分布最优结果皆为 GH Copula 函数，分布拟合效果见图 3.1-1～图 3.1-3。由图 3.1-1～图 3.1-3 中可以看出，理论频率与经验频率的散点分布，基本上沿斜率为 45°的直线分布，且两者相关性系数分别达到 0.9943、0.9986 及 0.9957，因此判定拟合效果相对较好。

表 3.1-3 　　　　　　　　　　三大水系非汛期径流量二维 Copula 联合分布

位置	评估指标	分布函数类型			
		GH	Clayton	Frank	AMH
博罗与石角	AIC	**−609.289**	−586.922	−587.423	−586.922
	OLS	**0.0011**	0.0014	0.0014	0.0014
博罗与高要	AIC	**−567.232**	−560.237	−560.385	−560.237
	OLS	**0.0018**	0.0019	0.0019	0.0019
石角与高要	AIC	**−544.08**	−525.83	−526.358	−525.83
	OLS	**0.0023**	0.0028	0.0028	0.0028

注 表中加粗为择选的 Copula 函数。

（3）三维 Copula 函数拟合结果。对于三大水系非汛期径流量的三维联合分布，首先利用极大似然法进行参数估计，然后进行拟合检验与评价，见表 3.1-4。从三维对称型 Gumbel - Hougaard Copula 和三维非对称型 Gumbel - Hougaard Copula 中选择拟合度最优的。由表 3.1-4 中可以看出，三大水系三维联合分布最优结果皆为对称型 GH Copula 函数，拟合效果见图 3.1-4。由图 3.1-4 中可以看出，理论频率与经验频率的散点分布，基本上沿斜率为 45°的直线分布，两者相关性系数达到 0.9946，因此判定拟合效果相对较好。

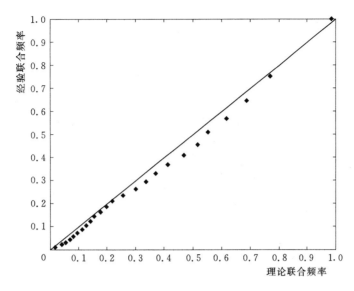

图 3.1-1　高要、石角站经验与理论联合频率拟合图

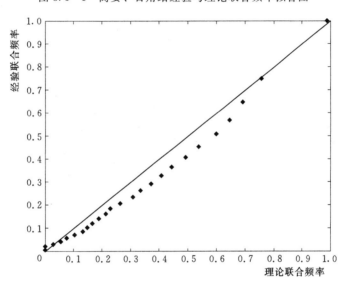

图 3.1-2　高要、博罗站经验与理论联合频率拟合图

表 3.1-4　　　　　　　　三大水系非汛期径流量三维 Copula 联合分布

类　型	参数及评价指标	非汛期
非对称型	θ_1	1.489326
	θ_2	2.08855
对称型	θ	1.68907
非对称型	AIC	−471.37
	OLS	0.0051
对称型	AIC	**−480.35**
	OLS	**0.005**

注　表中加粗为择选的 Copula 函数。

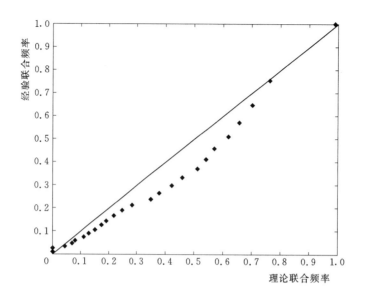

图 3.1-3　石角、博罗站经验与理论联合频率拟合图

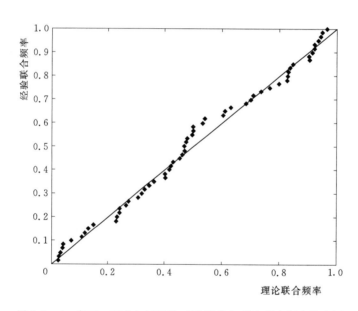

图 3.1-4　高要、石角与博罗站三维经验与理论联合频率拟合图

2. 二维丰枯遭遇分析

本书中把三大水系非汛期径流量丰枯水平定为枯、平、丰三级，且枯、丰水分割的累积概率阈值 $p_k=37.5\%$ 和 $p_f=62.5\%$，判断准则如下。

$$枯水：X_i<X_{p_k} \qquad 平水：X_{p_k}<X_i<X_{p_k} \qquad 丰水：X_i>X_{p_f}$$

式中：X_i 为 i 非汛期径流量；X_{p_k} 与 X_{p_f} 为枯、丰水分界值。

对于西江高要站、北江石角站与东江博罗站非汛期径流量二维丰枯遭遇的研究，主要着重于两两测站间同时发生枯水的情形，利用公式表述为

$$F(x,y)=P(X\leqslant x,Y\leqslant y)=C[F_X(x),F_Y(y)]=C(u,v) \qquad (3.1-28)$$

式中：$u=F_X(x)$ 和 $v=F_Y(y)$ 分别是变量 X 和 Y 的边缘分布。上述公式表述为：变量 $X<x$ 且 $Y<y$ 同时发生的概率，根据选择的联合分布类型，相应联合概率分布图见图 3.1-5～图 3.1-7。

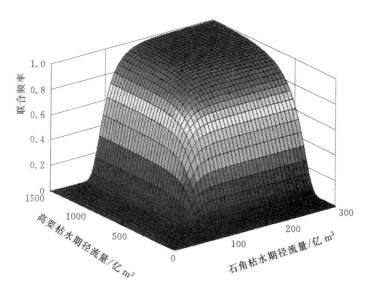

图 3.1-5　高要、石角站非汛期径流量联合分布

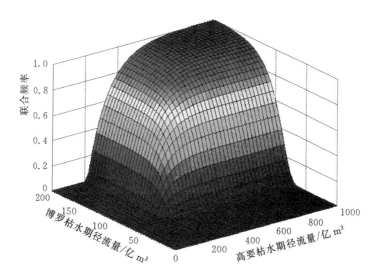

图 3.1-6　高要、博罗站非汛期径流量联合分布

三大水系两两间丰、平、枯划分的遭遇概率见表 3.1-5。由表 3.1-5 中可以看出，总体上三大水系两两间丰枯同步（包括同丰、同平和同枯的情形，下同）的概率大于丰枯异步的概率。这与区内的实际情况一致：西江、北江、东江皆地处亚热带地区，在地理位置上相距较近，且各水系范围内水文、气候性质相似，导致丰枯一致性相对较高。

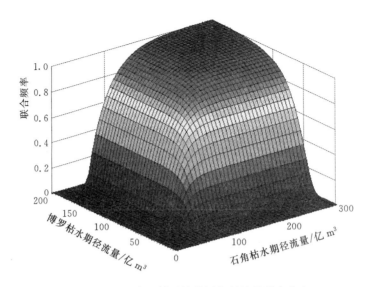

图 3.1-7　石角、博罗站非汛期径流量联合分布

表 3.1-5　　　　　　　　　三大水系非汛期径流量两两间丰枯遭遇概率

丰枯遭遇		A：西江	A：西江	A：北江
		B：北江	B：东江	B：东江
丰枯同步	AB 同丰	22.03	22.67	26.95
	AB 同平	7.38	7.55	9.29
	AB 同枯	22.71	21.31	25.49
丰枯异步	A 丰 B 枯	6.32	6.79	3.43
	A 丰 B 平	7.15	8.04	7.13
	A 平 B 丰	8.15	8.04	7.13
	A 平 B 枯	9.47	9.40	8.58
	A 枯 B 丰	7.32	6.79	3.43
	A 枯 B 平	9.47	9.40	8.58
丰枯同步		52.12	51.53	61.73
丰枯异步		47.88	48.47	38.27

　　在两两组合的情形下，北江与东江丰枯同步的概率最高，达 61.73%，考虑到北江与东江集水面积相差不大，地理位置上又相互紧邻且跨越纬度范围相似，水文气候最为一致，故此结果较为合理；西江与东江丰枯同步的概率最小，但仍有 51.53%，由于东江与西江地理位置较远且跨域经度、纬度皆有所差异，此外西江流域面积大，上游又有黔江、郁江、桂江等支流，各支流同时发生洪水或枯水的概率都不大，而东江不单受锋面雨的影响，且流域面积较小，中、下游又经常受台风雨的袭击，所以导致西江与东江丰枯同步的概率偏小。

　　丰枯同步的遭遇情形下，三大江河非汛期径流量两两组合情况下，同丰、同枯水情遭遇的概率较为接近，皆在 20%～30% 之间；同平水情遭遇的概率最低，位于 7%～10%

之间。

丰枯异步的遭遇情形下，两江发生一平一枯的组合概率最高，位于 8%～10% 之间；两江发生一丰一平的组合概率次之，位于 7%～9% 之间；两江发生一丰一枯的组合概率最低，位于 8% 以下，极端组合时仅为 3.34%。

对两江同枯的情形进行着重分析，西江、北江组合情况下同枯概率为 22.71%，西江、东江组合情况下同枯概率为 21.31%，宝桥加积组合情况下同枯概率为 25.49%，皆处于较高水平。考虑到枯水水情遭遇对咸潮上溯的影响，此种高概率的同步性，对下游保障供水造成的压力是不容忽略的。

3. 三维丰枯遭遇分析

三变量联合概率分布为

$$F(x,y,z)=P(X\leqslant x,Y\leqslant y,Z\leqslant z)=C[F_x(x),F_y(y),F_z(z)]=C(u,v,z)$$

$$(3.1-29)$$

式中：变量 X、Y 和 Z 的边缘分布分别为 $u=F_x(x)$、$v=F_y(y)$ 和 $z=F_z(z)$。

利用前文优选的结果，构建三大测站间年径流量三维联合分布模型，计算西江、北江、东江非汛期径流量三维遭遇的概率，见表 3.1-6。

表 3.1-6　　　　　　　　三大水系非汛期径流量三维丰枯遭遇概率

丰枯遭遇	东江丰			东江平			东江枯		
	西江丰	西江平	西江枯	西江丰	西江平	西江枯	西江丰	西江平	西江枯
北江丰	18.41	4.16	4.37	3.13	2.10	1.90	0.44	1.90	1.10
北江平	3.24	1.93	1.96	3.86	2.82	2.62	1.06	2.62	4.90
北江枯	0.97	1.96	0.50	1.07	2.62	4.90	5.33	4.87	15.26
丰枯同步	36.49								
丰枯异步	63.51								

由表 3.1-6 可知，三大江河非汛期径流量之间丰枯同步较大，达到 36.49%，这与前文二维丰枯遭遇分析的结论相对一致，是由于测站所处三大流域地理位置相近，水文气候性质相似。但此高一致性的丰枯遭遇，对于下游珠江三角洲抑制咸潮上溯工作的开展，以及供水保障都是极其不利的。

在丰枯同步的情形下，三站水情发生同丰、同枯的概率远远高于同平，其中三站同丰、同枯分别为 18.41% 和 15.26%，而同平仅为 2.82%。在丰枯异步的情形下，出现两丰一枯的概率为 5.78%，即大约每 17.30a 出现一次两丰一枯的情形；出现两枯一丰的概率为 6.93%，即大约每 14.43a 出现一次两枯一丰的情形；出现两枯一平的概率为 14.67%，即大约每 6.81a 出现一次两枯一平的情形；出现两平一枯的概率为 7.86%，即大约每 12.72a 出现一次两平一枯的情形。出现两平一丰的概率为 7.89%，即大约每 12.67a 出现一次两平一丰的情形；出现两丰一平的概率为 10.53%，即大约每 7.89a 出现一次两丰一平的情形。

珠江三角洲水资源非汛期偏枯，即当非汛期西江、北江和东江枯水来水水情相互遭遇时，对下游水资源利用以及水体环境影响极为不利的。一方面，当来水偏枯水时，珠江三角洲生活生产过程中排放到水体的污染物，缺乏充足的水量进行稀释与转移，致使水体环境受到严重影响；另一方面，上游来水量的减少，致使下游河口地区咸潮上溯没有足够的水量进行抑制，导致咸潮上溯距离、咸度皆出现加重趋势，也影响河口地区供水设施的运行。

在本次研究中，三大水系中两江同枯的概率分别为22.71％、21.31％、25.49％，此外，三江联合同枯的概率为15.26％，皆处于较高的水平，在此严峻形势下，需立足于河网区需求，开展水资源调度关键技术研究。

3.1.2 珠江三角洲咸潮上溯影响分析

3.1.2.1 珠江三角洲咸潮上溯的影响因素

河流、河口、海洋构成一个系统的连续水体，径流带来的淡水流经河道源源不断地注入河口，扩散到浩瀚的海洋；河口在不断接受上游径流淡水的同时还受外海陆架高盐水周期性的影响，盐、淡水在河口区交汇，在这个特殊的过渡带形成了多样性的物理、化学、生物过程，极为复杂；海洋通过潮汐的力量，无时无刻不在影响着河口和上游河道，通过潮汐的涨落与河道和河口进行水体交换和物质输移，对于维持河口生态、水环境承载能力发挥着积极作用。

咸潮上溯（或称盐水入侵）是外海大陆架高盐水团沿着河口的主要通道非正常地向上游淡水区推进，盐水扩散、盐淡水混合造成上游河道水体变咸，从而对淡水资源的供应构成威胁。导致咸潮上溯的主要因素是上游河流径流和外海海洋动力相互作用的不平衡，同时与河口形态、地形、波浪、风、口外海洋环流、海平面上升、人类活动等因素密切相关。

1. 径流对咸潮活动的影响

上游径流是咸潮上溯最直接的"压制"因素，径流主要通过径流量大小、季节的变化、年际间的变化和变幅的大小来影响咸潮上溯。通常情况下，咸潮上溯的距离与上游流量呈负相关，上游流量越小，径流动力越弱，咸潮上溯距离越远；河流径流量年内基本呈季节性变化，枯季小、洪季大，因此严重的咸潮上溯现象一般出现在枯季。径流对河流和河口咸度变化的影响还表现出一定的时间滞后现象，当径流量减少时更为明显，因为河口系统需要一定的时间进行水体混合置换。

通过历史文献记载分析、同步水文测验分析、供水公司调查资料分析及实地踏勘及调查资料分析，不同流量条件下珠江三角洲250mg/L含氯度上溯界线空间分布如下：

西北江三角洲250mg/L含氯度界线对应流量为进入三角洲的控制断面思贤滘流量（即马口断面加三水断面流量），东江三角洲250mg/L含氯度界线对应流量为东江石龙断面加增江麒麟咀断面流量。当思贤滘流量为1000m³/s时，西北江三角洲的佛山、顺德、江门、广州、中山、珠海全面位于咸界内，三角洲各取水口将受到全面影响；当上游来水达到5500m³/s时，咸界基本退至各取水口以下；当思贤滘流量为2500m³/s时，广州市石门、沙湾、南洲等主力水厂，佛山市桂州、容奇、容里水厂，中山市全禄、大丰水厂和江门市牛筋、鑫源水厂基本不受咸潮影响。

2. 潮汐动力对咸潮活动的影响

潮汐是咸潮上溯的最主要原动力，主要通过潮汐性质、涨落潮历时长短和潮差大小等影响咸潮活动。潮汐涨落具有较好的周期性，是一种长周期的波动，其振幅和周期具有周日、半月和年不等现象，陆架高盐水通常在涨潮流推动作用下入侵河口及河道，受其影响，河口地区和感潮河段咸度也呈现出相应的周期性，咸度峰、谷值一般出现在涨停、落憩附近时刻。

以珠江河口平岗泵站为例，在以半个月为周期的天文潮过程中，潮汐从小潮转大潮期间，水体含氯度明显增大，大潮转小潮期间，水体含氯度明显减小，而其变化在相位上较天文潮提前 3d 左右，如图 3.1-8 所示。

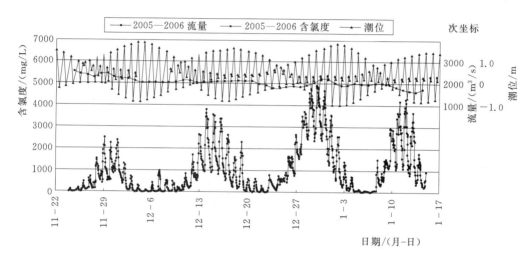

图 3.1-8　2005—2006 年枯季平岗泵站含氯度、潮汐、上游径流过程对比

3. 风对咸潮活动的影响

风对河口和陆架水上层水体直接作用，在拖曳力作用下上层水体流速、流向改变，对表层咸度的平面分布有明显影响。更重要的是，在一定风向的作用下会在大陆架区域形成近岸下潜流，导致海水近岸堆积和水位堆高，进而形成量值可观的向岸压力梯度，驱使底层高盐水上溯。

图 3.1-9 所示为不同时期珠江河口磨刀门水道实测风力、风向与咸度变化的对比，从图 3.1-9 中可以看到，咸度过程的峰值与东北风或者北偏东风有很好的对应关系，东北风作用下磨刀门咸潮会有所加剧。

4. 波浪对咸潮活动的影响

相对于潮汐而言，波浪为高频的周期性波动现象，主要通过波动的混合作用来影响盐淡水的混合过程。

通过对 1998—2001 年挂定角咸度、梧州流量、磨刀口门波浪进行数理统计分析，对咸度取自然对数，建立了咸度与径流量和波浪因子之间的多元线性回归方程，采用双重检验逐步回归进行处理得出以下经验公式，即

$$\ln(S) = 7.82 - 0.0012Q + 2.096H \qquad (3.1-30)$$

式中：S 为含氯度，mg/L；Q 为流量，m^3/s；H 为波高，m；ln 为自然对数符号。

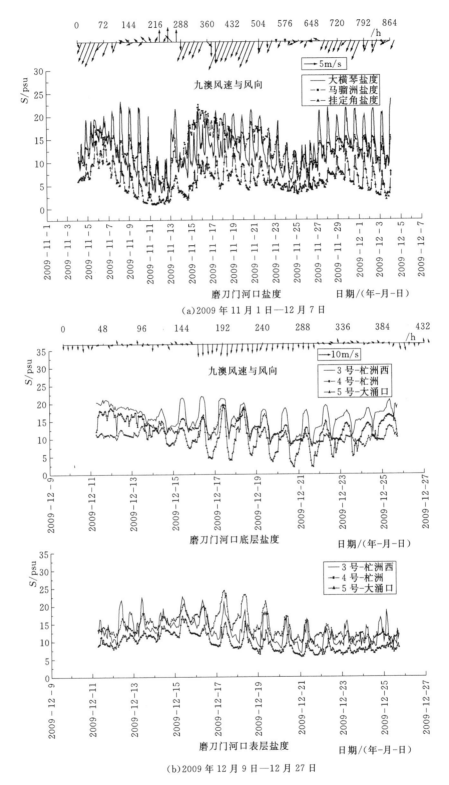

(a)2009 年 11 月 1 日—12 月 7 日

(b)2009 年 12 月 9 日—12 月 27 日

图 3.1-9　磨刀门水道实测风力、风向与咸度变化对比

从式（3.1-30）中可以看出，波浪因子与含氯度正相关，在流量一定的情况下，波高越大，含氯度越大，咸潮入侵越剧烈。图为挂定角含氯度回归模型计算值与实测值的对比，从图 3.1-10 中可以看出，模型计算值与实测值的总体变化趋势基本一致，可以认为，所采用的回归模型可以较好地反映水体含氯度—流量—波浪之间的多元相关关系。

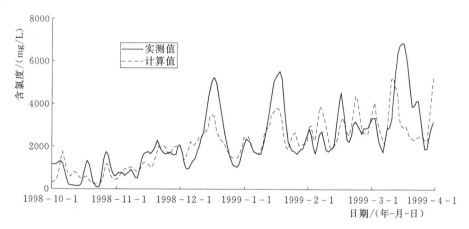

图 3.1-10　枯水期挂定角含氯度实测值与含氯度—流量—波浪回归模型计算值比较

5. 海平面变化对咸潮活动的影响

长时期以来，由于人类活动尤其是世界性工业的发展，大气层中的 CO_2 浓度大量增加，全球气候变暖，所产生的"温室效应"加速了冰川融化，使海水发生热膨胀、海平面上升；自然条件下，海平面还呈现出明显的季节性变化。海平面上升将打破原有的外海海洋与河流径流间的动力平衡，使高盐潮水上溯距离加长，沿程咸水强度增加，持续时间更久，对河口区盐水入侵产生直接影响。在长江河口，徐海根等（1994）根据公式计算得出：在海面上升 0.3m、0.5m 和 1.0m 的条件下，盐水楔将分别向上游推进 3.3km、5.5km 和 12km。在珠江河口，由于海平面的上升导致的咸潮加剧，将给珠江三角洲地区城镇、乡村供水及农田灌溉带来重大危害。李素琼等（2000）根据 Ippen 和 Harlomen 的扩散理论和方法推算了当海平面上升 0.4~1.0m 时，各河口区盐水入侵距离的变化情况，得出了"枯期高潮时虎门水道咸潮上溯距离增加 1~3km，最大约 4km；磨刀门水道咸潮上溯最大距离增加约 3km；黄茅海区最大咸潮上溯距离增加 5km"的结论。

海平面变化对河口动力及咸潮的影响可以表现为两个时间尺度：一是海平面季节性变化的年内尺度；二是全球"温室效应"作用下海平面持续上升的多年累积尺度。根据赤湾和黄埔站长期验潮站资料得到气候态的月均数据，研究珠江口附近海域海平面的季节变化得知，珠江口附近海域海平面具有显著的季节变化，其中赤湾站的年较差为 24cm；黄埔站有两个极大值点，季节变化明显，年较差约为 27cm。赤湾站水位的最大值出现在 10 月，最小值出现在 4 月；黄埔站水位受珠江径流的显著影响出现两个极大值，分别出现在 6 月和 10 月。根据相关研究成果，整个 21 世纪海平面将上升 30cm，这只包括比容因素的贡献，而没有考虑水体输入（陆地冰融化等），北大西洋的大部分海区热比容海平面上升较大，达 40cm 以上。

海平面的年内季节性变化会对珠江口的潮波产生明显影响，进而对河口动力和咸潮上溯产生直接影响，是珠江河口咸潮上溯的一个重要影响因素。海平面上升是一个相对较为缓慢的长期累积过程，对河口咸潮上溯影响的表现同样也是一个较为缓慢的过程，短期内影响效果不明显。

6. 河口形态与水下地形的影响

河口形态与水下地形也是决定不同口门咸潮上溯差异性的关键因素，如河口几何形态、河道断面形态、涉水工程分布、水下地形等。珠江三角洲近20年的大规模河道采砂，造成西江、北江三角洲部分河道的急剧、持续下切，过水断面面积及河槽容积普遍增大。从1985年河道地形与1999年河道地形对比分析看，西江干流平均下切0.8m，河槽容积较1985年增加18%，下切速度较大的主要集中在中游平沙尾—灯笼山约94km；北江干流平均下切2.8m，容积较1985年增加69%，下切速度较大的主要集中在上、中游思贤滘—火烧头。从1999年河道地形与2006年河道地形对比看，西江干流平均下切2.0m，容积较1985年增加29%，下切速度较大的为思贤滘—百顷头；北江干流平均下切速度1.5m，容积较1985年增加36%，下切速度较大的为思贤滘—三槽口49km长的河段。1999—2006年间竹排沙以下河段冲淤变化较上段小，洪湾水道入口附近由微冲变微淤，拦门沙以上河道深槽变化很小。由于河床下切，河道水深、纳潮容积量增大，一定程度上影响了珠江河口咸潮上溯。

7. 人类活动对咸潮活动的影响

河口和近岸地区人类活动频繁，滩涂围垦、码头、建筑物挤占河道，同时在挖沙和航道开挖等影响下，河道缩窄变深，影响咸潮上溯。

（1）围垦和联围筑闸。滩涂围垦和堤围建设，是直接干预网河河床边界的人类活动。珠江三角洲大规模的联围筑闸工程主要在20世纪50—70年代实施，基于"控支强干、联围并流""简化河系、缩短防洪"堤线的目的，将两万多个小围联成1022个大围，联围筑闸使河道水位明显抬高，网河水沙分流比、河床格局等发生变化。

（2）水库建设。水库建设对下游河道的主要作用是调节径流和拦截泥沙，降低洪季的洪峰流量，增大枯季径流量，减小河流输沙量；对河道河床演变的影响主要是增强冲刷、减小淤积的作用。水库的调节作用将改变径流量的年内分布，从而影响咸潮上溯活动。自2005年以来，面对珠江河口日益严重的咸潮，水利部珠江水利委员会连续12年实施了珠江枯季水量统一调度，通过西北江上游骨干水库群的联合调度加大下泄径流量，经过1300km的调水线路到达珠江三角洲，以缓解灾情。

（3）航道建设。珠江三角洲网河区航道工程主要有广州港出海航道、东平水道航道、西江—虎跳门出海航道、黄茅海航道、高栏港航道、中山港航道、陈村水道、莲沙容航道等。航道工程措施有疏浚、炸礁、建丁坝、切滩、裁弯取直等，这些工程措施的实施使得河道水深加大、河道断面形态调整，航道的顺直布置和较大水深有利于盐水楔的形成和上溯。

（4）河床采砂。近20年以来，网河区各水道年平均采砂总量为6500～7000万 m³，河床采砂使河床向窄深和滩槽分异加大的方向发展，珠江三角洲网河水道大部分河床的平均水深增大、宽深比减小、滩槽高差增大、深泓高程降低、河床采砂增深并有逐渐贯通的趋向。

总之，河床采砂对河床演变的影响，其总量与速度明显超越了其他作用因素，成为最近数十年的主导影响因素，采砂使河床迅速下切加深成为三角洲网河演变最突出的特征。大量研究结果显示，采砂河床下切是近年来珠江河口咸潮上溯加剧的重要影响因素之一。

3.1.2.2 珠江三角洲咸潮上溯概况

咸潮是沿海地区一种特有的季候性自然现象。咸潮一般发生在上一年冬至到次年立春清明期间，主要是由旱情引起。如果上游江水水量少，江河水位低，由此导致沿海地区海水通过河流或其他渠道倒流到内陆区域就会引起咸潮，其主要指标是内陆水域中水体的含氯度达到或超过 250mg/L。

受径流和潮流共同影响，珠江河口地区水流往复回荡，水动力以及物质输运关系复杂。珠江河口咸潮活动主要受径流和潮流控制，当南海大陆架高盐水团随着海洋潮汐涨潮流沿着珠江河口的主要潮汐通道向上推进，盐水扩散、咸淡水混合造成上游河道水体变咸，即形成咸潮上溯。河口地区咸潮上溯是入海河口特有的自然现象，也是河口区的本质属性。一般地，含咸度的最大值出现在涨憩附近，最小值出现在落憩附近。

因受潮流和径流影响，河口区咸度变化过程具有明显的日、半月、季节周期性。由于本区内显著的日潮不等现象等因素的影响，一日内两次高潮所对应的两次最大含咸度及两次低潮所对应的两次最小含咸度各不相同。含咸度的半月变化主要与潮流半月周期有关。季节变化取决于雨汛的迟早、上游来水量的大小和台风等因素。汛期 4—9 月雨量多，上游来量大，咸界被压下移，大部分地区咸潮消失。

珠江三角洲的咸潮一般出现在 10 月至次年 3 月。一般年份，南海大陆架高盐水团侵至伶仃洋内伶仃岛附近，磨刀门及鸡啼门外海区，黄茅海湾口。大旱年份咸水入侵到虎门黄埔以上，沙湾水道下段，小榄水道、磨刀门水道大鳌岛，崖门水道，咸潮线甚至可达西航道、东江北干流的新塘，东江南支流的东莞、沙湾水道的三善滘、鸡鸦水道及小榄水道中上部、西江干流的西海水道、潭江石咀等地。

自新中国成立以来，珠江三角洲地区发生较严重咸潮的年份是 1955 年、1960 年、1963 年、1970 年、1977 年、1993 年、1999 年、2004 年、2005 年、2009 年和 2011 年。1955 年春旱，咸潮上溯和内渗造成滨海地带受咸面积达 138 万亩。1960 年和 1963 年的咸灾给三角洲的农作物生长带来巨大损失，番禺受咸面积达 24 万亩，新会受咸面积达 15 万亩。20 世纪 80 年代以前，珠江三角洲沿海经常受咸潮灾害的农田有 68 万亩，大旱年份咸潮灾害更加严重；80 年代以后，珠江三角洲地区城市化进程加快，农业用地大幅度减少，受咸潮危害的主要对象为工业用水和城市生活用水。自 20 世纪 90 年代以来，珠江三角洲地区咸潮上溯污染愈来愈大，持续时间愈来愈长，活动频率愈来愈强。

咸潮上溯严重影响着河口地区水体中营养盐的浓度与分布，间接影响该区域的生态环境。中国科学院南海海洋研究所等单位在 2005 年初的咸潮期间，在广州市区河段至伶仃洋的珠江主航道上共设置 17 个站进行取样分析。结果表明，咸潮上溯使入海河段的咸度大幅提升，下游河段的硝化过程被很大程度地抑制，硝酸盐、亚硝酸盐和铵盐含量仅表现为随入海方向逐步稀释，与历史资料相比差异明显。从营养盐含量来看，与 2004 年的数据对比显示无机氮和硅酸盐有较大程度的下降，磷酸盐含量则有一定程度的上升，N/P值显著下降；N/Si值则升高为原来的2～4倍，市区河段更高。水体中营养盐结构变化显著，溶解氧含量增加，表观耗氧量降低，其平衡点上移了18km；受输入减少及咸潮稀释等作用的影响，广州下游入海河段的COD含量有一定程度的下降，但严重污染的广州市区河段水体中的COD含量仍保持在很高的水平，存在明显的贫氧现象。

由于咸潮上溯的频率提高、范围扩大，对珠江三角洲地区生活用水、农业用水以及城市工业生产及经济发展都有相当大的影响，给珠江三角洲带来了极大的经济损失。在2004年，广州虎门水道咸水线上移至白云区的老鸦岗，沙湾水道首次越过沙湾水厂取水点，横沥水道以南则全受咸潮影响；在东江北干流，2004年，咸潮前锋已靠近新建的浏渥洲取水口，2005年12月15—29日，东莞第二水厂连续16d停水避咸；其上游的第三水厂，日产自来水110万m³，取水口水中氯化物含量严重超过饮用水水质标准。2011年，珠江流域来水偏枯，汛末流域降雨量明显减少，导致枯水期西江骨干水库蓄水严重偏少，10月1日，天生桥一级和龙滩两座水库有效蓄水量12.07亿m³，有效蓄水率仅为7%，2011年枯季出现了上游无水可调的局面，珠江三角洲受到咸潮严重威胁。

3.1.2.3 磨刀门水道咸潮上溯概况

磨刀门是西江的主要入海口，也是珠江三角洲的主要泄洪通道。磨刀门河口地形滩槽分明，口内有一系列的山丘、海岛。如图3.1-11所示，自东向西有茫洲、横琴岛、石栏洲、鹤洲、横洲、马骝岛、三灶岛等，岛屿之间有洪湾水道、磨刀门水道、白龙河水道和龙屎窟水道等。

由于磨刀门位于经济繁荣区域，人类生产活动对自然的改造能力极为强烈，咸潮上溯情形极为严重。例如，1959年完成的白藤堵海工程，大大减弱了磨刀门内海区西部和西北部的水动力条件，破坏了原有的泥沙运动规律，加快了西部滩地（指白藤堤外）的淤积速率；1975年围垦白藤湖工程即河湖"分家"工程；20世纪80年代开始的网河区大规模无序采沙活动，使得河床由普遍缓慢淤积转为快速冲刷，造成河床普遍下切，过水断面向窄深发展和变形，河槽容量普遍加大，网河区的床沙也普遍细化，带来地形的剧烈改变；1983年开始的磨刀门口门治理工程及近期实施的防洪工程。致使磨刀门水道咸潮上溯的影响不断加剧。在磨刀门水道，1992年咸潮上溯至大涌口；前后航道，广州市区黄埔水厂、员村水厂、石溪水厂、河南水厂、鹤洞水厂和西州水厂先后局部间歇性停产或全部停产；1995年上溯至神湾；1998年到南镇；1999年上溯至全禄水厂；2003年，咸潮提前入侵，入侵时间持续长达7个多月，外加连日干旱少雨，咸潮越过全禄水厂，广昌泵站泵机全天无法开动，珠海遭遇严重的供水障碍，中山、番禺等地也受影响；2004年冬至2005年春，咸潮越过中山市东部的大丰水厂，珠江河口地区发生了近50年以来影响最大的咸潮，一度出现"守着珠江无水饮"的情况；2005年12月30日，大涌口水闸实测氯度达7520mg/L，为21世纪以来氯度最高点；2007年由于华南地区9月下旬起持续少雨，广东部分地区遭遇重旱，在这样的背景下，2007—2008年冬季，珠江三角洲再次爆发强咸潮事件，此次咸潮中，小潮时期，磨刀门水道入侵距离最远到达距离河口45km的全禄水厂处，且在咸潮发生时期，出现了明显的盐水楔；2009年至平岗泵站，造成中山市东西两大主力水厂同时受到侵袭，水中氯化物

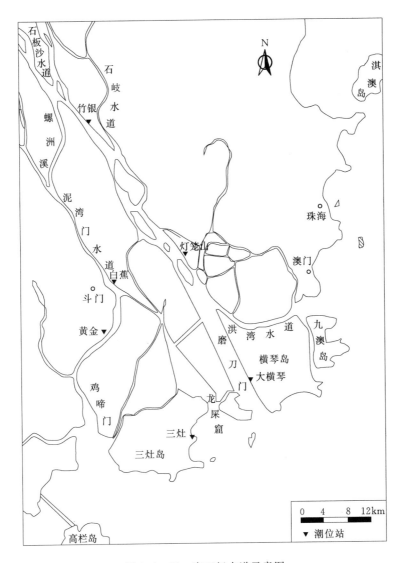

图 3.1-11　磨刀门水道示意图

含量最高达到 3500mg/L，超过生活饮用水水质标准 13 倍，承担珠海、澳门供水任务的广昌泵站连续 29d 不能取水，部分地区供水中断近 18h，供水不中断的地区饮用水氯化物含量严重超过水质标准；2012 年 7 月起，西江梧州站测得流量较往年同期锐减，9 月以来流量继续走低，9 月 9 日，日均流量低至 1680m³/s（为 70 年以来最低），9 月 24 日风暴潮"纳沙"形成，登陆时期短时间内显著加剧了磨刀门水道咸潮，但后期由于"纳沙"也携带大量降水，对咸潮起到了压退作用，进入冬季以来，珠江三角洲地区再次经历严重咸潮入侵，强度更强于 2005—2006 年。

连续几年于枯水季节发生特大咸潮，给澳门、珠海、中山等地造成了巨大的经济损失和社会影响。有数据显示，近年来珠江河口地区受咸潮影响的农田有 68 万亩，旱情较为严重的年份该数据会上升一倍以上，影响人口 1500 万人，每年造成经济损失在 1

亿元以上。通过以上介绍可以得出，自 20 世纪末期开始，珠江三角洲地区的咸潮入侵危害巨大，影响着居民的正常生活，造成巨大的生态危害，并影响工商业发展，进而对珠江河口地区的经济发展产生负面影响。面对如此惨烈的损失，国家已经连续多年实施了珠江枯季水量统一调度，虽然在一定程度上缓解了澳门以及珠江三角洲地区供水紧张的局面，但仍必须深入地探讨珠江三角洲河网格局与咸潮入侵动力因子之间的内在关联，针对河口地区水系条件、水动力特征和咸潮活动规律，立足河口自身原水系统开展供水调度的研究。

3.1.2.4 中珠联围咸潮上溯概况

1. 中山市马角水闸咸潮变化特征

中山市靠近西江出海口，每年的枯水季节，海水会上溯到马角水闸附近（图 3.1-12），分析 2005 年以来近 10 个枯水期马角水闸咸潮变化特征及对供水的影响。由表 3.1-7 可以看出：①2005—2006 年、2009—2010 年和 2011—2012 年枯水期咸潮对马角水域的影响严重，咸潮影响都超过 128d，单轮持续最长时间达 24d 以上，出厂水氯化物含量超标

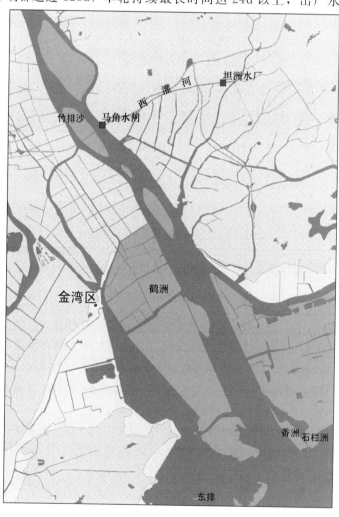

图 3.1-12 中山市马角水闸位置示意图

天数超过33d；②近10年每个枯期平均咸潮影响120d，平均单轮持续最长时间15d，平均马角避咸关闸60d，平均出厂水氯化物含量超标天数14d，平均出厂水氯化物含量最大值504mg/L（表3.1-7）。

表3.1-7   中山市马角水闸咸潮变化特征分析表

枯水期	马角水域受咸潮监测数据				出厂水受咸潮影响情况	
	咸潮影响总数/d	马角避咸关闸时间/d	单轮持续最长时间/d	马角闸外最大氯化物含量/(mg/L)	氯化物含量超标数/d	氯化物含量最大值/(mg/L)
2005—2006年	128	70	24	6700	51	1361
2006—2007年	90	48	11	5340	2	469
2007—2008年	125	55	10	5380	17	580
2008—2009年	76	51	8	4200	0	198
2009—2010年	159	76	24	6080	33	735
2010—2011年	132	77	13	5640	0	196
2011—2012年	180	73	28	6670	35	835
2012—2013年	101	46	10	3798	0	148
2013—2014年	119	62	12	6000	3	313
2014—2015年	89	39	11	6155	0	205
平均	120	60	15	5596	14	504

2. 珠海市代表站咸潮分析

珠海市作为一个南方的海滨城市，枯水期遭遇严重咸潮的时候，珠海的生活饮水都成了大问题，生产和生活受到很大的影响。珠海市的主要取水站包括竹洲头泵站、平岗泵站、联石湾水闸、广昌泵站等（图3.1-13），收集2009年以来的枯水期珠海市代表取水站的咸潮资料，分析咸潮变化特征：4个代表站每年都受咸潮影响，平均最大日均氯化物含量值在1838～6171mg/L之间，平均氯化物含量超标时数在528～2848h之间，平均氯化物含量超标率由上游的竹洲头泵站的12.1%增加到下游广昌泵站的65.5%，平均单轮持续最长时间由上游的竹洲头泵站的14d增加到下游广昌泵站的109d；由于主要受上游来水偏枯的影响，2009—2010年和2011—2012年枯水期咸潮影响较严重，广昌泵站氯化物含量超标率分别高达79.9%、83.3%，严重影响供水安全。

3.1.3 珠江三角洲水环境问题

3.1.3.1 珠江三角洲水环境现状

根据《中国环境状况公报》（2011—2016年），2011年珠江流域33个地表水国控监测断面中，Ⅰ～Ⅲ类、Ⅳ～Ⅴ类及劣Ⅴ类水质的断面比例分别为84.8%、12.2%和3%，珠江干流水质良好，珠江广州段为轻度污染，主要污染物指标为NH_3-N和石油类。2012年，珠江流域54个国控断面中，Ⅰ～Ⅲ类、Ⅳ～Ⅴ类及劣Ⅴ类水质的断面比例分别为90.7%、5.6%和3.7%；珠江干流水质为优，18个国控断面中，Ⅰ～Ⅲ类、Ⅳ～Ⅴ类水

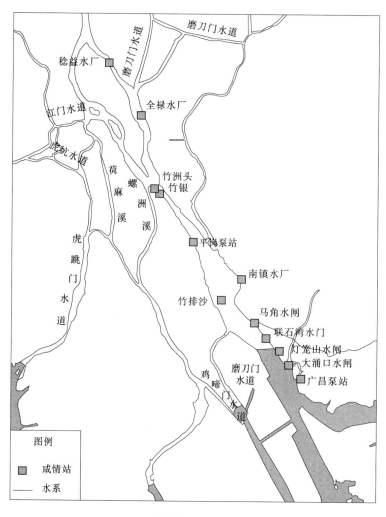

图 3.1-13　珠海市主要咸情站位置示意图

质断面比例分别为94.4％和5.6％。2013年，珠江流域国控断面Ⅰ～Ⅲ类和劣Ⅴ类水质断面比例分别为94.4％和5.6％，各城市河段中深圳河广东深圳段为重度污染。2014年，珠江流域国控断面中Ⅰ类水质断面占5.6％，Ⅱ类占74.1％，Ⅲ类占14.8％，Ⅳ类占1.8％，无Ⅴ类断面，劣Ⅴ类占3.7％；珠江干流国控断面中，Ⅰ类水质断面占5.6％，Ⅱ类占77.8％，Ⅲ类占11.0％，Ⅳ类占5.6％。2015年珠江流域国控断面中，Ⅰ类水质断面占3.7％，Ⅱ类占74.1％，Ⅲ类占16.7％，Ⅳ类占1.8％，无Ⅴ类水质断面，劣Ⅴ类占3.7％；珠江干流18个国控断面中，Ⅰ类、Ⅱ类、Ⅲ类和Ⅳ类水质断面分别占5.6％、77.8％、11.1％和5.6％，无Ⅴ类和劣Ⅴ类水质断面。2016年，珠江流域国控断面中Ⅰ类水质断面占2.4％，Ⅱ类占62.4％，Ⅲ类占24.8％，Ⅳ类占4.8％，Ⅴ类占1.8％，劣Ⅴ类占3.6％；珠江干流国控断面中，Ⅰ类水质断面占4.0％，Ⅱ类占72.0％，Ⅲ类占12.0％，Ⅳ类占10.0％，Ⅴ类占2.0％，无劣Ⅴ类。

　　近几年珠江水系河流各类水体情况见表3.1-8与图3.1-14。

表 3.1-8 珠江流域河流各类水体所占比例 ％

珠江水系	2011 年	2012 年	2013 年	2014 年	2015 年	2016 年
Ⅰ～Ⅲ类	84.8	90.7	94.4	94.5	94.5	89.6
Ⅳ～Ⅴ类	12.2	5.6	0	1.8	1.8	6.6
劣Ⅴ类	3.0	3.7	5.6	3.7	3.7	3.6

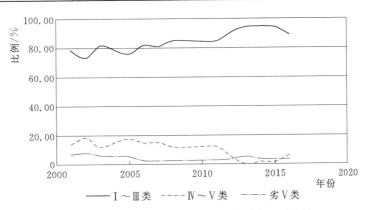

图 3.1-14 珠江流域河流各类水体所占比例变化

根据《广东省水资源公报》（2011—2016 年），结合《全国重要江河湖泊水功能区划》（2011—2030 年）和《广东省水功能区划》，按照《地表水资源质量评价技术规程》（SL 395—2007）进行水功能区达标评价（粪大肠菌群和总氮不参与评价），珠江三角洲水功能区达标见表 3.1-9 和图 3.1-15，珠江三角洲河流水功能区达标见表 3.1-10 和图 3.1-16。

表 3.1-9 珠江三角洲水功能区达标评价

年代	评价个数	达标个数	达标率/％
2016	144	72	50.0
2015	137	62	45.3
2014	137	61	44.5
2013	121	47	38.8
2012	95	33	34.7

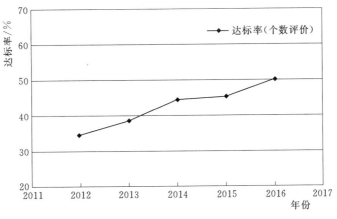

图 3.1-15 珠江三角洲水功能区达标率变化

珠江三角洲河流水功能区达标评价

年份	个 数 评 价			河长评价/km		
	评价个数	达标个数	达标率/%	评价河长	达标河长	达标率/%
2016	99	50	50.5	2915.5	1544.7	53.0
2015	97	42	43.3	2793.5	1131.2	40.5
2014	96	41	42.7	2773.5	1281.7	46.2
2013	89	34	38.2	2540.5	750.5	29.6
2012	68	25	36.8	2080.0	712.7	34.3

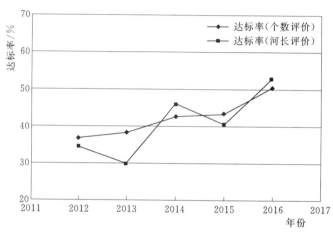

图 3.1－16 珠江三角洲河流水功能区达标率变化

总体来看，珠江三角洲水功能区水质达标率呈现不断增高的趋势，即水环境质量不断改善。与 2011 年相比，Ⅰ～Ⅲ类水所占比例明显提高，但Ⅴ类及劣Ⅴ类水所占比例也有所增大，主要是由于随着珠江三角洲经济的发展，污染物及污水排放量逐年增加，污染物及污水进入河道后，水流往往还来不及流出，便受到涨潮流的顶托，或者受到闸泵的限制，缺乏对流扩散的有利条件，使得污染水体始终在河道中来回游荡，导致网河区水环境持续恶化。相关监测结果表明，珠江三角洲主要干、支流监测断面符合地表水Ⅱ～Ⅲ类水质标准，但流经城市河段水体 COD、NH_3-N、BOD_5、TP 严重超标，大部分为Ⅴ类和劣Ⅴ类水，其水质问题不容小觑。

3.1.3.2 中珠联围水环境现状

随着中珠联围的发展，人类活动的增加，中珠联围水环境质量问题逐渐凸显。在以茅湾涌为东西的分界，以前山水道为南北的分界，中珠联围河涌分为东、西两片。目前，茅湾涌西面的河涌水质尚好，东北面的河涌水质很差。

中珠联围西面主要为农田保护区，而且还能定期从西灌渠放水冲洗河涌。当外江水位较高时，开闸引水冲涌，因此，西部河涌整体水质较好。但是，西面河涌需注意因农灌而引起的面源污染问题。东部片区主要作为工业用地，分布着如十四村工业区等工业园和居住区，东北面的河涌承接了大量的工业废水、工业垃圾和生活垃圾。由于东北面河涌流动性差，河涌无法流动，水中的溶解氧逐渐降低，化学耗氧量和生化需氧量不断增高，以至河水缺氧，使河水变黑发臭，内河不能形成良好的循环流态，生活污水和工业废水在内河涌回荡，水质严重下滑，部分河段甚至超过地面水Ⅴ类标准。

3.2 珠江三角洲水资源调度现状

3.2.1 改善水环境的水资源调度现状

为改善河涌水环境，珠江三角洲各个城市挖掘发挥水利工程的功能，以水资源调度为手段作了探索，取得了一定成效。目前珠江三角洲以改善水环境为目的的调度实践主要有广州市河湖补水调度、佛山市引排水调度、东莞水乡片群闸联合调度、中顺大围水环境调度等。

3.2.1.1 广州市河湖补水调度

广州在市桥河、海珠湖等河湖水系治理方面开展了大量调度实践。

1. 市桥河水闸联合调度

主要通过水闸和抽水泵房等水利枢纽工程，让上游清洁的外江水源往下游流动，形成单向流，减少污染物在河涌内滞留回荡的时间，并加大河涌的水环境容量，加速污染物的稀释和降解。2008年水务部门在市桥河实施群闸联合调度工程，在其支流龙湾滘口建设龙湾水闸，保障沙湾水道的清水可单向补充到市桥河；2010年市桥河干流下游的雁洲水闸建成，退潮时开闸，涨潮时关闸，使得下泄的污染物不能回溯。雁洲水闸雍高了市桥河水位，大大增加河涌的水量，既能形成景观水位，又增强了水体的自净能力，增大水体环境容量，最大限度地发挥水利工程改善水质的作用。

2. 海珠湖水系连通工程

海珠湖与石榴岗河流域和北濠涌流域构成雨洪调蓄区，控制流域面积7.65km²，海珠湖建成后，与石榴岗河、西碌涌、杨湾涌、上冲涌、大塘、大围涌6条河涌构成了"一湖六脉"的天然格局，将海珠区的内河涌与珠江水系打通，通过泵闸调控措施对周围的河涌进行引水、补水，使周围河涌均形成动水、活水，并逐年增长Ⅳ类水的维持时间，从而有效地改善区域的水环境、水生态。

3. 白云湖补水调度

白云湖位于白云区石井镇，占地面积2.07km²，其中水面面积1.05km²。白云湖主要功能为调蓄由广和泵站从珠江西航道的引水，给相连的环滘涌、滘心涌、海口涌及石井河4条涌补充优质水源，缓解4条涌水环境压力，同时兼顾城市防洪，并作为广州市观光旅游和休闲娱乐的景观湖泊。

4. 三涌补水工程

沙河涌、猎德涌、车陂涌3条河涌，是广州市北部的重要排涝河道，兼具山区性与感潮性双重特点。河涌沿线截污完成后，河涌上游干涸，景观环境差。为了改善3条河涌的水环境，广州市启动了三涌补水工程。总体工程是在珠江前航道东圃大桥附近新建东圃泵站，抽取珠江前航道潮水，采用埋管方式，将珠江水提升至北部长虹苗圃，在该处新建调蓄湖及长虹泵站，采用埋管方式，分别沿西、南方向为沙河涌、猎德涌两条河涌补水。同时采用自流方式，直接为调蓄湖旁边的车陂涌补水。控制河道中各级堰上水深达到10cm，应急工况时可集中向单条河涌进行大流量补水，显著改善了3条河涌的水环境质量。

3.2.1.2 佛山市引排水调度

佛山市河涌由于社会经济发展、排污量的增加，水质明显恶化。为此佛山市利用潮位差，实施引水冲污，改善内河涌效果，比较典型的有禅城区引排水调度。

禅城区有35宗水闸，排水泵站34座，引水泵站5座，具体见表3.2-1~表3.2-3。泵站水闸管理按行政区域分属不同街道水利所或泵站管理单位管辖，大致可分为南庄片区、石湾片区、张槎片区及祖庙片区。禅城区城西片通过莲塘泵站、莲塘水闸引水，进入南北二涌，一方面通过城西泵站排水，另一方面通过西一涌、西二涌、西三涌、西四涌排入南北大涌，最后由城北泵站排水。城南片通过屈龙角泵站、新市泵站、明窦泵站引水，改善屈龙涌、新市涌、明窦涌、澜石大涌、奇槎涌、亚艺湖等的水质，通过同济涌和丰收涌的丰收泵站排水。

表 3.2 - 1 禅 城 区 水 闸 现 状 表

片 区	水闸名称	水闸总净宽/m	底板高程/m
张槎片区	城西水闸	8.0	-1.50
	小布窦	2.0	-0.60
	连塘闸	5.0	-1.00
	城北水闸	12.0	-1.50
	海口水闸	8.0	-1.50
	九江基水闸	10.0	-1.50
	凹窦	1.5	-0.60
石湾片区	屈龙角水闸	8.0	-2.50
	新市水闸	5.0	-2.00
	明窦水闸	4.4	-1.00
	沙岗中窦	3.5	-1.00
	鄱阳南窦	4.5	-1.00
	奇槎南窦	3.8	-1.00
	奇槎水闸	19.5	-1.50
	潘阳北窦	3.6	-1.50
祖庙片区	同济水闸	10.0	-1.00
	敦厚北闸	5.0	-1.00
	南窦	2.2	-0.60
	郊边窦	0.8	-0.70
	田边窦	2.2	-1.50
	石角窦	4.0	-1.30
	丰收水闸	22.5	-1.50
	新涌窦	1.0	-1.50
	新窦	3.5	-1.20
	大涌口水闸	5.0	-1.50

片 区	水闸名称	水闸总净宽/m	底板高程/m
南庄片区	紫洞闸	8.0	−1.50
	罗南闸	5.0	−1.50
	丰年闸	6.0	−2.00
	南围闸	6.0	−1.50
	南庄闸	5.0	−1.50
	联围闸	4.0	−1.50
	上元闸	1.4	−0.70
	吉利闸	6.0	−1.50
	贺丰闸	5.0	−1.50
	龙津闸	6.0	−1.50
	江边闸	2.6	−1.00
	龙畔闸	5.0	−1.50
	平流闸	5.0	−1.50

表 3.2−2　　　　　　　　　　禅城区排水泵站现状表

涝 区	泵站名称	流量/(m³/s)	装机容量/kW	止排水位/m	备注
张槎片区	城西泵站	12.00	720		
	海口站	4.00	360		
	九江基站	30.00	2000		
	沙洛口站	6.44	465		
	北闸站	30.00	2400		
石湾片区	深村站	2.41	310	0.5	内排站
	奇槎新站	6.20	310	0.5	内排站
	奇槎旧站	1.65	100	0.5	内排站
	辛岗站	1.10	110	0.5	
	沙岗站	12.00	1065	0.5	
	新市排涝站	16.60	1350	0.5	
祖庙片区	同济泵站	12.00	900	0.5	内排站
	华远站	22.00	1350	−0.2	内排站
	丰收站	36.50	2240	0.5	
	东三站	9.80	620		
	麦婆窦站	3.40	230		内排站
	敦厚北站	12.00	620		
	南站	3.30	240		
	郊边站	7.48	480		

涝区	泵站名称	流量/(m³/s)	装机容量/kW	止排水位/m	备注
祖庙片区	石角站	18.20	840		
	田边站	2.80	160		
	塘房电排站	0.02	55		
南庄片区	丰年一站	15.30	1180		
	丰年二站	15.00	1080		
	上元站	1.40	155		
	龙津一站	7.50	540		
	龙津二站	10.00	720		

表 3.2-3　　　　　　　　　　　　禅城区引水泵站特性

片区	泵站名称	受益面积/km²	流量/(m³/s)	装机容量/kW	最低引水水位/m	控制水位/m	每日量指标/m³	日运行时数/h	置换周期/d
城南	屈龙角站	30	12	630	-0.55	1.2	172800	4	2
	新市站	5	5	450	-0.5	1.2	144000	8	2
	明窦站	30	5	260	-0.5	1.2	144000	8	2
城西	莲塘站	32	10	500	-0.5	1.5	144000	4	2
汾江河	沙口站		24	1065	-0.5	—	691200	8	1

禅城区引排水调度的目标是河涌水质不黑不臭，调度分为正常运行方式、节能运行方式、紧急运行方式以及内涝运行方式。正常运行方式适用于初汛期和枯水期，特征是外河水位较低时，各引水泵站机组每日正常运行 4～8h，控制内河涌水位不超过限制水位。节能运行方式适用于丰水期，特征是外河水位较高的情况，根据东平河潮汐特性和内河涌水位情况，通过自流方式引水，并控制内河涌水位不超过限制水位。紧急运行方式适用于指令调度情况，特征是内河水质劣化严重，需要紧急换水、调水，实施方式是由主干内河涌内排水泵站将内河水位控制到最低启停水位附近，各引水泵站机组再相应投入运行进行引水，并控制内河涌水位不超过限制水位，且尽量加快换水速度。内涝情况下运行方式适用于气象台发出禅城区将出现中到大雨、暴雨的预警信号时，各引水泵站立即停止引水，排水泵站根据内河涌水位进行预排，防止内涝。

3.2.1.3　东莞水乡片群闸联合调度

东莞水乡河网地区位于东莞市西北部，珠江三角洲的中间位置，主要包括石龙、石碣、高埗、中堂、麻涌、望牛墩、万江、洪梅、道滘、沙田及虎门港 10 镇 1 港，区内汊流密布、纵横交错，河网密度达 1.64km/km²，把各镇分割成众多联围，围内地形平坦，以冲积层为主，土地肥沃，高程一般在 1.00～3.00m。水乡片外江骨干水道有东江北干流及分支潢涌河、麻涌河，以及交汇水道中堂水道、淡水河水道；东江南支流及其分支中堂水道、赤滘口河、大汾水、厚街水道、洪屋涡水道等。围内主要内河涌包括中心涌、南排涌、北排涌、北海仔、第二涌、第三滘、中心运河、东向鹤田涌、望溪河、道滘围排渠、淡水湖—南环河、鞋底沙河、立沙运河等。水乡河网区共有水闸 246 个，泵站共 33 座，设计排水流量 339.7 m³/s，具体见表 3.2 - 4。

表 3.2 - 4　　　　　　　　　东莞水乡片主要引水闸和排水闸统计表

片　　区	引水闸名称	闸孔净宽/m	排水闸名称	闸孔净宽/m
大盛围片	华阳街前涌水闸、华阳第二涌水闸、马滘水闸、沙洛涌水闸	21	蕉站桥水闸、第五涌水闸、第三滘水闸、第二涌水闸、滘刀水闸	53
四乡联围片：区域Ⅰ：槎滘、欧涌、黎滘、川槎、新基及麻涌镇	白沙水闸、大梅水闸、圭滘水闸、围垄水闸	40	大步新涌水闸、大步淤滘水闸、独树口水闸	24
四乡联围片：区域Ⅱ：麻涌镇以南区域	运河水闸	20	南丫水闸、大步步涌水闸、两丫涌水闸、麻四新涌水闸、漳澎水闸、角头水闸、角尾水闸	52.5
潢新围	横涌北闸、袁家涌闸、东向水闸、斗朗水闸	19.2	豆豉洲闸、凤涌水闸、新鹤田水闸、鹤田水闸、东向水闸、斗朗水闸	42.2
下泗马围	下芦水闸、下芦西水闸、马沥北闸、马沥东闸、马沥南闸、马沥西闸	32	牛耳环水闸、洲尾水闸、泗涌水闸	20
挂影洲围—石龙围	塘厦水闸、沙腰水闸、黄泗田水闸、石碣泵站水闸、横滘水闸、鹤田厦水闸、上江城水闸、茶洲水闸、护安围排水闸	118	高埗水闸、芦村水闸	69
沙田联围	鳌台水闸、老鼠沟水闸、横流口	47	福禄沙水闸、围垦水闸、齐沙水闸、金和水闸	78
立沙岛	沙头西闸、西中闸、茂生西闸、下围西闸、西盛西闸、沙头东闸、下围东闸、茂生东闸、新村闸、东安闸、沙尾闸、泗合闸	65.6	大流水闸、新涌闸	12
胜利围和白鹭围片区	胜利龙湾、官桥滘	4.7	清水凹、横九	8.6
南丫围	滨海水闸、掌洲水闸	22	沙涌河水闸	20
蔡屋围	蔡屋水闸、蔡屋洲头水闸、祁屋洲水闸	14	上口水闸、凤龙角水闸（涵闸）	7.1
金丰围、道滘围片区	牌楼基水闸、深涌水闸、虎斗水闸、马西塘水闸、新昌水闸、闸口水闸、三丫涌水闸、桂洲尾水闸、林洲口水闸	105.3	新公洲、冰糖厂、扶屋水闸、昌平水闸、横了水闸（涵闸）、创业园水闸、马洲滘水闸、东洲头水闸、大岭丫水闸	80
大洲围	油九、黄粘洲、石美	10.3	西塘尾、蓬庙、高基	14.5
大汾围、新村围和小河九曲围片区	九曲村上水闸、上村基水闸、流涌尾砖厂水闸、卢屋水闸、村头水闸、白水涡水闸、大涡水闸、新大鱼沙水闸步桥水闸、基头水闸	49	大鱼沙村水闸、虎尾洲水闸、九曲四洲水闸、村尾水闸、解放洲水闸、白水涡水闸、大涡水闸、新大鱼沙水闸、莲步桥水闸、基头水闸	71

片 区	引水闸名称	闸孔净宽/m	排水闸名称	闸孔净宽/m
滘联围、蕉利围北部片区	帅虎洲、麦屋	7	黎其尾、大滘口	17
蕉利围南部、望联联围片区	蕉利西水闸	15	蕉利南水闸、文阁泵闸	25
下合联围	蕉利西水闸	11	达贤小学水闸、村前水闸、上涌口水闸、下涌口水闸	19.3
新联联围-梅沙联围	福安口水闸、朱平沙口水闸、朱平沙狗仔沙水闸、锦涡口水闸、桥下水闸、东涌水闸、西涌水闸、上西水闸、下西水闸	86.9	石排口水闸、福安村内水闸、六其涌水闸、纸业水闸、东涌水闸、洪屋涡东涌水闸	60
下漕联围-氹涌联围-沉洲围	下漕南队水闸、氹涌水闸、草了东水闸、金鳌沙水闸	23	下漕昌泰纸厂水闸、夏汇水闸、草了水闸、草了西水闸	23

东莞水乡地区为平原区网河,河道自身比降和宽深比较小,日常流速缓慢,加上近年来人为填埋淤塞河涌,各镇相互设置水闸截断河道,水体贯通受阻,现状东江北干流大盛段、东江南支流泗盛河段以及中堂镇以下河网区内水质较差。2014年大盛、麻涌、漳澎、泗盛4个河流水质监测断面水质全部为Ⅴ类,水质黑臭现象十分严重。

为此东莞水乡片规划提出"外源控制、内源疏浚、群闸联控"的思路实现"水体流动、置换灵活、引排有序"的水环境运行目标群闸联调目标,加强核心湾区水系的水体交换措施,从而改善内涌外河水质。规划以89个引水水闸、77个排水水闸和12个规划新建水闸为调度手段,按19个联围分片联调的模式进行调度。

3.2.1.4 中顺大围水环境调度

1. 水环境问题

中顺大围内河涌水环境容量小,自净能力差,水污染较为严重。根据2014年中山市环境监测站及广东省水环境监测中心的水质监测结果,中顺大围大部分内河涌水质为Ⅴ类或劣Ⅴ类。岐江河是中顺大围内最主要的一条集排洪、景观、农灌、通航等多功能的河涌,20世纪60年代前为饮用水源,70年代成了污水河,80年代变成了臭水河。目前中山市城区的工业及生活废水经处理后排入岐江河,再经东、西河水闸排出横门和磨刀门水道。由于潮汐影响,岐江河排水不畅,河水缺氧,使岐江河河水变黑发臭,严重影响城市景观。根据2015年水质检测结果,岐江河为Ⅳ类水,检测项目中的磷含量偏高,超过国家地表水Ⅳ范围。从1994年开始,东河、西河水闸承担改善岐江河水环境任务,开启了中顺大围以改善岐江河水环境为目的的调度之路,然而从实际调查分析情况来看,岐江河水质改善及中顺大围内各河涌水质好转这一任务尚未有效解决。

中顺大围各镇街的水环境现状也不容乐观。横栏镇地势在中顺大围内最低,镇区内河涌整体水位较低,河涌蓄水能力有限,引水能力也受限,因此水流动力不足,加之生活污水压力较大，部分河涌水质差。板芙镇产业主要以服装业为主，城镇化水平较高，内河涌水流速度慢，水质较差，目前雨污分流已实施80％，河西农村考虑通过建湿地来改善环境问题。中山市南区地势较高，南面主要是山区，主要污染源是生活污水，因城区内河涌无水源供给，无法更新水体，部分河涌水环境较差，比如马恒河和秤钩湾，河涌水体黑臭，且流速极为缓慢。小榄镇面积较大，城镇化水平高，农业面积少，防洪排涝体系配套完善，分片独立管理，雨污分流基本完成，污水处理能力满足目前需求，通过水闸的定向引排水，水质良好，清澈见底，并在老城市形成环形旅游线路，经济与生态和谐发展，其治水思想和经验值得各镇区借鉴。沙溪镇地势平坦，中部较高，水环境问题较为严重，河涌独立，无水源供给，几乎处于不循环状态，加之过境污水下排，镇内河涌水质较差，只有狮滘河段和中部排水渠段在涨潮时水质尚可。大涌镇作为牛仔基地，有洗水厂22家，共200个车间，废污水排放量3万 m³/d；在汛期及涨潮期间，在外江持续高水位的情况下，东、西河水闸需长时间关闸，岐江河水不能流动直接导致大涌镇境内的西部排水渠内水体难以流动，从而间接导致大涌镇内各条河涌的生活及工业污水积聚于河涌内无法排走，若持续数天，河水变黑发臭，严重影响河涌水环境；枯水期区域降水少，外江水位低，涨潮时段进水量少，内河不能形成良好的循环流态，生活污水和工业污水在内河涌内回荡，污水长时间聚集在内河涌内，导致河涌水体变黑发臭。古镇位于中顺大围西北部，地势较高，北高西低，水体整体由北向南，由东向西流，河涌自成体系；西江边企业基本清理完毕，工业总量减排，生活污水进污水处理厂，主要产业为印刷、喷漆，150多家污水进行转移，河涌污染主要是生活污水，新区实施雨污分流，旧区实施截污，市区河涌水质较差。港口镇位于中顺大围东南部，地接中山市城区，是珠江三角洲著名的工业新星和三高农业基地；近年来，随着社会经济的发展、工业化进程和人口的迅速增长，城区的雨污合流体系使得生活污水与地面雨水皆就近排入各河涌水体，大部分工业废水的不达标排放以及污水处理厂及配套设施的建设滞后，以及生活垃圾的随意排放，造成水环境逐渐恶化，部分河涌水环境差。

2. 调度系统

中顺大围建设有多宗众多泵站、水闸，对于围内水资源调度具有重要作用。凫洲河口有凫洲河水闸，控制上游进入中顺大围的来水；岐江河西端建有西河水闸，东端建有东河水闸，调控岐江河的流态。围内设置东河、西河、岐江河、古镇、沙口、金鱼、怡丰、沙滘、石龙、流板10个水文遥测站，为全面、系统开展中顺大围改善水环境的水资源调度研究提供了宝贵的资料。

（1）防洪（挡潮）水闸。中顺大围干堤主要水闸共有49座，总净宽832.25m。其中大型水闸两座，分别为东河水闸和西河水闸，总净宽300m；中型水闸4座，分别为铺锦水闸、拱北水闸、全禄水闸和麻子涌水闸，总净宽151m；其余小型水闸共28座，总净宽243.7m。

东河水闸位于岐江河东端与横门水道交界处，与东河泵站、东河船闸组成东河水利枢纽工程，于1998年建设完成，设10孔，单孔净宽15m，总净宽150m，最大过闸流量1020m³/s，是中顺大围主要的排涝工程之一，将涝水排向横门水道。西河水闸位于岐江河西端与西江水道交界处，于1972年建设完成，设10孔，单孔净宽15m，总净宽150m，最大过闸流量 1075m³/s，是中顺大围主要的排涝工程之一，将涝水排向磨刀门水道。

中顺大围于 1953 年开始到 1957 年由 400 多个小围联成一个大围，除外江干堤上建设有防洪（挡潮）设施外，各镇区大多建设有排涝闸、节制闸、引水闸等水闸工程，涉及排涝的主要内排水闸有 24 座，总净宽为 194m。

（2）水库工程。中顺大围围内的小（1）型水库主要有 7 座，分别为金钟水库、石榴坑水库、马岭水库、长坑三级水库、蛉蜞塘水库、马坑水库和古宥水库；围内小（2）型水库有两座，分别为二门坎水库、南镇水库，总集雨面积为 19.55km²，总库容为 1277万 m³。

（3）泵站工程。中顺大围围内装机 28kW 以上的排涝泵站共 228 座，总装机容量为 47679kW，总排涝流量为 929.48m³/s。其中外排泵站共 12 座，总装机容量为 20860kW，总排涝流量为 441.6m³/s，外排泵站中较大的有东河泵站、九顷泵站、小榄北站、小榄东站、二明窦泵站（在建）等；内排泵站共 216 座，总装机容量为 26819kW，总排涝流量为 487.88m³/s，内排泵站中较大的有小榄南站、永宁泵站、埒西一泵站等。

东河泵站位于岐江河东端与横门水道交界处，于 2000 年建设完成，装机 6 台，单机容量为 1800kW，总装机容量为 10800kW，排涝流量为 273m³/s，出水口位于横门水道，是中顺大围围内中心城区、港口镇等最主要的外排泵站。九顷泵站位于横栏镇拱北水闸西北侧约 700m 处，于 2002 年建设完成，装机 5 台，单机容量为 300kW，总装机容量为 1500kW，排涝流量为 32.5m³/s，出水口位于西江水道，是中顺大围围内横栏镇最主要的外排泵站。小榄南站位于金鱼沥涌口汇入横琴海处，于 2005 年建设完成，装机 4 台，单机容量为 400kW，总装机容量为 1600kW，排涝流量为 30m³/s，出水口位于横琴海，是中顺大围围内小榄镇主要的内排泵站之一。

（4）自动化监控系统。经过近 10 年的建设，中顺大围闸泵群自动化监控系统已覆盖了全联围主要的进出口闸门和泵站，并在河网内关键节点布设了水位、雨量、流量、咸度实时测点。2015 年中顺大围工程调度决策支持系统建成投入运行，为开展不同水情下群闸联合调度目标的实现提供了强有力的保障。在保护水环境、建设生态文明城市的大环境下，中顺大围的调度系统不断完善、改进，目前中顺大围水资源调度工作逐步走向规范化、常态化和多目标化。

3. 调度规则

中顺大围水环境调度包括联围整体和各镇分区两个层面的调度，联围整体调度由中顺大围管理处来统一实施，各镇分区调度由各镇街自行实施。联围整体调度的目标是改善中顺大围内河涌整体的水质，重点是岐江河的水质改善。按照"西进东出"的原则置换岐江水体，高潮时开启西河、拱北水闸，关闭东河、铺锦水闸，水流只进不出；低潮时关闭西河、拱北水闸，开启东河、铺锦水闸，水流只出不进；水体置换一次通常需要半个月，当要求换水时间较短时，可开启东河泵站排水，加强水动力，加快换水速度。

围内各镇区水闸根据情况自行调度。

（1）小榄镇。汛期根据天气变化来控制内河涌水位变化，每个水闸情况不同，另外，汛期时中顺大围的整体调度使得凫州河水位比小榄镇内河涌水位高，无法排水。非汛期东进西出（上游进水、下游放水），根据凫州河水位和小榄水道水位变化情况来定，出现过非汛期小榄水道水位不高、进水比较困难的现象。小榄镇进水的均为水闸，没有泵站，其泵站的作用为排涝，单向排涝。小榄镇内河涌控制水位为1.6m左右，都有节制闸连通，汛期内河涌水置换时间基本为1d。小榄镇建有工业和生活污水处理厂，废污水处理后排入凫州河。

（2）横栏镇。横栏地势低，相对独立。目前横栏的拱北闸主要由横栏镇自行调度，进水时拱北闸控制水位0.7m，超过0.7m关闸，外江退潮时关闸。

（3）古镇镇。古镇调度遵循"西进东出"原则，从洼口、沙滘口、江头滘、二明窦、土地涌水闸进水冲污，从大梗涌和东海泵站（大梗泵站）排水，当内河涌水位高于0.8m排出至凫州河或西江。凫州河水位高时，大梗涌和东海泵站将内河涌的水抽至凫州河；凫州河水位低时，可以自流至凫州河，不开大梗涌泵站。规划在江头滘建设一个泵站（20m³/s），在土地涌建设一个泵站（20m³/s）。二明窦排涝泵站配套建设4个水闸，利用4个水闸调配，集防洪、排涝和冲污于一体。

（4）港口镇。港口镇内河涌蓄水位不能超过0.8m，否则会倒灌，引起内涝；超过1m，防洪堤危险。中顺大围调度时两个小时排干不蓄水对港口影响较小。岐江河水位达到1.2～1.3m时，港口内水量不够时开南部水闸，北部水闸可改善水环境，铺锦水闸进水，通过羊蹄滘进入港口沥，冲洗港口镇的内河涌。

（5）板芙镇。西江进水，进水时间与中顺大围一致，排水等岐江河水位降下来再排水。

（6）东升镇。东升镇无泵站无节制闸，从小榄水道进水（裕安、鸡笼、横海、滨涌水闸），分片区建设小型泵站排入北部排灌渠。

（7）顺德区均安镇。外江进水，排至下游中山。非汛期，沥沙水闸利用潮差，涨潮时凫州河上游全部闸门打开、下游闸关闭，所有的水汇到一个平衡点，再关上游闸、开下游闸，通过内河涌往下游中山走。汛期进水考虑内河涌安全水位。

4. 调度实践及效果

（1）西河水闸、东河水闸联合调度。1996年6月中顺大围开展了引水冲污试验，试验结果表明，当引西江水入西河水闸内时，由于存在水位差，岐江河水体中污染物即随水流方向，由西向东积聚往东河水闸排出；引水冲污经过一个冲程（岐江河污染物随西江水引入冲至东河水口排出所需时间），各监测断面的污染物浓度有所波动，水质有所改善；而随后的第二、第三天，各监测断面水体污染物随时日增加，水质又恢复到Ⅳ类水标准。分析原因主要是由于西河水闸承受的水头差仅0.6m，否则危及水闸安全。由于水头不足，很难维持河水向东流的常流水局面，加之利用自然潮差时间不长，影响了冲污效果，因此必须加大引水流量。之后，中顺大围分别于2010年6月30日至2011年1月5日期间在初一、十五大潮期间启动过6次东西河水闸联合调度，以改善岐江河水环境。在这种调度模式下，存在出大于进的现象，引水量不足导致岐江河水位低下，影响了围内农业、工业用水保障，尤其是港口、沙溪、西区等镇区因水位低影响农业生产。调度实践表明，只通过调度东、西河水闸改善水环境的调度方式已不能满足进一步改善水环境的需要，也影响围内镇区工农业用水，因此，有必要对中顺大围干堤各镇区水闸采取联合调度方式，加大引清入围力度，在保障工农业用水的同时改善岐江河水环境。

（2）闸泵群联合调度。2011年10月、2012年3月开展了中顺大围闸泵群水质置换调度，利用外江涨落潮水位过程，根据模型计算确定的各闸门泵站启闭时间，形成内河涌有规则的可控流路，将内河涌污水进行置换，改善了中顺大围内河涌水环境。通过中顺大围调度系统平台的监测数据分析结果，以及调水实施后中顺大围内居民反映，两次水质改善调度实践均取得了良好效果，生态环境效益和社会效益显著。

3.2.2 保障供水安全的水资源调度现状

保障供水安全水资源调度从大的层面有流域调度，从小的层面有区域调度和工程调度。珠江三角洲保障供水安全的水资源调度实践主要有珠江枯季水量统一调度、东江水量调度、东莞江库联网工程调度、珠澳供水系统调度等。

3.2.2.1 珠江枯季水量统一调度

近年来珠江三角洲的咸潮上溯给澳门、珠海、中山、广州等地造成巨大的经济损失和社会影响，引起了中央有关领导的高度重视和社会各界的广泛关注。自2005年以来，水利部珠江委员会在国家防总的领导下，多次实施珠江枯季水量统一调度，有效保障了澳门、珠海、中山、广州等地人民群众的生产和生活用水。

1. 调度系统

珠江枯季水量统一调度的目标是压咸补淡，保障澳门、珠海的供水安全。调度涉及的骨干水库（水电站）主要有西江天生桥一级、龙滩、百色、长洲、北江飞来峡等大型水库（表3.2-5）。

表3.2-5　　　　参与珠江枯季水量统一调度的骨干水库基本情况表

水库	河流水系	正常高水位/库容 /(m/亿 m³)	死水位/库容 /(m/亿 m³)	保证出力 /MW	调节性能
天一	南盘江	780/83.95	731/25.99	405.2	不完全多年调节
龙滩	红水河	375/162.12	330/50.62	1234	年调节
岩滩	红水河	223/26.12	219/21.8	370	日调节
长洲	西江	20.6/56	18.6/15.2	—	日调节
百色	郁江右江	228/48	203/21.8	123	不完全多年调节
飞来峡	北江	24/4.23	18/1.09	22.6	日调节

（1）天生桥一级水库。天生桥一级水库是红水河梯级电站的第一级，位于南盘江干流上。坝址左岸是贵州安龙县，右岸是广西隆林县。下游7km处是天生桥二级水电站首部枢纽，上游约62km处是南盘江支流黄泥河上的鲁布革水电站。该电站距贵阳直线距离为240m，距昆明250km，距南宁440km，距广州850km。天生桥一级水库以发电为主，水库正常蓄水位780m，死水位731m，总库容102.57亿 m³，兴利库容57.96m³，装机容量120万 km，年发电量52.26亿 kW·h。

（2）龙滩水库。龙滩水库位于红水河上游的天峨县境内，距天峨县城15km，坝址以上流域面积98500km²，占红水河流域总面积的71.2%，占西江梧州站以上流域面积的30%。电站具有较好的调节性能，发电、防洪、航运等综合利用效益显著，经济技术指标优越。龙滩水库按 500 年一遇洪水设计，万年一遇洪水校核。龙滩水电站分两期开发，一期按正常蓄水位 375m，校核洪水位 379.34m，设计洪水位 376.47m，水库总库容 179.6 亿 m³，调节库容 111.5 亿 m³，防洪库容 50 亿 m³，总装机 420 万 kW，年发电量 156.7 亿 kW·h，为年调节水库。二期按正常蓄水位 400m，校核洪水位 403.11m，设计洪水位 400.86m，水库总库容 299.2 亿 m³，兴利库容 205.3 亿 m³，防洪库容 70 亿 m³，总装机 540 万 kW，年发电量 187.1 亿 kW·h，为多年调节水库。

（3）岩滩水库。岩滩水库是红水河梯级水电站中的第五级，位于红水河中游广西大化瑶族自治县境内，东南距巴马县 30 km，距南宁市 170 km。岩滩电站以发电为主，兼有航运效益。一期工程装机容量 121 万 kW，保证出力 24.5 万 kW，多年平均年发电量 56.6 亿 kW·h，用 500kV 电压供电给广西和广东。水库按千年一遇洪水设计，五千年一遇洪水校核，设计洪水位 227.2m，校核洪水位 229.2m，正常蓄水位 223.0m，死水位 212.0m；总库容 33.8 亿 m³，调节库容 10.5 亿 m³，属不完全年调节水库。

（4）百色水库。百色水库是珠江流域规划中郁江上的防洪控制性工程，是一座以防洪为主，兼顾发电、灌溉、航运、供水等综合利用效益的大型水利枢纽。该工程位于广西郁江上游右江河段，坝址在百色市上游 22km 处，其开发任务以防洪为主，兼顾发电、灌溉、航运、供水等。坝址以上集雨面积为 1.96 万 km²，多年平均流量 263m³/s，年径流量为 82.9 亿 m³。水库正常蓄水位 228m，总库容 56.6 亿 m³，其中防洪库容 16.4 亿 m³，兴利库容 26.2 亿 m³，属不完全多年调节水库。水库电站装机容量 54 万 kW，多年平均发电量 16.9 亿 kW·h。

（5）长洲水利枢纽。长洲水利枢纽工程位于西江干流浔江末端的长洲岛河段上，距梧州市区 12km，是一座以发电和航运为主，兼有提水灌溉、水产养殖、旅游等综合效益的大型水利水电工程。长洲水利枢纽控制流域面积 30.86 万 km²，总库容 56.0 亿 m³，最大水头 15.2m，电站坝长 3350m。装机容量 621.3MW，装机 15 台，单机容量 41.42MW，年发电量 30.91 亿 kW·h，装机利用小时数 4973h。

（6）飞来峡水库。飞来峡水利枢纽位于广东省清远市清新县飞来峡镇，坝址控制集水面积 34097km²，占北江大堤防洪控制站石角集水面积的 88.8%，是北江防洪工程体系控制性工程。水库设有 13.36 亿 m³ 防洪库容、500t 级船闸、14 万 kW 电站装机容量，具有防洪为主，兼有航运、发电、改善生态环境等多项功能。水库正常蓄水位 24m，总装机容量 14 万 kW，年发电量 5.55 亿 kW·h，电站可进行日调节，承担系统部分调峰任务。

2. 调度规则

珠江枯季水量统一调度以"优化配置有限水资源"为原则，本着"实事求是"的科学态度，按照"前蓄后补、节点控制；上下联动、总量调度"的技术路线，连续滚动、及时调整。在每旬开始前，水情预报部门提出未来 10d 的降雨预测及各主要支流来水、各骨干水库入库流量的预报成果；咸情预报部门根据潮汐活动规律提出未来 10d 内咸情活动时段和强度，提出压咸时机及所需的压咸流量。在此基础上，根据水、雨、咸情预报成果，编制调度方案。

3. 调度实践及效果

多次珠江枯季水量统一调度克服了中、下游无控区间大，上游可调配水量少，调度涉及水库多、历时长，枯季水情预测、水量精确演进、河汊分流比确定难等诸多技术难题，成功实施了水量调度工作，保障了澳门、珠海等珠江三角洲地区人民饮水安全。历年开展的珠江枯季水量统一调度实践总结如下。

（1）2006—2007年。调度方案以天生桥一级电站为主，龙滩水电站服从调度，岩滩水电站进行反调节，百色、飞来峡水利枢纽配合调度。调度时段自2006年9月初开始，至2007年2月底结束。共调度水量达188.67亿 m^3，其中西江上游各水库调度水量130.75亿 m^3，郁江百色水利枢纽调度水量40.59亿 m^3，北江飞来峡水库调度水量17.32亿 m^3。

（2）2007—2008年。调度时段自2007年10月10日开始，至2008年2月底结束。调度时段内控制珠江广西梧州断面日均流量不低于1800m^3/s，8次集中补水期间控制广东思贤滘断面日均流量不低于2300m^3/s。

（3）2008—2009年。从2008年11月至2009年2月底，历时4个月。"抓住"了汛末和汛后两次洪水资源，骨干水库增蓄水量约67亿 m^3，为枯季补水储备了充足的水源。调度期采取月出库水量总量控制的方式，在调度开始时，将各骨干水库的各月出库总量指标一次性下达给各水库。

（4）2009—2010年。2009年9月初全力开展骨干水库前期蓄水工作，抑制住了水库蓄水量快速下降的势头。该年汛期来水偏少，因此较往年提前一个潮周期实施集中补水调度，天生桥一级、龙滩提前补水约3亿 m^3。"精打细算，用好每方水"成了调度的主旋律，实施调度体现在"精"和"细"上。调度期内共实施了10次集中补水调度，高效配置了有限的水资源。

（5）2010—2011年。鉴于后期水雨情预测成果无大的变化，上游水库蓄水和珠海当地供水蓄水情况基本达到预期目的，考虑10月西江预测来水仍可达到3300 m^3/s，珠江水量调度方案实施从2010年11月1日开始，对西江上游主力水源龙滩水库采取了阶段性总量控制的调度方式，即在调度期内龙滩水电站控制时段来水总量。

（6）2011—2012年。2011年10月17日零时起，西江上游的龙滩水电站、岩滩水电站开始进入调度期，龙滩水电站连续9d日平均流量不低于700m^3/s，岩滩水电站连续7d日平均流量不低于900m^3/s。而主要调度节点长洲水利枢纽经过回蓄后，从21日起连续7d加大下泄流量，同时北江飞来峡水利枢纽进行配合。

（7）2012—2013年。按照"重在当地前蓄，确保供水安全"的水量分配思路，强化监督和协调，重点做好珠海当地水库的前期蓄水和供水库群的调度工作；要求珠江上游骨干水库2012年10—12月期间保障下游所需最低要求，由电网自行调度，2013年1月至2013年2月期间服从珠江防总调度，适时启动动态控制梧州、石角流量补水调度。截至3月26日，调度期内珠海当地取水系统从河道直接抽取淡水约1.75亿 m^3，向澳门提供原水约4000万 m^3。

（8）2013—2014年。按照"重在当地前蓄、确保供水安全；分级控制调度、兼顾各方需求"的水量分配思路，强化监督和协调，重点做好珠海当地水库的前期蓄水和供水库群的调度工作，调度期内，西江降雨、来水基本符合水情预测，配合上游各水库按要求调度的出库流量，确保了澳门、珠海等地去冬今春的供水安全。截至2月28日，调度期内珠海当地取水系统从河道直接抽取淡水约1.2亿m^3，向澳门提供原水约3600万m^3，有效地确保了澳门等珠江三角洲地区的供水安全，不但使澳门的供水含氯度维持在100mg/L以下（国家标准为小于250mg/L），同时也大大改善了西北江中下游的水环境，取得了良好的社会效益、经济效益和生态效益，成功实现了水量统一调度的目标。

（9）2014—2015年。珠江防总组织实施了天生桥一级、龙滩、百色、长洲等骨干水库汛末蓄水调度，为枯水期水量调度储备了水源，多批次工作组实地协调指导水量调度、供水保障及抢淡蓄水等工作，确保了上游水库按照要求控制水库出库流量，下游珠海竹银水库实现建库以来首次蓄水至正常高水位，保障了水量调度工作的顺利实施。截至2月28日，调度期内珠海当地取水系统从河道直接抽取淡水约2亿m^3，向澳门提供原水逾3800万m^3。

（10）2015—2016年。珠江防总从7月开展枯水期水量调度准备工作，汛末组织实施龙滩、岩滩、百色、长洲等上游骨干水库蓄水调度，共增蓄20.89亿m^3，骨干水库总有效蓄水率达98%。珠海当地强化水库蓄水抢淡和供水管网管护工作，至10月中旬储备淡水增至5504万m^3。截至2016年2月29日，通过实施枯水期水量调度，珠海当地取水系统从河道直接抽取淡水约1.7亿m^3，向澳门提供优质原水约3900万m^3，向珠海主城区供水逾9100万m^3。

3.2.2.2　东江水量调度

东江担负河源、惠州、东莞、深圳、广州和香港约4000多万人的用水重任，其中东莞90%的供水水源为东江，深圳的东部供水工程以及深圳、香港的东深供水工程均从东江引水。东江水资源开发和利用率已达32%，逼近"安全红线"，在广东四大江河东江、西江、北江和韩江中，东江流域水资源开发和利用率最高。2015年，广东省政府发布了《广东省东江水量调度管理办法》，正式实施东江水量统一调度。通过遵循重要断面流量控制、用水总量控制和分级管理、分级负责的原则，实行东江水量统一调度有助于保障下游城市的供水安全。

1. 调度系统

东江水量调度主要通过上游三大水库（新丰江、枫树坝、白盆珠水库）放水，以及下游沿线闸站的调度保障供水安全。调度目标是保证博罗320m^3/s以及下游取水口的水质达标。

（1）新丰江水库。新丰江水库位于东江支流新丰江上，控制流域面积5734km^2，总库容138.96亿m^3，防洪库容30.98亿m^3，目前是以发电、防洪为主，结合航运、供水。电站装机33.25万kW，年发电量为9.07亿kW·h。新丰江水库是东江水资源的调配中心，该水库水质是目前广东省保护最好的淡水资源之一。

（2）枫树坝水库。枫树坝水库位于东江干流，上游龙川县境内，距龙川县城约65km，控制流域面积5150km^2，总库容19.30亿m^3，防洪库容6.49亿m^3，电站装机15万kW，年发电量为5.55亿kW·h。水库于1970年8月动工兴建，1973年10月建成蓄水，同年底第一台机组正式发电，1974年年底第二台机组投入运行，是一宗以航运、发电为主,结合防洪等综合利用的大型水利水电工程。

(3) 白盆珠水库。白盆珠水库位于东江支流西枝江上游的惠东县白盆珠境内,控制流域面积856km²,总库容11.90亿m³,防洪库容2.62亿m³。该水库以防洪、灌溉为主,兼顾发电、养殖、航运等综合利用。设计灌溉面积22万亩,电站装机2.4万kW,年发电量8200万kW·h。

(4) 东江干流梯级电站。东江干流枫树坝以下共布置14个梯级,分别为河源市的龙潭、稔坑、罗营口、苏雷坝、枕头寨、蓝口、黄田、木京、横圳(风光)和惠州市的博罗(剑潭)电站,以及河源市的沥口(观音阁)电站和惠州市的下矶角(福园)、博罗(剑潭)电站及东莞市的石龙电站(表3.2-6)。

表3.2-6 东江干流各梯级水电站基本情况表

序号	电站名称	所在区域	集雨面积/km²	多年平均径流量/万m³	多年平均流量/(m³/s)	正常库容/万m³	正常蓄水位/m	装机容量/万kW	年均发电量/(万kW·h)	年利用小时数/h
1	龙潭水电站	河源市	5365	41.15	129.4	—	90.5	1.4	5896	4211
2	稔坑水电站	河源市	5500	43	140	—	84.5	2.5	7535	3014
3	罗营口梯级电站	河源市	7360	57.5	193.1	1295	77	1.5	6416	—
4	苏雷坝梯级电站	河源市	7476	58.4	213	1243	72	1.5	6056	4037
5	枕头寨梯级电站	河源市	7900	64.6	205	787	67	1.25	6670	5206
6	蓝口梯级电站	河源市	9184	72.37	242	1367	54	2.6	8450	3250
7	黄田水电站	河源市	9428	73.8	247	—	48	2	9358	3250
8	木京水电站	河源市	9830	82.3	260	3500	42	3	10766	3600
9	横圳(风光)水利枢纽	河源市	16430	125.8	526	4400	34.2	2.49	15100	6061
10	东江(剑潭)水利枢纽	惠州市	25325	197.3	739	11640	10.5	4.6	26700	5806

1) 龙潭水电站。龙潭水电站位于河源市龙川县黎咀镇,是以发电为主,兼顾航运等综合开发利用的水利水电工程。电站正常蓄水位为90.5m(珠基),下游发电量水位85m,利用水头6.1m。安装两台各0.7万kW机组,总装机容量为1.4万kW。工程主要建筑物有拦河闸坝、发电厂房、变电站和防护堤。闸坝上建拦河闸7孔,每孔净宽15m、高6.8m,闸槛高程85.00m,闸顶高程100.50m,通航吨级为50t。

2) 稔坑水电站。稔坑水电站位于龙川县黄石镇,上距枫树坝水库29km,下距龙川县城28km。稔坑水电站正常蓄水位84.5m(珠基),下游最低发电尾水位77.06m,利用水头7m。安装3台各0.8333万kW机组,总装机容量2.5万kW。主要建筑物有拦河闸坝、发电厂房、变电站和防护堤。闸坝上建拦河闸11孔,每孔净宽14m,高32.5m,闸槛高程75.50m,闸顶高程87.80m,通航吨位为300t级。

3) 罗营口梯级电站。罗营口梯级电站位于和平县东水镇,在枫树坝下游约38km,直线距和平县城约45km。电站装机3台,总容量为1.5万kW。枢纽建筑物主要由拦河闸坝、发电厂房、变电站、船闸、土坝连接段组成。船闸通航等级为Ⅶ级，通航吨位为50t级。

4）苏雷坝梯级电站。苏雷坝梯级电站工程位于东江干流枫树坝—龙川河段，坝址位于龙川县四都镇，以发电为主，兼顾航运等综合利用。本工程为低水头径流式电站，电站装机容量1.5万kW。

5）枕头寨梯级电站。枕头寨梯级电站工程位于东江干流枫树坝—龙川河段，坝址位于龙川县附城镇洞洞村。电站装机容量1.25万kW，拦河闸为开敞式结构，共24个孔数，每孔净宽8.51m，闸槛高程63.80m，闸顶高程70m，通航吨位为100t级。

6）蓝口水电站。蓝口水电站位于河源市东源县蓝口镇白泥塘村，坝址上游距蓝口镇约5km，下游距河源老县城（新丰江交汇入口处）约42km。电站现装机容量2.6万kW，多年平均发电量0.845亿kW·h，年利用小时3250h。

7）黄田水电站。黄田水电站位于河源市东源县境内东江干流中上游河段上，河源市东源县黄田镇境内，上距黄田镇约11km，下距河源市约25km。黄田水电站是一座以发电为主，兼顾航运的水利水电工程。枢纽建筑物由泄水闸、厂房、船闸、门库挡水段及两岸土坝连接段组成。电站装机总容量2.0万kW，安装4台灯泡贯流式机组，年发电量9358万kW·h，年利用小时数3250h。

8）木京水电站。木京水电站位于东江中游的东源县仙塘镇木京村，是一座以发电为主，兼顾航运的水利水电工程。具有日调节能力。木京电站组成枢纽建筑物主要包括拦河闸坝、发电厂房和变电站、船闸、两岸连接土坝以及库区防护建筑物等。电站总装机容量为3万kW，设计年发电量为1.0766亿kW·h，年利用小时3600h。

9）横圳（风光）水利枢纽。横圳（风光）水利枢纽工程位于河源市高新技术开发区，是以发电和承担新丰江水库反调节为主，兼顾航运和改善水环境。工程为低水头径流式开发，正常蓄水位为34.2m，相应库容4400万m³。电站总装机容量2.49万kW。

10）东江（剑潭）水利枢纽。东江（剑潭）水利枢纽是以改善水环境、发电为主，兼顾航运，改善城市供水和农田灌溉条件，发展旅游等综合性水利枢纽工程。工程位于东江下游惠城区和博罗县之间的东江干流泗湄洲岛，上游距惠州市惠城区约9.4km，下游距博罗水文站3.3km，枢纽主要由左右河汊拦河闸坝、船闸、发电厂房及连接土坝组成。电站有4台机组，装机容量共4.6万kW。

2. 调度原则

东江沿线取水有14家自来水厂，每个月取水量、重点取水户的取水水质上报给东江流域管理局；东江每年制定年度水量调度计划，该计划由东江流域管理局依据批准的水量分配方案和用水总量控制指标、重要控制断面流量控制指标，在综合平衡有关取水单位的年度取水计划、三大水库和东江干流水利枢纽、闸坝、水电站等工程运行计划的基础上制定；水量调度期间三大水库遵循电力调度服从水量调度的原则。

3. 调度实践及效果

东江实行水量调度之后，改变了河流流态，达到了压咸效果。目前东莞基本不受咸潮影响，未实施前万江含氯度达到1500mg/L，现在天文大潮最严重万江含氯度仅100mg/L

余。东江调度水量 15 亿 m³/年，最枯可调库容 90 亿 m³，若区间来水不是特枯，可满足连续 4 年的枯水期用水需求。可见，东江水量调度不仅从水质上，而且从水量上保障了东莞的供水安全。通过东江水量调度，保证了东深供水工程每年约 24 亿 m³ 和深圳东部引水工程每年约 8 亿 m³ 的取水量。

3.2.2.3 东莞市江库联网工程调度

东莞市本地多年平均水资源总量仅为 20.76 亿 m³，人均水资源量仅为 253m³，远低于国际公认的人均 500m³ 的严重缺水线，仅为广东省人均水资源量 2133m³ 的 12%。东莞市 90% 的供水水源为东江，存在水源单一、水资源短缺等问题。为从根本上解决东莞用水安全保障问题，2007 年正式启动东莞市东江与水库联网供水水源工程建设，历经 8 年，2015 年建成通水。

1. 调度系统

东莞市江库联网工程从石排镇沙角村的东江段取水，由二级泵站提升，通过 37.9km 的输水线路，输送到松木山水库，并以松木山水库为枢纽，输水至马尾～五点梅～芦花坑水库，重点解决长安、虎门、大岭山、大朗等镇街的供水安全问题。目前东莞市多水源互通互济、联合调度的供水格局初见雏形，通过江库联网工程优化供水布局，提高了东莞市供水安全系数，为东莞市重要的应急水源工程。东莞市江库联网工程骨干水库基本情况如下：

（1）松木山水库。松木山水库是东莞市的一座中型水库，位于东莞市大朗镇大陂海上游。水库于 1958 年 5 月动工兴建，1959 年 9 月建成蓄水，集雨面积为 54.2km²。水库按百年一遇洪水位设计，千年一遇洪水位校核，正常水位 24.0m，相应库容 3970 万 m³。水库均质土坝 7 座，总长 1134m，坝顶高程为 27.20m，最大排洪量为 152.2m³/s。水库主坝后建有 2×160kW 发电站 1 座，设计年发电量 40 万 kW·h。目前，水库的主要功能是防洪和生活供水，年供水量达 4000 万 m³。

（2）同沙水库。同沙水库位于东莞市区东南 8km，寒溪水支流黄沙河中游。1960 年建成，集水面积 100km²，总库容 6520 万 m³。

（3）横岗水库。横岗水库位于东莞市厚街镇东南方约 5km，拦截大岭山小沙河水，集雨面积 44.6km²，1958 年 6 月 28 日动工兴建，1959 年 5 月竣工，按千年一遇洪水位校核，总库容 3280 万 m³，正常水位 22.00m，相应库容 2120 万 m³，设计灌溉虎门、厚街两镇 3.6 万亩农田，是一座以灌溉为主兼防洪、供水、旅游等综合效益的中型水库。

（4）水濂山水库。水濂山水库属小（1）型水库，位于东莞城以南约 8km 的南城区蛤地村，坝址与莞太公路相距 7km，与东莞大道相距 1km。集雨面积 12.2 万 km²，总库容 977 万 m³，水库正常水位 21m，设计水位 22.3m，校核水位 23.29m。主要功能为灌溉和防洪以及生活、养殖用水。

2. 调度原则

东莞市江库联网工程的调度目标是保障中部及沿海片区 15 个镇街的供水安全。调度条件是当东江发生突发水污染事故或特殊干旱等情况，启动江库联网应急水源工程。调度规则：丰水期将东江水引至松木山水库，通过联网工程连通市内 7 座水库——马尾～五点梅～芦花坑和同沙～横岗～水濂山～白坑水库，最终形成互通互济、联合调度的供水网络，通过引水—蓄水—供水的调度规则，满足东莞市应急用水需求。

3.2.2.4 珠澳供水系统调度

澳门毗邻珠海市，是我国两个特别行政区之一。澳门约98%的原水依靠珠海供给，而珠海市各取水点均处于感潮河段，枯水期受咸潮影响，取水口含氯度超标，为确保珠澳两地的供水安全，珠海和澳门在中央政府的支持下兴建并逐步完善了珠澳供水系统。

珠澳供水系统具有"江水为主、库水为辅；江水补库、库水调咸"的调度特点，该供水系统由南系统、北系统和西水东调系统3个子系统构成，珠澳供水系统布局如图3.2-1所示。

1. 子系统组成

（1）南系统。南系统位于珠海市境内磨刀门水道东侧，包括两座水闸（挂定角水闸和洪湾水闸）、3座水库（南屏、蛇地坑水库，总库容728.40万m^3；银坑水库，总库容148.00万m^3；竹仙洞水库，总库容256.50万m^3）。南系统水库总调节库容为1132.9万m^3，总调节库容828万m^3。3座泵站（洪湾泵站为抽水泵站，日抽水能力为45万m^3，另两座为加压泵站）以及配套的输水管线，是集引水、汲水、蓄水和输水于一体的综合性原水工程。南系统自西江磨刀门水道挂定角取水，经挂定角水闸、洪湾水闸引入洪湾西引水渠，经洪湾涌至洪湾泵站。由洪湾泵站抽水经输水管渠进入竹仙洞水库，入竹仙洞水库后分三路铺设输水管道（压力隧洞），直抵澳门青州水厂和珠海拱北水厂。系统设计过流能力为45万m^3/d，由于输水暗渠、隧洞坍塌维修后缩窄等原因，造成输水能力下降，实际过流能力为40万m^3/d，其中给澳门青州水厂18万m^3/d（第一、第二条原水管道），珠海拱北水厂22万m^3/d。另外，供澳第三根原水管道供水能力为30万m^3/d左右。

南系统中竹仙洞水库的原水通过两条直径1m的输水管以自流方式输入澳门青洲水厂、大水塘水厂和大水塘水库；南、北供水系统通过南屏水库、南沙湾泵站、大镜山水库之间的输水管道相互连通。

（2）北系统。北系统水库群有大镜山、凤凰山、梅溪3座水库，总库容2884万m^3，总调节库容2064万m^3，最大供水水库为凤凰山水库，总库容1510万m^3；北系统由南沙湾泵站、调咸泵站、北部库群（大镜山水库，总库容1160万m^3；凤凰山水库，总库容1510万m^3；梅溪水库，总库容214万m^3）、3个水厂（拱北水厂、香洲水厂、唐家水厂）及配套管线等组成，负责向珠海主城区供水，还承担向澳门应急供水的任务。南沙湾泵站位于前山水道左岸，日取水能力80万m^3，因前山水道污染严重，该泵站已基本不取水，仅作为转抽泵站，转抽广昌泵站及南屏水库的来水，输送至拱北水厂及大镜山水库，也可利用广昌～南屏管道输水至南屏水库。

（3）西水东调系统。西水东调系统是在原有的广昌系统的基础上补充扩建而成的，由竹洲头泵站、平岗泵站、广昌泵站、裕洲泵站、竹银水库和南屏水库组成，负责向南、北系统补给原水，尤其是在咸潮影响期保障澳门和珠海东区的供水安全。原有广昌系统包括广昌泵站、裕洲应急泵站、南屏水库及相关配套管线。广昌泵站一期工程于1999年建成，日取水量为60万m^3（设计取水能力为80万m^3/d），30万m^3输送至南屏水库，30万m^3

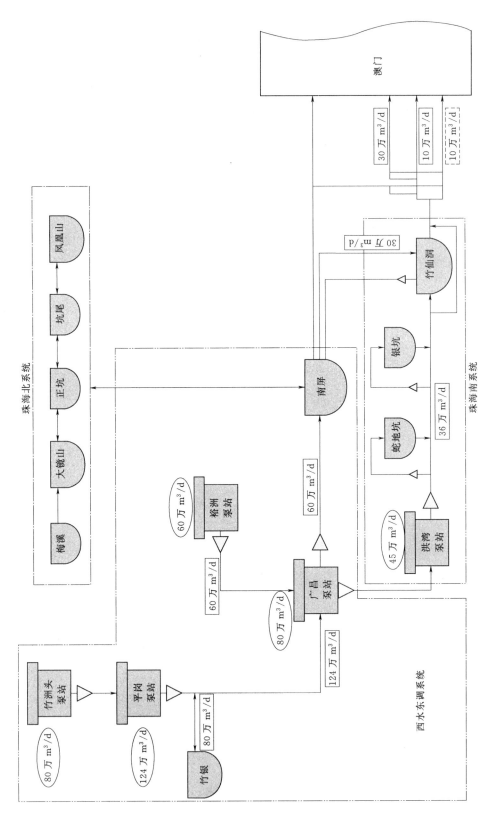

图 3.2-1　珠澳供水系统布局

经南沙湾泵站输送到北系统；2004 年年底在坦洲大围内河涌建有裕洲应急泵站，取水能力为 60 万 m³/d，输送至广昌泵站前池，利用广昌泵站转抽至供水系统。由于咸潮上溯和水质污染加剧，以及珠海和澳门特别行政区的用水量增长，2006 年扩建了平岗泵站及其输水管渠，平岗泵站抽水后输送过磨刀门水道，经广昌泵站转抽补给北系统和南系统，供咸期应急供水。另外，2011 年建成的竹银水源工程承担向澳门和珠海东区供水的任务，竹银水库和月坑水库有效库容达 4011 万 m³，竹洲头泵站取水规模 80 万 m³/d，使珠海现有水库的有效库容增加 65％，将对提高调咸蓄淡能力发挥重要作用。

2. 调度原则

珠澳供水系统调度涉及三级调度，各级调度方式如下。

（1）第一级调度——流域层面调度。从 2005 年实施第一次珠江压咸补淡应急调度，科学发展到现在的珠江枯季水量统一调度，珠江防总已为珠澳两地咸期期间的供水安全实施了 12 次流域调度。第一、第二次为应急调度，应急调度存在弃水的现象，不能充分发挥水的势能，电站有一定损失；余下的调度，均为流域水量统一调度，珠江防总提前谋划，通过与电网、电站进行充分沟通，结合磨刀门水道的潮汐规律，科学调度上游骨干水库发电后的下泄流量，使得上游的压咸淡水在农历每旬的大潮差时段抵达珠海的主要取水口和联石湾水闸，为取水口获得抢淡时机。

（2）第二级调度——联围层面调度。主要是在农历每旬大潮差时段内，预计联石湾水闸有抢淡机会时，通过中珠联围的统一调度，利用涨、退潮的时机，对围内的水体进行充分置换（一般需 3d），然后将淡水暂时蓄存在联围内，以备裕洲泵站取用。主要进水口有马角水闸、联石湾水闸、灯笼水闸；主要排水口有石角咀水闸、洪湾水闸、广昌水闸；大涌口水闸两者兼可，主要视水情而定。

（3）第三级调度——供水系统调度。

1）原水调度。根据供水不同时期（汛期、枯水期、补水期）的调度目标，结合流域的水情和水文，本地的未来降雨发展等进行动态调度。以下分别阐述汛期、枯水期和补水期的调度方式。

a. 汛期调度（4 月 15 日至 10 月 14 日）。开汛前夕，各水库水位降至汛限水位以下，8 月前，为加快库水置换，改善库水水质，运行水位在满足系统安全供水的前提下，尽可能降低，无参与直接供水任务的水库（如蛇地坑水库和银坑水库）则排干。制定原水生产调度计划时，在水量平衡的前提下，需结合调洪库容、未来降雨量的预测值，特别是热带气旋带来的特大暴雨，进行合理统筹，科学调度。根据流域水情，在主汛期期间完成咸期的补库计划，8 月初开始，视水情状况，着手补库工作。根据降雨形成的特点，分前汛（4—6 月）降雨和后汛（7—9 月）降雨。前汛由南下弱冷空气与海面北上暖湿流交汇形成；后汛是热带气旋（台风）带来。所以，在日常调度工作中，关注的天文、气象有所不同。

b. 枯水期调度（10 月 15 日至次年 4 月 14 日）。实施"水量为主，先紧后松"的调度原则。通过分析潮汐的规律、西江水文数据，研判各泵站取水概率，制定取水计划，并在实施过程中进行动态调整。充分利用水库的调咸能力，力争达到"抢淡"水量最大化，同时，保证整个咸期期间的供水安全。

c. 补水期调度（搭接于后汛期～咸期前期）。根据对未来咸情的预判、咸期调度计划、结合主城区水库的蓄水情况，有效拦蓄后汛期降雨产生的径流量，同时，合理增加原水泵站产量，分步对水库进行回蓄。补库的水位目标：汛期结束时，将水位提到接近汛限水位的位置；在 10 月底，将水库补到正常水位。但随着咸潮发展的日趋严峻，近年来，采用汛限水位动态控制的方式，在后汛期期间适当蓄高水库的运行水位（越过汛限水位），同时加强管理，在遭遇强暴雨前，通过计算分析，提前消耗部分库容，保证水库的调洪库容有一定的冗余。

2）水库调度。由于珠海境内的各取水口均在感潮河段上，为保障枯水期期间的供水安全，有多座中、小型水库参与系统运行，在实际运行调度中，需根据不同时段，结合各种因素条件，优化调度，保障系统运行安全。经过多年的探索，总结出了水库运行的调度规则。

a. 调度原则。通过对整个供水系统（原水、净化水）的科学调度，在确保珠澳两地的供水安全的前提下，最大限度地降低系统能耗。

b. 调度依据。以上游骨干水库（天一、龙滩、百色）的蓄水情况、西江上游的降雨及径流情况、本地在汛期和非汛期不同时段的降雨量、各月水厂和澳门的原水需求、各取水点的水文监测数据；汛限水位动态控制的时间段等为调度依据。

c. 调度目标。非汛期期间，淡水满足需求；汛期期间，水库不发生弃水；同时减少正常情况下的北水南调，并加大水库水体的置换力度，减少水库藻类爆发的概率；节能增效。

d. 调度方式。采用月（旬）预测，日跟踪，及时调整，对系统实施适时的科学调度。

3）取水口调度。枯水期期间，竹银库群和南北库群均蓄至正常水位的情况下，单独供应香洲主城区和澳门只能支撑 60d，因此，在枯水期，还必须利用磨刀门河道的潮汐规律，在农历每月的朔和望的前半段时间内（大潮时段），进行科学抢淡，在此时间段内，潮差大，涨潮时潮位高，可将淡水顶托在上游；退潮时潮位低，利于将咸水下拉；在此过程中，各取水口出现不等的抢淡概率。各取水口的抢淡概率与上游的来水有关（主要以西江梧州断面为主，北江石角断面为参考），同时，还要分析磨刀门河口的风力、风向（秋冬季节以东北风为主，东北风的强度对潮位整体上、下移动及洪湾水道咸水的上溯势能，产生推波助澜的作用，影响各取水口的取水概率）。因此，在咸期调度工作中，需掌握上游水情、水文、控制断面的流量和磨刀门水道的潮汐、水文、风力、风向等，综合分析、预测各取水口在每旬（农历时间）的抢淡概率，优化系统调度，确保抢淡最大化。

3.2.3 中珠联围水资源调度现状

3.2.3.1 水资源问题

中珠联围东部珠海地区主要依靠大镜山、凤凰山等蓄淡调咸水库，平岗、广昌等抽水主力泵站，香洲等地主要水厂及配水管网组成的供水系统满足市区的供水。中珠联围西部地区农田灌溉、生活、工业用水水源都来自西灌渠，中珠联围的主要供水安全问题如下。

1. 枯季受咸潮影响严重

枯水期中珠联围受咸潮影响严重，围内工农业生产和生活用水受到咸潮威胁。

咸潮最严重的 2011 年冬至 2012 年春，咸潮影响天数达 180d，马角水闸避咸关闸时间为 73d，马角水闸闸外最大氯化物含量为 6670mg/L，坦洲水厂出厂水氯化物含量最大值高达 835mg/L，而一般生活饮用水的含氯度标准不应高于 250mg/L，出厂水含氯度超标 35d 之久。

2. 水源水质污染严重

随着中山、珠海社会经济的发展，入河排污量加大，西灌河水源污染加重。西灌河的水质监测结果显示，水质在枯、平水期已超过 III 类标准，超标项目主要为石油类、NH_3-N 和粪大肠杆菌群。西灌渠西与磨刀门水道相连，东与茅湾涌相连，沿途与大沽涌、二沽涌、三沽涌、南沙涌、申堂涌等河涌相连，虽在永一桥建立了节制闸，并在大沽涌上支及三沽涌上支交叉处采用虹吸措施，但仍无法保证水源水质。尤其近年来，西灌河污染日益严重，一般在马角水闸关闭 3～4d 后，河涌水体置换能力降低，水源水质就变差、超标甚至恶化。河涌未实施截污措施，部分地区未实现雨污分流，点源污染治理滞后，农业面源污染等问题突出，造成枯季水质污染问题严峻。

3. 咸潮期内河涌水动力不足，水体水质难以保证

咸潮期内河涌蓄水期间，只能依靠合理的调度使内河涌的水活起来。由于咸潮期闸外水位高，水闸关闭避咸，闸内河涌水动力进一步降低，水量交换较少，河涌水体自净能力下降，污染物在河涌里滞留回荡，难以排出。受咸潮影响，外闸每轮关闸持续时间大约为 15d，河涌存水时间较长，水动力不足，进一步恶化了水质，河涌极易出现蓝藻水葫芦爆发等水环境问题。

3.2.3.2 调度系统

中珠联围充分利用 7 个外江水闸（大涌口水闸、灯笼水闸、联石湾水闸、马角水闸、石角咀水闸、广昌水闸、洪湾水闸）、14 个内河水闸和 41 条内河涌的水利工程设施，通过密切监测水情，科学分析数据，合理调控水闸，引入优质水源，不断循环改善内河水环境。

1. 河涌水系

涉及的河涌为前山水道（长 21km），还包括茅湾涌、西灌河、坦洲涌、东灌河、三沽涌、申塘涌、南沙涌、蛛洲涌、二沽涌、猪母涌、六村涌、公洲涌、大沽涌、七村涌、十四村涌、大涌、沙心涌、安阜涌、鹅咀涌、隆盛滘、江洲涌、灯笼横涌、联石湾、灯笼涌、上界涌、涌头涌、三合涌、下界涌、十围涌、十四村新开河、东桷涌、同胜涌、广德涌、洪湾涌和永合滘仔涌。此外，还有孖仔涌、糖厂涌、野仔涌、大尖尾涌和三角围仔涌等 5 条长度小于 0.5km 的短小河涌。

2. 工程分布

（1）堤防。2005 年中山市内河整治工作领导小组以中内河〔2005〕1 号文件发放了《关于执行各联围内河最高运行水位及内河堤加高标准的通知》，根据《各联围内河最高运行水位及内河堤加高标准》，中珠联围的最高运行水位为 1.0m，超高 0.4～0.6m，取 0.5m，故中珠联围内河堤防高程按 1.50m 控制。

中珠联围宽度超过15m的河涌大小总共有41多条，河涌总长为122.8km。经过近些年的堤防建设，现在河涌两岸基本都建有堤防，堤防形式有堤路结合式的天然土堤、用水泥砌衬的砖墙、干砌石挡墙。

（2）水闸。中珠联围内共有大小水闸21座，运行情况基本良好。具体情况见现有水闸基本情况统计表3.2-7。

表3.2-7　　　　　　　中珠联围水闸基本情况一览表

序号	名　称	工程结构	所在河系（涌）	所在位置	闸门特性				功能
					结构	孔数	排列	净宽/m	
1	马角水闸	混凝土	西灌河	磨刀门水道左岸	钢闸门	4	4×9	36	挡潮排涝引水
2	联石湾水闸	混凝土	联石湾涌	磨刀门水道左岸	钢闸门	6	6×12	72	
3	灯笼水闸	混凝土	灯笼涌	磨刀门水道左岸	钢闸门	2	2×10	20	
4	大涌口水闸	混凝土	大涌	磨刀门水道左岸	钢闸门	12	12×14.2	170.4	
5	石角咀1号水闸	浆砌石	前山水道	前山水道出海口	混凝土平板门	39	38×3	121	挡潮排涝
6	石角咀2号水闸	混凝土	前山水道	前山水道出海口	框格式混凝土门	8	8×5	40	
7	大沽水闸	混凝土	大沽涌	西灌河东岸	框格式钢板门	2	2×7	14	挡水排洪引水
8	二沽水闸	混凝土	二沽涌	西灌河东岸	框格式混凝土门	1	1×5	5	
9	三沽水闸	混凝土	三沽涌	西灌河东岸	钢闸门	2	2×7	14	
10	南沙水闸	混凝土	南沙涌	西灌河东岸	框格式混凝土门	1	1×5	5	
11	申堂水闸	混凝土	申堂涌	西灌河东岸	框格式钢板门	1	1×7	7	
12	联石湾涌尾水闸	混凝土	联石湾涌	西灌河东岸	框格式钢板门	1	1×4	4	
13	永一节制闸	混凝土	西灌河	龙塘村	钢闸门	3	3×6	18	挡水
14	龙塘水闸	混凝土	茅湾涌	永一村	混凝土弧形门	9	9×7	63	挡水排洪
15	六村涌尾水闸	混凝土	六村涌	东干渠西岸	钢闸门	2	2×2.5	5	
16	咸围水闸	混凝土	七村涌	东干渠西岸	混凝土平板门	2	2×4	8	
17	贾涌水闸	混凝土	贾涌	贾涌	框格式混凝土门	1	1×5	5	
18	同胜涌节制闸	混凝土	涌头涌	涌头涌东北端	框格式钢板门	3	3×6	18	
19	公洲水闸	浆砌石	公洲涌	公洲涌东端	平板式混凝土门	2	2×3.5	7	引水
20	广昌水闸	混凝土	广昌涌	广昌涌端	平板式混凝土门	3	3×8	24	挡潮排涝
21	洪湾水闸	混凝土	洪湾涌	马骝洲水道	平板式混凝土	5	5×10	50	挡潮排涝

其中建在中珠联围干堤上水闸7座，自西向东分别是马角水闸、联石湾水闸、灯笼水闸、大涌口水闸、广昌水闸、洪湾水闸和石角咀水闸，其中马角水闸、联石湾水闸、

灯笼水闸、大涌口水闸、石角咀水闸属于中山市坦洲水利所管理，广昌水闸、洪湾水闸属于珠海市水务局管理。这7个水闸均具有挡潮、排涝的功能。此外，马角水闸具有引水功能，需从磨刀门水道引水，一方面是引水作为饮用水源，另一方面是在较高潮位时引水入西灌渠，同时开启西灌渠东岸的联石湾涌尾水闸、大沾水闸、二沾水闸、南沙水闸、三沾水闸和申堂水闸，引水到联石湾涌、大沾涌、二沾涌、南沙涌、三沾涌和申堂涌，待落潮时经联石湾水闸、灯笼水闸和大涌口水闸排出；联石湾水闸、灯笼水闸和大涌口水闸还具有纳潮灌溉和维持内涌景观水体、引水改善河涌水环境的功能；石角咀水闸位于珠海前山水道出海口，因外海水质污染严重，故石角咀水闸没有引水功能。大涌口水闸已于2006年完成重建，马角水闸和灯笼水闸均于2010年重建，联石湾水闸于2011年重建。

此外，中珠联围另14座都是内河涌节制闸。其中，联石湾涌尾水闸、大沾水闸、二沾水闸、南沙水闸、三沾水闸和申堂水闸6座是建在西灌河东岸，永一水闸是建在西灌河上，这些水闸首先具有挡水的功能，使西灌河与周边河涌隔绝，以保护饮用水源，因为西灌河是饮用水源地；其次除永一水闸外的6座水闸均具有排洪功能，此外，还从西灌河引水改善相应河涌的水环境。其余9座水闸均具有挡水和排洪的功能，只不过龙塘水闸和公洲水闸的挡水功能是为了不让来自三乡方向的污水流入大涌和坦洲涌；六村涌尾水闸和咸围水闸的挡水功能是为了阻止珠海的污水进入坦洲涌；同胜涌闸的挡水功能同样是为了阻止珠海的污水进入坦洲镇内；而安阜涌南水闸的挡水功能是防前山水道的洪水倒灌入安阜涌；安阜涌北闸的挡水功能是隔断安阜涌与排污暗渠。

（3）泵站。中珠联围境内直到2013年共有排涝泵站43宗（装机容量小于30kW的小泵站未计入），总装机容量2990kW，排涝流量约59.06m³/s。

除最大功率的安阜涌排涝泵站外，其余均是各生产组根据各自的实际需要建设的（需上报坦洲镇水利所报批备案），其泵站的规模均比较小，最大排涝流量不过1.19m³/s，最大装机容量不过80kW。安阜泵站设计排涝标准为10年一遇暴雨24h排干，流量规模为30m³/s，设计总装机容量1050kW，排涝面积4.75km²。

（4）水库。中珠联围调度涉及的水库为铁炉山水库。铁炉山水库位于坦洲镇西北面铁炉山与虎地山之间的大沾涌坑上游，距坦洲镇中心约10km，是一座集防洪、灌溉和供水的综合性水库。该水库集雨面积为3.1km²，总库容156万m³，兴利库容101万m³，保证率50%、75%、90%、95%，现状可供水量分别为121万m³、111万m³、101万m³、91万m³，可稍缓解坦洲镇咸潮期的供水危机。

3. 非工程布局

中珠联围7宗大、中型水闸设有水位自动监测平台，坦洲自来水厂设有在线监控系统，为调度提供了较好的数据支撑。

咸潮期间为保证中珠联围正常用水，坦洲镇政府与珠海市水务部门达成了通过联合调度自所辖中珠联围外江水闸进行抢淡，并利用内河涌作为平原水库进行蓄水抗咸的共识，初步建立起确保两地人民群众咸潮期间用水充足、安全的抗咸抢淡长效合作机制。此外，中山和珠海水利部门通过多种途径向社会发布咸潮信息，汛后继续加强24h值班制度，加强监测，随时掌握咸潮情况，统一调度各水闸的开关，掌握时机引入、备足淡水资源，切实做好水库的蓄水及咸潮期间的科学调水工作。

广昌水闸和洪湾水闸由珠海市水务局的下属单位防洪设施管理中心管理，枯水期抢淡蓄淡时需听从坦洲水利所安排调度；其余水闸均由坦洲水利所下辖的大涌口水闸管理站管理，调度时坦洲水利所根据需要下达控制水位给大涌口水闸管理站，大涌口水闸管理站根据需要调度大涌口、联石湾、灯笼、石角咀水闸；坦洲自来水厂调度马角水闸和西灌河沿河的节制闸。

3.2.3.3 调度规则

中珠联围水资源调度的目标是保障围内生产和生活用水，特别是枯季咸潮影响期的用水需求。调度条件主要关注外江上游来水和河口咸潮，同时关注围内河涌水质状况，实施调度。调度分为日常水体置换调度、抢淡蓄淡调度，现状调度总体原则是位于中山的马角水闸、联石湾水闸、灯笼水闸、大涌口水闸进水（大涌口在暴雨期间承担排水功能），位于珠海的广昌水闸、洪湾水闸、石角咀水闸排水。

1. 日常水体置换调度

总体规则：平水期、汛期时中珠联围中西部主要从马角水闸引水入西灌河，作为饮用水源，同时潮位较高时，开启西灌渠东岸的联石湾涌水闸、大沽水闸、二沽水闸、南沙水闸、三沽水闸和申堂涌水闸，引水冲洗河涌，改善河涌水环境。马角水闸、联石湾水闸、灯笼水闸、大涌口水闸引水，西灌河节制闸（永一水闸）打开，龙塘闸关闭，污水排至东灌河，打开咸围节制闸、同胜节制闸和同胜涌头节制闸冲污，经十四新开河涌，从翠微涌出水，最后排至前山水道。非暴雨时段，连接外江水闸每天开闸，进行冲污。

（1）马角水闸。现状主要是保障坦洲镇自来水厂取水安全。外江水位高于西灌河水位时开闸引水，西灌河水位控制在珠基高程（下同）0.70m左右，达到控制水位时随即关闸。根据外江潮位情况，若取水量较多，可通过永一水闸和西灌河南岸的6座节制闸放水，改善内河涌水环境。外江水位低于西灌河水位时关闸蓄水。

（2）联石湾水闸和灯笼水闸。现状调度主要依附于大涌口水闸调度。

（3）大涌口水闸。外江水位高于内河水位时，若内河涌补水水深超过0.3m，开启联石湾、灯笼、大涌口3个水闸引水；若内河涌补水水深小于0.3m，仅开启大涌口水闸引水。涨潮期的引水控制水位大涌口闸内水位控制在+0.3m，围内坦洲、龙塘和安阜站水位控制在+0.2m左右。当大涌口闸内水位达到控制水位，而坦洲、龙塘和安阜站水位还小于控制水位时，联石湾、灯笼水闸关闸，调整大涌口开启闸门开度，减小进水流量，使得坦洲、龙塘和安阜站水位接近控制水位时（+0.2m）关闭进水闸，完成进水过程。大涌口水闸在落潮期间，当外江水位低于内江水位时，开闸排水，以充分实现内河水体置换。

（4）广昌水闸和洪湾水闸。现状由珠海市水务局负责调度，内河涌控制水位为±0m，落潮期外江水位低于内河水位时开闸放水，外江水位高于内河水位时关闸挡潮。每天基本开关1~2次。

（5）石角咀水闸。现状由坦洲镇水利所负责调度，内河涌控制水位为±0m，落潮期外江水位低于内河水位时开闸排水，外江水位高于内河水位时关闸挡潮。每天基本开关

1～2次。

2. 咸潮期抢淡蓄淡调度

枯水期时，由于受咸潮影响严重，中珠联围中西部主要利用7个外江水闸、内河涌水闸、水利工程设施以及铁炉山水库，通过监测水闸水情、咸情变化，当磨刀门水道水质满足要求时，抓住潮汐咸淡变化的间隙时机，打开各河涌水闸，把淡水引入内河涌，蓄满淡水之后关闭水闸，实现调水抢淡，短时间完成排咸、冲污和储水等工作。将较为优质的水源储存在内河涌，保障中珠联围咸潮期的供水水源。铁炉山小（1）型水库作为备用水源，咸潮期可调铁炉山水补充西灌河，缓解咸潮对坦洲镇供水的影响。

抢淡蓄淡调度包括应急和常态下的调度，常态抢淡蓄淡调度主要是马角水闸的调度；应急情况下需充分动用中珠联围除西灌河以外的其他河涌的涌容进行蓄淡，因此为七闸联调的抢淡蓄淡调度。

（1）马角水闸。应急和常态下主要是保障坦洲镇自来水厂取水安全。外江水位高于西灌河河水位且咸度满足要求时开闸引水，西灌河内水位控制不超过0.7m，超过控制水位时永一水闸关闭，通过西灌河南岸的6座节制闸放水，利用内河涌蓄水。外江水位低于西灌河河水位时关闸蓄水。

（2）联石湾水闸。抢淡蓄淡期间，外江水位高于西灌河河水位且咸度满足要求时开闸引水，联石湾水闸主要是保障大涌口水闸咸度超标时围内内河涌和裕洲泵站的取淡要求。

（3）灯笼水闸。现状灯笼水闸的调度主要依附于大涌口水闸调度。

（4）大涌口水闸。外江水位高于内河水位且咸度满足要求时，开启联石湾、灯笼、大涌口3个水闸引水。涨潮期的引水控制水位大涌口闸内水位控制在＋0.3m，围内坦洲、龙塘和安阜站水位控制在＋0.25m左右。当大涌口闸内水位达到控制水位，而坦洲、龙塘和安阜站水位还小于控制水位时，联石湾、灯笼水闸关闸，调整大涌口开启闸门开度，减小进水流量，使得坦洲、龙塘和安阜站水位接近控制水位时（＋0.25m）关闭进水闸，完成进水过程，平水时水位约为＋0.23m。

（5）广昌水闸和洪湾水闸。现状咸潮期由坦洲镇水利所统一调度，内河涌控制水位为±0m，落潮期外江水位低于内河水位时开闸放水，外江水位高于内河水位时关闸挡潮。

（6）石角咀水闸。现状由坦洲镇水利所负责调度，闸内控制水位为±0m，落潮期外江水位低于内河水位时开闸放水，外江水位高于内河水位时关闸挡潮。

3.2.3.4 调度实践及效果

中珠联围几乎每年枯季咸潮期均实施水量调度，根据收集的资料从2005年冬至2006年春到现在2014年冬至2015年春，已经实施了10年的水量调度措施，调度之后有效改善了中珠联围的用水水质。资料显示，马角水闸外最大氯化物含量为3798～6700mg/L，坦洲自来水有限公司的出厂水质氯化物含量最大值为148～1351mg/L。

近几年的调度情况如下。

1. 2012—2013年度咸期调度情况

2012年9月20日，坦洲镇大涌口水闸出现当年汛期以来首次咸潮，较水闸设立观测站以来最早出现咸潮时间晚约一个半月（历史最早出现咸潮时间为2011年8月5日），为历史第二早。按照"先生活、后生产，先节水、后调水，先地表、后地下，先重点、后一般"的原则，进行科学调度利用水资源。

马角水闸、联石湾水闸、大涌口大闸、灯笼水闸加强对自动遥测数据的观察，密切注视咸情变化，随时掌握咸潮情况，统一调度全围水（船）闸的开关，掌握时机进行抢淡蓄炎，各水（船）闸根据指令，具体负责实施。

西灌河作为坦洲镇自来水公司唯一供水水源，充分利用马角水闸咸度较低的有利条件，尽可能蓄高内河水位，并对沿河节制闸实施临时止水措施，必要时利用铁炉山水库放水来补充西灌河水位，尤其是重点确保春节期间的供水安全。

咸情严峻时，通过对沿河水闸合理操作，把淡水引入内河涌，为使内河涌保持一定水位，把各水闸的闸门门槽用塑料布和沙包袋止水防止咸水的渗入。

当内河涌咸度过高时，适当考虑提升开闸咸度（原则上当内河水咸度高于外江水咸度时，开闸进水）来缓和内涌水质。

外江咸度高时，尽量不开闸，泵站尽量不向外排水，有降雨时尽量储水。供水部门充分利用现有供水设备设施，挖潜供水能力，保证蓄水、供水，同时水厂加强值班，抓住时机进行抢淡，必要时在确保饮水安全的情况下，将对供水咸度的标准适当提高。

提倡节约用水。同时加强宣传节约用水，合理抑制用水大户用水，保障群众生活用水。

2. 2013—2014 年度咸期调度情况

2013 年 10 月 6 日至 2014 年 3 月 22 日期间，中珠联围连续遭受到多轮咸潮侵蚀，各水闸密切监测水情、咸情变化，抓住潮汐咸淡变化的间隙时机进行调水抢淡，累计抢淡达 43195.1 万 m^3。其中，马角水闸经过 389h19min 的抢水时间，共抢淡水 6531.6 万 m^3；联石湾水闸经过 308h05min 的抢水时间，共抢淡水 13575.2 万 m^3；灯笼水闸经过 234h45min 的抢水时间，共抢淡水 11308.6 万 m^3；大涌口水闸经过 186h45min 的抢水时间，共抢淡水 11779.7 万 m^3。所有轮次的抢淡，进水咸度均维持在 100～250mg/L，抢水后内河咸度均维持在 200mg/L 左右。在 2014 年 1 月，曾两次下泄使用铁炉山水库备用水源 35 万 m^3。

3. 2014—2015 年度咸期调度情况

2014 年 10 月 15 日至 2015 年 5 月 2 日期间，中珠连围连续遭受到多轮咸潮侵蚀，各水闸密切监测水情、咸情变化，抓住潮汐咸淡变化的间隙时机进行调水抢淡，累计抢淡达 36355.2 万 m^3。其中，马角水闸经过 370h13min 的抢水时间，共抢淡水 6092.16 万 m^3；联石湾水闸经过 310h2min 的抢水时间，共抢淡水 10200.24 万 m^3；灯笼水闸经过 246h57min 的抢水时间，共抢淡水 10108.8 万 m^3；大涌口水闸经过 175h26min 的抢水时间，共抢淡水 9954 万 m^3。所有轮次的抢淡，进水咸度均维持在 80～245mg/L，抢水后内河咸度均维持在 150mg/L 左右。

3.3 珠江三角洲水资源调度存在问题和对策

3.3.1 现状调度存在问题

根据珠江三角洲的水资源调度现状，总结目前调度存在以下问题。

1. 污染负荷大，咸潮影响严重，导致水资源调度压力大

珠江三角洲本地多为城市内河涌，一方面由于社会经济的发展，入河排污量加大，内河涌污染严重，如中顺大围的岐江河经过中山市主城区，承担着排涝排污和景观用水的功能，其水质污染严重影响居民的生活环境；另一方面珠江三角洲地处珠江下游，供水安全受咸潮影响，其中受咸潮影响严重的有珠海、中山，珠江三角洲城市发达，生活、工业用水保证要求高，使得水资源供需矛盾突出。由于珠江三角洲受污染和咸潮双重胁迫，且缺乏大型调节水库，增加了水资源调度的压力。

2. 河涌取排水布局不合理，堤防标准不统一，水资源调度条件有待完善

珠江三角洲属于感潮水网区，受外江潮汐动力作用，联围内河涌多数为周期性非恒定往复流，而同一条河涌或具有水力联系的两条河涌既设置有取水口又设置有排水口，现状取排水口布局不合理，取排水管理不顺，加重内河涌污染物回荡现象，使得水资源调度缺乏顺畅的取水廊道和排水通道。目前各联围排涝标准均偏低，使得整个片区防洪排涝条件不统一，实际排涝标准较低，使得内河涌调节涌容有限。

3. 功能需求多样，缺乏统一管理机制，导致水资源调度协调难度大

目前珠江三角洲河涌有排涝、纳污、供水等多种功能，水资源调度要统筹协调多种功能目标，以改善水环境为主要目标的水资源调度要以排涝和供水为约束条件，以保障供水为主要目标的水资源调度要以水质改善为前提条件。此外，珠江三角洲主干河涌大多为跨行政区河流或边界河流，各行政区的水资源管理各自为政，缺乏流域层面和上一级行政层面的统一管理机制，导致河涌上下游、左右岸竞争性用水问题突出。

4. 工程系统复杂，影响因素众多，导致水资源调度技术难度大

珠江三角洲水资源调度系统涉及的水闸、泵站众多，同时涉及诸多河涌和水库，工程庞大，系统复杂，对水资源调度技术提出了更高的要求。中顺大围内河涌共有223条，水闸77座，排涝泵站228座；中珠联围内河涌共有41条，水闸21座，排涝泵站43座；珠澳供水系统分为西水东调系统、南系统、北系统3个子系统，共涉及15座水库和11座取水泵站。珠江三角洲围内水动力和水环境既受围内降雨径流和污染物排放影响，又受外江径流和潮汐动力强烈作用，水资源调度要综合考虑外江的径流、潮位、咸潮，以及围内的降雨和排污等因素；为符合上述边界条件，水资源调度模型要包括水动力模型、水质模型和闸泵控制模型，模型目标多重，约束条件复杂，参数众多，资料要求高，求解计算复杂。

5. 现有以经验调度为主，缺乏优化调度，水资源调度效果不乐观

珠江三角洲水资源调度多为经验调度，应急调度和日常调度均没有形成一整套科学的调度规程、调度计划和调度方案，以经验作为调度的依据，缺乏一定的理论性和定量指导性。尽管目前水资源监控系统能力在加强，但是对水资源的动态变化与系统目标未建立合理的响应关系，部分区域边界和区域的水量、水质监测没有跟上，调度的主观性、随意性较多，对策措施和完整的调度方案少。除珠江枯季水量统一调度、东江水量调度、珠澳供水系统和深圳供水系统有相对较完善的调度计划、调度机制外，其他地区调度随意性较大，受影响因素多，未形成定量的调度计划。

3.3.2 珠江三角洲水资源调度对策

1. 开展水资源调度关键技术研究

（1）改善水环境的典型水网区闸泵优化调度技术。针对珠江三角洲受排污影响水网区的水动力和水环境特征，耦合水动力模型、水质模型、围内产汇流产污模型、闸泵控制模型，研究构建基于闸泵群联调的感潮河网区水环境调度模型；针对各行政区分散分区管理的调度现状，研究改善水环境的典型水网区闸泵优化调度技术，通过联围整体调度和局部重点改善相结合的调度手段，实现水资源在水网区的循环、净化，改善水网区水环境。

（2）抢淡蓄淡应急供水的水闸优化调度技术。针对珠江三角洲受咸潮影响水网区的外江径流和咸潮特征，耦合水动力模型、咸度模型、水闸控制模型，研究构建基于群闸联调的感潮河网区抢淡蓄淡应急供水调度模型；针对抢淡蓄淡应急调度实施过程中，内河涌水体置换周期过长、抢淡时机难以把握、抢淡蓄淡效率较低等诸多问题，研究抢淡蓄淡应急供水的水闸优化调度技术，通过水闸抢淡、河涌蓄淡、水库调咸、泵站供淡等调度技术，充分发挥联围内河涌的有效涌容，实现枯水期内河涌淡水的有效蓄积，满足应急供水需求。

2. 建立健全水资源统一调度管理机制

关于水资源统一调度，在珠江流域、东江流域有较好的成效，建议珠江三角洲地区特别是联围地区，主要从以下方面加强水资源统一调度管理机制。

（1）健全流域与区域相协调的水资源调度管理机制。继续完善流域管理与行政区域管理相结合的水资源管理体制，进一步推进城乡水务一体化，实现对水资源全方位、全领域、全过程统一管理。区域服从流域水资源统一调度，各市水行政主管部门对各类水资源实行统一规划、调度和配置，保障区域供水安全和提高防汛抗旱能力，保护水资源调度区域的水生态环境，提高各类水资源统一调度的科学性。形成有利于水资源统一规划、统一管理和统一调度的水资源管理体制。强化城乡水资源统一管理，对城乡供水、水环境治理和防洪排涝等实行统筹规划、协调实施，促进水资源优化配置。

（2）完善水资源调度各类目标协调统一机制。珠江三角洲水资源调度涉及防洪排涝安全、水源地保护、市政泵站排水、船舶停泊与通航等事宜，进一步制度化、规范化水资源调度管理单位与防汛、供水、排水、航运、渔政等相关涉水部门间的协调联动机制；进一步健全完善相互交叉的各区域之间联动的协调机制、改善水质调度与防汛安全调度的转换机制、应对突发水污染事故的应急调度机制。

（3）依法制定和完善水资源调度方案。加快水资源管理条例、水资源管理实施细则、水资源管理办法等法规规章和规范性文件的修订制定工作，依法制定和完善水资源调度方案、应急调度预案和调度计划，推进水资源开发、利用、节约、保护、管理的配套法规体系建设，建立最严格水资源管理制度的长效机制。

3. 加强水资源监测与预警

珠江三角洲水资源调度涉及的工程多，调度条件和调度系统复杂，建议加强水资源监测，集成水文状况、水质条件、水闸泵站调控等多个系统，收集分析相关水文测站长系列的水文数据和历年水质监测数据、潮位系列数据，建立潮位与取水河段来水量、咸度的响应关系，更好地指导调水时机；不断完善各城市水闸泵站自动监测系统、水文信息自动监测系统、水利基础数据库，逐步建立区域调度模型系统等；建立统一的集成平台，实现水文水质信息、泵闸监控信息的实时传输和共享，以及水资源调度的预警和预报，为水资源调度充分提供水文信息和科学决策支撑。

第 4 章

珠江三角洲水资源调度策略与技术框架

4.1 水资源调度研究现状及发展趋势

4.1.1 改善水环境调度

4.1.1.1 国外研究现状

自 20 世纪 70 年代起，由于水环境污染问题日益恶化，以保护环境为目标的水资源调度越来越受到重视，国外学者在水环境调度政策、水利工程对河道水环境的影响、水量水质调度模型、河道水环境调度实践方面开展了大量的研究。

1. 水环境调度政策

1978 年，美国田纳西河流域管理局（TVA）制定了"保护鱼类、野生生物和有关适应河川水流的其他财富"的方针，水资源调度需研究对水质和用水的影响；1995 年，日本河川审议会的《未来日本河川应有的环境状态》报告指出推进"保护生物的多样性和生育环境""确保水循环系统健全""重构河川和地域关系"的必要性。

2. 水利工程对河道水环境的影响

国际上，人们对于闸坝等水利工程影响的认识主要经历了两个阶段：2000 年以前，对于闸坝的研究侧重于对物质能量传输、河道结构和指示生物种群影响等方面；2000 年以后，许多专家、学者对如何通过调度管理使闸坝发挥更多的积极作用，避免其负面影响有了更深刻的认识。国外学者从闸坝对河流流量、河道结构、水环境容量、水生物种和生态系统多样性的影响等方面进行了分析研究，同时也研究了利用数值模拟技术分析闸坝对河流水环境的影响。

3. 水量水质调度模型

Loflis 等（1989）针对湖泊采用水量、水质数学模型和优化模型方法研究了综合考虑水量、水质目标的湖泊调度方式；Mehrez 等（1992）发展了一种考虑水量和水质的非线性规划模型，研究多水质、多水源的区域水资源供给系统实时调度问题；Campbell 等（2002）构建了三角洲地区地下水和地表水的分配模拟模型和优化模型，以海水入侵和农业面源污染排放盐分浓度为控制目标，研究了具有多种水质的不同水源的优化调度以及水质变化规律，探讨了高水质储水水库的稀释混合对源水水质的净化作用规律。

4. 河道水环境调度实践

日本最早利用闸泵调度改善河道水质，1964 年东京奥运会期间，隅田川利用水闸从上游的利根川和荒川引入 $16.6 m^3/s$ 的清洁水来改善水质，通过闸坝调度使得水体流动起来，流水不腐，以提高水体自净能力，改善水质；随后美国、俄罗斯、欧洲等国家和地区陆续开展水利工程引清调水的实践，并取得良好成效，有的国家还立法保证河道生态需水以确保河道水质达标。

4.1.1.2 国内研究现状

我国 20 世纪 80 年代后在中国环境水利研究会的推动下，水环境调度的研究与实践不断付诸实施，取得了很大成就。

1. 水环境数值模拟

水体污染物的运动模拟最初都是理论研究成果或以原型观测为基础的试验研究成果，随着计算机技术的进步，环境水力学数值模拟有了充分发展。闵涛应用一维非恒定水质模型对水体排污口污染物初始排放浓度进行了规划；吴修广应用非正交曲线网格下的水深平均双方程模型，开展了实验室环境中的连续弯道水流以及污染物扩散的模拟，计算结果显示所得流场和污染物浓度与实测值吻合良好；李嘉运用贴体坐标下的三维模型，开展了三峡水库坝前 50km 河段的水动力场和污染物浓度场的三维模拟和模型验证；李志勤选择污染物运动三维数学模型和数值求解方法，用 Fortran 编制了污染物运动模拟程序，并用理论解验证了选择的污染物运动模型、数值求解方法及编制程序的可靠性。

2. 闸坝工程对河道水环境的影响

我国的一些河流水利工程众多，水利工程对河流水环境和生态的影响越来越大，国内学者开展了一系列相关研究工作。在模型研究方面，林巍（1995）在已有闸坝河道水质模型的基础上，考虑不同的影响因素，如蓄水量的变化、水质沿程变化，提出了新的闸坝河道水质模型；郑保强（2012）在研制水闸调度影响模型的基础上，对不同情景进行模拟计算，进而评估水闸调度对河流水质变化的影响；张永勇等（2007）利用较为成熟的水文模型，结合一定的水量水质模型，分析闸坝开启污水下泄对下游水质的影响。在闸坝调度影响方面，朱维斌等（1998）根据扬州古运河瓜洲闸的实际运行状况，对古运河的水质进行预测，较好地反映了闸坝的不同运行方式对污染物在河道中稀释、扩散和运动的影响。在试验研究方面，阮燕云等（2009）利用明渠水槽模拟河段，设置上游水闸，模拟分析不同的水流、不同的闸门开启条件下，闸门运行对水流情势和污染物迁移转化的影响；刘子辉等（2011）在沙颍河槐店闸进行了现场试验，研究了槐店闸不同调度方式下的水体和底泥污染物变化规律；陈豪、左其亭等（2014）探索了闸坝调度对污染河流水环境的作用机理，在槐店闸前期研究和试验的基础上，设计了不同闸坝调度方式对污染河流水环境影响的综合试验方案，并开展了现场试验，研究了槐店闸浅孔闸在现状调度、闸门不同开度和闸门全部关闭 3 种调度方式下的水体、悬浮物及底泥污染物变化规律。

3. 水环境调度技术与方法

2003 年的全国水资源综合规划工作中，水资源数量与质量联合评价方法已作为研究的重点之一；2005 年的第四届环境模拟与污染控制学术研讨会上，明确指出水质水量的联合配置和调度是水资源优化配置的研究方向。阮仁良（2003）以上海水资源引清调度为例，开展了平原河网地区水资源调度改善水质的机理和实践研究；徐祖信等（2003）应用闸门自动技术对明渠的水流控制问题进行了研究，并将其应用于苏州河的治理，提出了综合调水改善苏州河环境质量的方案；陈文龙、徐峰俊（2007）利用一、二维水（潮）流联解数学模型及二维水流动态演示方法，计算分析了水群闸联合调度方案实施后广州市桥河的水动力环境，评估调度方案对市桥河水环境改善的效果，为市桥河水系水环境规划提供科学依据；江涛、朱淑兰等（2011）在已建立的西北江三角洲潮汐河网水量水质数学模型基础上，以 COD 为水质模拟因子，模拟分析了枯水期沙口、石啃闸泵站联合调度引水情景下佛山水道的水质改善效果；黄伟等对潮汐地区引清调水方案进行研究，提出一种控制闸下冲刷的闸门调度方案，建立了引清调水水流水质模型，利用此模型评价了不同方案下浦东张家浜运河水质变化，分析得出优选调水方案；林宝新根据平原河网的水文水力特性及群闸工作特点，建立了河网群闸防洪体系的优化调度模型；顾正华针对河网水闸综合管理中的水闸智能群控关键问题，借助人工神经网络和河网非恒定流数学模型技术，构建了一种河网水闸智能调度辅助决策模型，并在上海市浦东新区河网上进行了应用；杜建等提出通过引水调控措施将内河涌由双向流变为单向流改善河涌水环境，建立水量水质联合调控模型，模拟引水调控实施效果。

　　4. 河湖水系水环境调度实践

　　近年来，我国在水环境调度方面进行了大量实践。淮河流域的沙颍河、涡河及淮河干流部分水闸，根据来水情况和水质状况，不断调整沙颍河、涡河下泄流量，避免了污染水量在闸前的聚集，减轻了汛期泄洪造成的水污染；20 世纪 80 年代末，上海市有关水利控制片利用已建水（泵）闸工程开展了引清调水试验工作，1994 年形成了《上海市主要水利片水位控制和水闸运行办法（试行）》，1998 年开始实施全市性引清调水工作，通过对各控制片群（泵）闸的科学调度，提高内河水体自净能力，实现内河水环境的改善；1996 年福州实施引水冲污方案，即通过引闽江水，加大内河径流量，提高流速，其综合效应的结果达到了消除黑臭，同时大大降低了闽江北港北岸边污染物浓度；温州市在温瑞塘河综合整治中提出了引水冲污的综合调水方案，通过水闸的综合调度，配以一定的工程措施，市区部分河段可以得到有效的冲刷置换，基本实现了水质改善的目的；张家港市水系属太湖流域，为改善水环境，于 2003 年 8 月开展了试验河网区的原型调水试验，试验方案利用长江潮差，在一次涨落潮期间、闸门启闭一次充分引潮情况下，由主要引清河道从长江引水，试验结果表明，平原河网水环境改善效果明显；2007 年 4 月底，太湖蓝藻大规模爆发，随即启动望虞湖常熟枢纽泵站、望亭水利枢纽水闸，实施引江济太应急调水，5 月中旬望虞河水质得到全面改善，6 月初实现了饮用水源地水质的全面改善与稳定；广州番禺利用龙湾水闸、雁洲水闸等水利工程，开展市桥河水群闸联合调度实践，将市桥河由往复回荡水流改变为单向循环水流，污水置换时间缩减为一个潮周期，无法置换的屏山河也可以改变为两个潮周期，加快河网水体交换，增强水环境容量和水体自净能力；1996 年 6月，中山开展了歧江河引水冲污试验，此后，中山每年都开展歧江河水质置换调度，利用磨刀门水道、横门水道和小榄水道涨落潮水位过程，联合调度西河水闸、东河水闸和铺锦水闸，形成内河涌有规则的可控流路，将内河涌污水进行置换，改善石岐河水环境；2015年 9 月，珠海开展了"一河两涌"水环境调度试验，利用磨刀门水道的潮汐动力，通过联合调度广昌水闸、洪湾水闸和石角咀水闸，改善前山水道、广昌涌和洪湾涌的水环境；2016 年 5 月，珠海和中山联合开展了中珠联围水环境调度试验，在 2015 年"一河两涌"水环境调度试验基础上，基于水闸现有调度规则，通过联合调度马角水闸、联石湾水闸、灯笼水闸、大涌口水闸、广昌水闸、洪湾水闸和石角咀水闸，在兼顾围内排涝和用水需求的基础上，改善中珠联围水环境，并初步建立了中珠联围联合调度协调机制，取得了较好效果。

4.1.1.3 现状研究不足

水闸泵站等水利工程的科学调度可以加快水体流动，增加污染河道的水量，提高水体自净能力，增加水体环境容量，是一项迅速改善河道水质的有效措施。纵观国内外的研究成果，水环境调度相关研究内容比较丰富，但在以下几个方面还有待加强。

（1）水利工程的建设和调度运行改变了天然河流水系的水文情势和水动力条件，进而改变了原有的水环境动力条件。现有的研究大都限于如何通过水利工程的调度途径来改善河流水环境，对水利工程调控条件下河流水系水动力水环境特征和变化规律、水利工程调度改善河流水环境的机理缺乏深入系统研究。

（2）河流湖泊有排涝、纳污、供水、灌溉等多种功能，平水期、汛期和枯水期都有改善水环境的需求，因此水环境调度要统筹协调多种功能目标，以改善水环境为主要目标，同时要以排涝、供水和灌溉为约束条件。现有的研究大多以水环境改善为单一目标，缺乏多目标的优化调度研究。

（3）河口三角洲水网区联围水系涉及众多具有水力联系的河道与水闸泵站群，由于受闸泵调度控制，联围水系具有相对独立性和完整性，同时又受外江径流和潮汐作用影响，是个复杂的水资源调度系统。现有的研究大多以单一河流和平原河流水系为研究范围，对河口三角洲水网区联围水系水环境调度缺乏系统研究。

（4）河流水系主干河道大多为跨行政区河流或边界河流，现有各行政区的水资源管理各自为政，缺乏流域层面和上一级行政层面的统一管理机制，导致河流上下游、左右岸竞争性用水问题突出。现有的研究大多局限于调度模型和调度方案研究，缺乏调度管理机制研究，调度方案的设置也较少从现实管理角度出发统筹区域与流域的调度需求。

4.1.2 供水调度

4.1.2.1 国外研究现状

国外从 20 世纪 40 年代开始水库优化调度研究，20 世纪 60 年代开始自来水供水系统优化调度研究。

1. 城市自来水供水系统调度

国外学者率先研究供水管网模型，在完善供水管网宏观水力模型的同时，又研究供水管网微观水力模型，并研究提出了管网优化调度模型和算法。在供水管网水力模型方面，美国人 J. R. Robert Demoyer 最早在 1975 年提出基于管网比例负荷的宏观模型"比例负荷模型"；Cohen（1982）采用分解协调法，将含 20 多个蓄水池的供水系统分解，分解后的子系统均用动态规划方法处理，对相邻子系统"割点"处的边界条件——流量和压力进行协调，最后得出收敛于整体最优的调度方案。Ormsbee 对 20 世纪 80—90 年代供水系统优化运行方法进行了详细论述，针对不同优化运行求解方法（动态规划法、线性规划法、非线性规划法、混合整型非线性规划法以及进化算法）的优缺点进行了分析比较；Savic 以运行维护和能量费用为目标，利用多目标遗传算法求解优化模型；Baran 采用遗传算法对供水管网系统水泵进行了优化运行计算。Ormsbee 和 Reddy（1995）提出了系统中多个泵站，每个泵站又有多个水泵的显式优化算法，为了减少决策变量数，将每一泵站水泵组合根据单位费用函数排序，将每一个泵站用一个决策变量代替。

2. 水利工程供水调度

1926 年，莫洛佐夫提出水电站水库调节的概念，其后逐步发展形成以水库调度图为指南的水库调度方法，这种方法一直沿用至今；20 世纪 40 年代，Masse 提出了水库优化调度问题；自 20 世纪 50 年代以来，随着系统工程的迅速发展与广泛应用，系统分析方法被引入到水库群优化调度研究中，并在水利工程优化调度中得到广泛应用。Nalbantis 等（1997）提出参数形式的调度规则，然后 Koutsoyiannis 等在此基础上提出了 Parameterization SO 模型以减少优化参数，用于水库群系统最优运行控制。

4.1.2.2 国内研究现状

国内专家学者则是从 20 世纪 70 年代起，逐渐开始将先进的计算机技术应用于供水系统的运行模拟、优化以及水质控制等领域的研究与探索，并且供水水力模型和供水系统优化调度方面取得了丰富的研究成果；我国水利工程供水调度研究相对起步较晚，但发展较快。

1. 城市自来水供水系统调度

刘遂庆、王训俭、张宏伟、张土乔、刘国华、张宏伟等人对管网宏观水力模型进行了研究，提出了分时段管网统计模型、大规模供水系统宏观仿真模型及半理论增广混合回归模型等；吕谋、张土乔等（2001）根据给水系统的网络特性，并结合我国实际情况，对优化调度控制方法进行了系统分析，建立了优化目标函数及约束方程，针对大规模供水系统的特点，提出了直接优化调度实用模型及算法，为满足工程应用要求，采取软化约束条件的措施，达到寻求可行满意解的目的，并改进开发了求解混合离散变量的供水系统直接优化调度软件，进而以我国实际城市为对象，进行了供水系统优化调度的现场实践，证明了其实用性；杨芳、张宏伟（2002）从限量供水、适度降压及寻求供水效益最佳的角度建立了节水状态下的城市供水管网优化调度模型，并选用混合离散变量组合型算法求解；郑大琼、王念慎等（2003）针对多水源的大型供水管网，运用两级递阶优化原理，建立了反映管网各种水力参数的数值仿真模型，该数值模型可对不同水源的供水量进行优化配置，并且对某一水源地泵站内水泵的运行进行优化调度，合理利用能源，以取得良好的经济效益和社会效益；通过计算对比，改变旧有管网的管路参数或增删管网内局部支路，为改、扩建旧有管网提供科学、合理的技术方案；信昆仑、刘遂庆（2006）采用伪并行遗传算法求解基于微观模型的多水源供水系统优化调度问题；张土乔等（2006）采用蚁群算法求解多目标直接优化调度模型，比较分析此方法在优化时间及得到最优解次数上均优于遗传算法；袁一星等（2010）采用分级寻优建立大规模城市给水管网系统优化运行决策模型；方海恩（2010）采用多种算法针对多水源、多水池供水管网系统以运行费用、漏失量、节点平均水龄为目标建立优化调度模型。

2. 水利工程供水调度

20 世纪 60 年代初我国开始了以水库优化调度为先导的水资源分配研究，但比较深入的研究是在 80 年代以后，主要研究成果集中在大型水库和跨流域调水工程的供水调度。沈佩君、邵东国等（1991）采用自优化与模拟技术实现南水北调东线多目标、多用途、串并混联的大型跨流域调水工程的水量优化调配问题；张建云等（1995）在确定调水工程调度图形式的基础上，采用模拟与优化技术相结合的方法，实现南水北调东线工程优化调度；王银堂等（2001）应用大系统递阶分析的原理和方法，采用模拟与优化相结合技术，求解出满足南水北调中线工程系统整体供水目标下供水区水库的优化调度图。近年来，我国江河湖库水系连通的探索性实践也在快速发展。2007年，东莞开始建设九大水库联网工程，以将东江常规供水与九大水库后备供水工程实现联网，开辟第二水源，该工程有助于解决长安、虎门、大朗等缺水严重镇区的水源问题，应对突发水污染事件，实现特殊干旱年应急供水；为保障澳门和珠海供水安全，珠海和澳门组织规划设计建设了珠澳供水工程系统，该系统以西江磨刀门水道为主要水源，以竹银水库、大镜山水库和竹仙洞水库等为主要调节水库，已形成了"江水为主、库水为辅，江水补库、库水调蓄"的供水系统格局。

3. 水资源统一调度

我国水资源调度工作的发展经历了两个阶段：从1949年中华人民共和国成立到20世纪90年代，水利建设主要以工程配置为主，水资源调度以水利工程的兴利调度和跨流域调水为主；2000年以来，水资源调度逐步重视河流自身的生态用水，统筹兼顾，综合协调，从应急调度发展到常规调度，从单纯的水量调度到水量与水质的统筹考虑，从单纯服务于生产生活到为兼顾改善生态环境调水。随着社会经济的发展，水资源供需矛盾越来越突出，上下游用水问题、用水户之间的用水问题等，越来越需要水资源统一调度。目前，我国以流域为单位的水资源统一管理和调度的格局已初步形成。自2005年以来，珠江水利委员会连续11次组织开展了珠江枯季水量统一调度，提出并发展了通过流域骨干水库抑制咸潮上溯的调度技术，对保障珠江三角洲地区供水安全具有重要意义；2006年，国务院以行政法规的形式颁发实施了我国第一个流域性的水量调度法规——《黄河水量调度条例》，黄河水量统一调度已步入了正常轨道，在调度原则、调度方法、调度技术等方面日趋成熟；2008年《陕西省渭河水量调度办法》经省政府第2次常务会议通过，意味着水资源统一调度已成为渭河水资源管理的常规手段。

4.1.2.3 现状研究不足

国内外在城市自来水供水系统和水利工程调度方面取得了丰硕的研究成果，但在以下几个方面还有待深化和加强。

（1）南方河口地区水资源量丰富，但由于水污染和咸潮问题，面临着水质性缺水问题。现有的供水调度研究大多针对北方水资源紧缺流域或区域，对南方河口地区的供水调度方法和技术缺乏深入、系统研究。

（2）城市原水系统涉及水源地、供水工程、自来水厂等，既要考虑水源地来水条件和水利工程运行规则，又要满足城市用水需求和自来水系统运行规则，是个复杂供水系统。现有的研究大多只针对城市自来水供水系统或水利工程系统，缺乏城市原水系统调度的系统研究。

（3）受咸潮影响的河口地区常采用"抢淡蓄淡"的方式，即充分利用水网区内河涌的有效涌容，通过水闸进行抢淡蓄淡，将外江淡水蓄积到内河涌，以保障枯水期局部地区的供水安全。现有关于避咸抑咸的调度研究主要集中在流域骨干水库调水和江河—水库联合调度两个方面，缺乏抢淡蓄淡水闸调度方法和技术研究。

4.2 珠江三角洲水资源调度策略分析

珠江三角洲河网区水系发达，河涌水动力受上游径流和口门潮汐双重作用，闸泵体系完善，这为水资源调度创造了有利的条件。根据珠江三角洲河网区的水资源问题，可以将珠江三角洲河网区分为受排污影响河网区和受咸潮影响河网区两类典型河网区，这两类典型河网区有不同的调度需求，应采取不同的调度策略。

4.2.1 受排污影响河网区的改善水环境调度

受排污影响河网区的主要水资源问题是入河污染物接近或超过河涌纳污能力，使得河涌水质超标。调度需求为通过水体置换增加河涌水体自净能力，满足水功能区水质目标。调度策略为在保证防洪排涝安全、满足正常供水灌溉和航运需求的前提下，充分利用外江潮汐动力和清水资源，通过水闸泵站等水利工程设施的调度，改变或控制水流流向和流量，使河网内主要河涌水体定向有序流动，加快水体循环，促使污染物有效降解、扩散和输移，改善河涌水质。

改善水环境调度分为丰水期、平水期、枯水期3个调度时期，这3个时期面临着不同的水文条件和任务需求，调度策略也有不同要求。丰水期降雨集中、降雨强度大，围内暴雨易涝、外江水位高、防洪压力大，各联围的主要任务是预防外江洪水和排泄围内暴雨涝水，与外江连通的水闸泵站主要功能是挡潮和排涝，必要时还要提前预排降低内河涌水位以承接围内暴雨。因此，丰水期不能通过外江引水来置换联围内河涌水体，而要充分利用联围内雨洪资源，在联围产汇流和产污计算的基础上，掌握污染物在联围内河涌的分布，合理确定闸泵调度组合、调度秩序和调度时机，从水质角度实施冲污调度，从水量角度实施排涝调度。平水期外江无洪水压力、围内排涝压力小，在满足正常供水灌溉和航运需求的前提下，可以通过水闸泵站调度，充分引外江清水置换围内河涌水体，改善河涌水质。枯水期咸潮上溯，外江含氯度较高，各联围保障供水和灌溉需求突出，根据咸潮活动规律确定取水时机，择机尽量引外江淡水置换围内河涌水体，改善河涌水质。

4.2.2 受咸潮影响河网区的保障供水安全调度

受咸潮影响河网区的主要水资源问题是枯水期外江含氯度超标，导致取水口无法正常取水。调度需求为根据外江水质条件，最大限度地抢取外江淡水，保障供水安全。调度策略为根据外江径流条件和咸潮活动规律，通过水闸、泵站和水库等水利工程设施进行抢淡蓄淡调度，从外江抽取淡水，将淡水蓄积到内河涌或水库，以保障枯水期供水安全。

保障供水安全调度分为河网区抢淡蓄淡调度和江库连通工程系统调度两类，由于这两类调度实施区域有不同的地形条件、水系条件、工程条件和水文条件，调度策略也有不同要求。河网区抢淡蓄淡调度实施区域地势平坦、开阔，河网密度高、河涌容积大，水库湖泊少、水闸泵站众多，围内河涌与外江水力联系密切，应充分利用内河涌的有效涌容，通过水闸进行抢淡蓄淡，将外江淡水蓄积到内河涌。根据河涌水质情况，河网区抢淡蓄淡调度可以分为水体置换和抢淡蓄淡两个调度阶段，水体置换阶段要根据咸潮活动规律多引外江淡水置换围内河涌水体，改善河涌水质，并尽量缩短内河涌水体置换周期；抢淡蓄淡阶段要准确把握抢淡时机，提高抢淡效率和蓄淡效率，合理优化水闸抢淡、河涌蓄淡、水库调咸和泵站供淡等调度过程，满足枯水期应急供水需求。江库连通工程系统调度实施区域平原夹杂着山丘，地势起伏较大，河网密度较小，河涌容积有限，湖库和泵站众多，外江与湖库连通，应充分利用湖库的调蓄作用，汛末通过泵站将外江淡水抽蓄到湖库中，枯水期再适时向湖库补水，形成江水补库、库水调咸的调度机制。由于江库连通工程系统结构复杂，蓄淡水库众多且长期蓄水，水库水力滞流常引发蓝藻水华问题，江库连通工程系统调度要考虑水库水质改善和调度成本控制的需求，根据外江咸情预测与水厂供水负荷变化过程进行综合优化决策，确定最佳的泵站取水、水库补水和水库出水的空间分布和时间过程。

4.2.3 水资源调度机理

4.2.3.1 水体改善机理

本研究拟在典型研究区中珠联围内通过闸泵联合运行调度来实现河涌生态补水，让上游水质良好的外江水源往下游流动，形成内河"换水"，提高河涌水的自净能力，缓解河涌水污染状况。在保证围内防洪安全和满足工农业正常取用水需求的前提下，通过水体置换，改善围内河涌整体水质，使骨干河涌水质达到水功能区水质目标。

稀释是改善受污染河流、湖泊水质的有效技术之一，对于水体水质的变化具有决定性的影响。通过引清调度，能快速稀释降低污染物质在水体中的相对浓度，从而减轻污染物质在河流中的危害程度。对于常规河道来说，污染物进入水体后会在水流携带下从上游输移到下游，并且输移过程中污染物会在一系列物理、化学以及生物作用下发生迁移扩散、吸附解吸及降解等转化过程。

1. 迁移与扩散

一般情况下，污染物在水体中主要呈溶解状态和胶体状态，而这种状态下的污染物会形成微小水团随着水流向下游迁移，同时不断地与周围水体相互混合，使污染物得到稀释，这一过程中主要包括迁移和扩散两种形式。

（1）迁移作用。河水迁移运动是指以时均流速为代表的水体质点的迁移运动，通常也称为对流运动。对于过水断面上的任一点来说，污染物经过该点并沿流向的输移通量为

$$F_x = uC \qquad (4.2-1)$$

式中：F_x 为过水断面上某点沿 x 方向的污染物输移通量，$mg/(m^2 \cdot s)$；u 为某点沿 x 方向的流速，m/s；C 为某点污染物的浓度，mg/m^3。

（2）扩散作用。扩散作用是由于污染物在空间上存在浓度梯度，使其不断趋于均化的物质迁移现象，主要包含分子扩散作用、紊动扩散作用和离散（弥散）作用。

1）分子扩散是指水中污染物由于分子的无规则运动，从高浓度区向低浓度区的运动过程。

2）紊动扩散是由紊流中涡旋的不规则运动而引起的污染物从高浓度区向低浓度区的迁移过程。

3）纵向离散（弥散）是由于断面非均匀流速作用而引起的污染物离散现象。

分子扩散过程服从菲克第一定律，即单位时间内通过单位面积的溶解物质的质量与溶解物质浓度在该面积法线方向的梯度成正比，紊动扩散过程和离散过程也可采用类似表达方式，即

$$M_x = -(E_{mx} + E_{tx} + E_{dx})\frac{\partial C}{\partial x} \tag{4.2-2}$$

式中：M_x 为 x 方向的扩散通量，$mg/(m^2 \cdot s)$；E_{mx}、E_{tx}、E_{dx} 分别为 x 方向的分子扩散系数、紊动扩散系数、纵向离散系数，m^2/s；C 为水体污染物浓度。

2. 吸附与解吸作用

水中呈溶解态或胶状态的污染物接触到悬浮于水中的泥沙等固相物质时，将会被吸附在固相物质的表面，并在一定水环境条件下与固相物质一起沉入水底，使水中的污染物浓度降低，水体得到净化。相反，当水环境条件（如流速、浓度、温度等）发生改变时，被吸附的污染物会重新溶于水中，使水中的污染物浓度升高。前者即为吸附作用，后者即为解吸作用。

3. 降解作用

降解作用是指水体中的有机物在微生物的生物化学作用下分解，并转化为其他物质，从而使水中污染物浓度降低的过程，该过程按一级反应动力学来计算，即

$$\frac{dC}{dt} = -k_1 C \tag{4.2-3}$$

式中：k_1 为有机污染物的降解速率系数，d^{-1}。

河道水体中污染物的迁移转化是物理、化学和生物学共同作用的综合过程，且各种过程有其自身的特点和规律。在各过程的相互用下，水体中污染物浓度整体向着降低的趋势发展，水环境状况得到一定改善甚至完全恢复。

4.2.3.2 抢淡蓄淡机理

感潮河网区联围内河涌与外江水道的水力—水环境联系过程都通过外江水闸泵站的调度来控制。从联围整体来看，闸泵调度的本质是改变无闸泵下外江天然径流潮汐动力边界为人为调控的联围水动力、水环境的输入输出边界，从而影响联围内河涌水流、咸度的运动过程，进而达到抢淡蓄淡调控目标。

1. 水闸抢淡

在水闸抢淡的调度过程中，外江闸泵作为一个可调的开关，控制了外江和联围内河涌两个相互联系而又相对独立的水动力水环境系统，这两个系统之间的作用和反馈对双方的相对影响程度不尽相同。外江径潮变化对联围内河涌的驱动作用明显，能很大程度改变河涌各断面处水位、流速等水动力要素，也同时改变内河涌各点咸度的迁移，基本决定了联围内河涌水动力、咸度的时空分布特征和变化趋势。闸泵群调控正是利用这种具有显著效应的驱动—响应特征。

在感潮河网区，外江水闸对联围内水动力的调控主要是在限制水位、外江咸度等约束条件下改变闸门启闭状态控制联围内河涌水位，实现有序引水。以抢淡进水为主要调度功能的外江水闸，一般在潮位上涨超过内河涌水位。且咸度小于控制阈值时开闸进水，通过

潮位上涨产生的水位差驱动水体向联围内部运动；但当潮位上涨使得闸内水位接近内部控制水位（如防洪排涝控制水位）时闸门关闭，此时水流中的咸度仍然向联围内部运动，但力度有所减弱。在落潮期间，外江潮位低于内河涌水位时，进水闸维持关闭状态，闸内水位因补充内部河涌下降，但降低速度远低于外江潮位的自然落潮速度。当下一个涨落潮过程来临时，上述闸门调控过程同样进行，则联围内水流咸度开始相似的新一个周期性的运动。这种涨潮期间的闸门开启引水，即相当于在联围内河涌与外江相连位置周期性地给予一个向内的驱动力脉冲，作用给引水闸所在河涌，并向内传递给其他相连接的更多河涌。

在引水闸的调控下，外江优质水体能够最大限度地持续有序地进入内河涌，且联围内河涌水动力条件能够得到显著增强，但水闸调控对外江咸潮变化规律把握的准确性变得十分重要和复杂。

2. 河涌蓄淡

咸潮影响水网区地势平坦开阔且河网密度高，可利用联围内河涌容量，将内河网作为"平原水库"，开展抢淡蓄淡避咸。在抢淡蓄淡的过程中，一般情况下联围下游闸门皆呈关闭状态，此时联围下部便处于封闭状态，仅由上游外江闸门单向进水，优质水资源便得以蓄积利用。

河网这类"平原水库"蓄水渠道多，速度快，且可针对河口咸潮上溯波动周期，进行多次动态蓄水，对抢蓄淡水极为有利，并能有计划地拦截雨水。此外，河网线长面广，用水方便，群众灌溉可各取所需，减少了取水建筑物设置。

3. 水库调咸

在水闸抢淡的过程中，伴随着水体由闸门附近向内河涌涌入，外江高浓度的盐水也处于不断运动状态。尽管有着闸门调控的咸度控制阈值，以及内河涌固有水体的稀释双重作用，但有时由于河涌固有稀释淡水有限，或者区域用水需求过大，不得已进入过高浓度的咸水时，可利用联围附近水库蓄积的淡水进行调和，以争取抢蓄更多的水资源。

利用水库蓄积淡水调和咸水再行利用，一方面降低了水闸抢入水体的咸度，保障了区域供水咸度要求；另一方面，相对于水库淡水直接利用，调和利用的方式能够为区域提供更多的水资源，以缓解供水压力。

4.3　调度模型结构与原理

4.3.1　模型结构

要解决珠江河口地区的咸潮问题，应从流域—区域（联围）两个层面开展调度。流域水资源调度即通过珠江骨干水库统一调度，确保上游梧州站和石角站的压咸流量，并为联围水资源调度提供外江的流量边界；联围水资源调度是通过闸泵引（提）外江淡水蓄积在内河涌，保障联围水资源需求。

为实现流域水资源调度背景下的三角洲联围闸泵群调度，首先要构建珠江骨干水库群抑咸优化调度模型，并在此基础上通过各水库蓄水及分布式水文模型，根据实时水雨情信息滚动修正，制定抑咸实时调度方案，确定骨干水库下泄流量，并推演出梧州站和石角站的流量；根据上游梧州站和石角站的流量与下游外海潮汐预报，将近海河口、三角洲整体河网联合起来，结合咸潮活动影响因素，构建珠江河口-河网-联围水流咸度三维模型（图4.3-1），并与联围闸泵调度过程耦合，构建出珠江三角洲联围一维水动力水质模型，在此基础上开展三角洲联围范围内改善水环境与抢淡蓄淡应急供水调度研究。

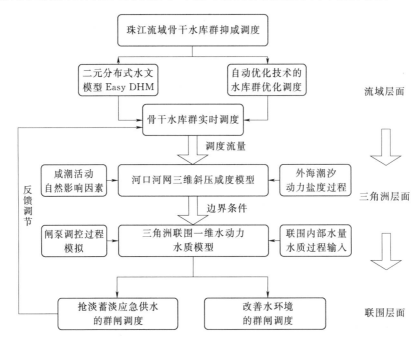

图 4.3-1　珠江河口-河网-联围水流咸度模拟与闸泵群调度模型框架图

4.3.1.1　珠江流域骨干水库群抑咸调度

构建珠江流域水库群抑咸优化调度模型，根据各水库长系列逐月入库流量和区间流量进行调算，确定骨干水库群枯水期不同典型年的起调水位；在此基础上，根据典型年的设计来水过程进行逐日调节计算，得出典型年的抑咸优化调度方案；根据枯水期预报来水过程，结合典型年优化调度方案拟订实时调度的初始方案，通过分布式水文模型进行实时水雨情信息分析，滚动修正实时调度方案（图4.3-2）。

抑咸优化调度是抑咸调度过程的宏观总控，为实时调度提供决策指导，实时调度是优化调度方案在日常管理运行中的落实手段。实时调度以流域水库群抑咸优化调度模型制定的中长期调度规则为基础，通过实时的水情信息更新下一时段的流量、水位等输入因子，通过对调度方案的实时修正，对调度期内的水雨情变化以及预报的误差进行调整，减少后续时段的调度误差，不断提高方案的可操作性，滚动修正实时调度方案。

4.3.1.2　珠江河口—河网整体咸潮数学模型

咸潮动力结构具有明显的垂向分层密度流的特征，考虑到珠江河口咸潮时空变异的复杂性和外江水闸咸度对闸泵调度规则确定的重要性，为在三角洲联围闸泵群联合调度中更准确确定闸外咸度边界、更精细制定水闸调度方案，对水流和咸度的模型将采用河口—河网整体三维咸潮数学模型。

河口—河网整体三维咸潮数学模型采用有限体积法的数值离散方式，这种离散方式综

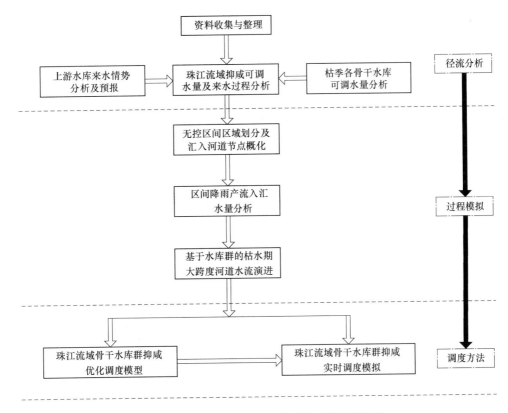

图 4.3-2 珠江流域骨干水库群抑咸调度流程图

合了有限元法和有限差分法的优点，既有利于离散差分原始动力学方程组从而保证较高的计算效率，又可以像有限元法一样在数值计算中拟合浅海复杂岸界，并且能更好地保证质量的守恒性。在水平方向上采用非结构化非重叠三角形网格，对复杂边界可局部加密，对重点研究区域可以达到较好的分辨率。

垂向坐标上，河口—河网整体三维咸潮数学模型采用坐标转换，对复杂的海底地形，如河口与海洋，可以更好地拟合。此外，河口—河网整体三维咸潮数学模型采用膜分裂法提高计算效率，该模式的控制方程是基于自由表面的三维原始控制方程，包括状态方程、温度扩散方程、连续方程、动量方程、咸度扩散方程等，垂向混合计算上采用 Mellor - Yamada 2.5 阶湍流闭合子模型，水平混合计算上使用 Smagorinsky 湍流闭合子模型。对于动边界问题，河口—河网整体三维咸潮数学模型含有三维干湿网格处理模块，便于解决近岸滩涂等变边界问题。

4.3.1.3　改善水环境的群闸调度模型

基于改善水环境的典型水网区闸泵群调度模型由城市化地区降雨径流模型、城市非点源污染物模型、感潮河网区一维水动力模型、河网一维水质模型以及闸泵调控模拟模型等多个过程模拟模块构成。其中，河网区一维水动力模型是基础，用于模拟典型水网区内河涌各断面处的水位、流速等水动力要素；降雨径流模型计算分析典型河网区不同分区的降雨径流过程，是非点源污染物迁移过程模拟的基础；非点源污染物模型主要模拟在一定污

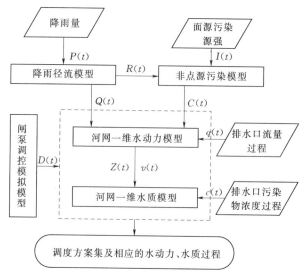

图 4.3-3 改善水环境的闸泵群调度模型
结构示意图

染源强度下经降雨径流入汇内河涌的污染物浓度过程和流量过程；河网一维水质模型以水动力模型为基础，在降雨径流模型提供的入河流量过程线和非点源污染物模型提供的入河污染物浓度过程线的内边界输入下，计算分析联围内河涌各断面处的污染物浓度过程；闸泵调控模拟模型主要模拟在一定调度方案下的外江水闸泵站和内河涌节制闸、排涝泵站对水流的调控过程，从而控制内河涌污染物的运动。

基于改善水环境的典型水网区闸泵群调度模型结构示意图见图 4.3-3。

4.3.1.4 抢淡蓄淡应急供水的群闸调度模型

抢淡蓄淡应急供水的典型水网区水闸调度模型由感潮河网区一维水动力模型、河网一维水质模型、水库调度模型以及闸泵调控模拟模型等多个过程模拟模块构成。其中，河网区一维水动力模型是基础，用于模拟典型水网区内河涌各断面处的水位、流速等水动力要素；河网一维水质模型以水动力模型为基础，计算分析联围内河涌各断面处的污染物浓度

过程；水库调度模型是模拟通过水库调节调度后进入河网中的水量过程；水闸调控模拟模型主要模拟在一定调度方案下的外江水闸和内河涌节制闸对水流的调控过程，从而控制内河涌水动力和污染物的运动。

抢淡蓄淡应急供水的典型水网区水闸调度模型结构示意图见图 4.3-4。

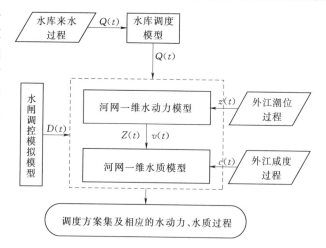

图 4.3-4 抢淡蓄淡应急供水的水闸调度
模型结构示意图

4.3.2 模型基本原理

4.3.2.1 水库群调度模型

1. 径流调节计算

水库蓄水量变化过程的计算称为径流调节计算。先将整个调节周期划分为若干个较小的计算时段，然后逐时段进行水量平衡计算，单时段水量平衡公式为

$$V_t - V_{t-1} = (Q_{入,t} - \sum Q_{用,t} - Q_{蒸,t} - Q_{渗,t} - Q_{弃,t})\Delta T \quad (4.3-1)$$

式中：V_t、V_{t-1} 为第 t 时段末、初水库的蓄水量，m^3；$Q_{入,t}$ 为第 t 时段内平均入库流量，m^3/s；$\sum Q_{用,t}$ 为第 t 时段各用水部门的综合用水流量，m^3/s；$Q_{蒸,t}$ 为第 t 时段蒸发损失，m^3/s；$Q_{渗,t}$ 为第 t 时段渗漏损失，m^3/s；$Q_{弃,t}$ 为第 t 时段的无益弃水流量，m^3/s；ΔT 为计算时段长，s。

时间 ΔT 的长短，根据调节周期的长短及入流和需水变化视情况而定。对于日调节周期水库，ΔT 可取 "h" 为单位；年调节水库 ΔT 可加长，一般枯季按月，洪水期按旬或更短的时段。选择时段过长会使计算所得的调节流量或调节库容产生较大的误差，且总是偏于不安全；选择时段越短，计算工作量越大。

蓄水工程的蒸发损失是指修建水库前后由路面面积变成水面而增加的蒸发损失，即

$$Q_{蒸} = \frac{1000(E_{水} - E_{陆})F_v}{\Delta T} \qquad (4.3-2)$$

式中：F_v 为水面面积，km^2；$E_{水}$ 为 ΔT 时段内的水面蒸发量，mm；$E_{陆}$ 为 ΔT 时段路面蒸发量。

水库渗漏损失包括坝基渗漏、闸门止水不严、库底渗漏等，详细的渗漏计算可利用渗漏理论的达西公式估算，本书采用经验估算法。

（1）损失率法，即

$$Q_{渗} = \alpha V \qquad (4.3-3)$$

式中：α 为渗漏损失系数，据水文地质条件其取值为每月 $0\% \sim 3\%$；V 为 ΔT 时段水库平均蓄水量。

（2）渗漏强度法，即

$$Q_{渗} = \beta h F \qquad (4.3-4)$$

式中：β 为单位换算系数；h 为渗漏强度，根据水文地质条件取值为每日 $0 \sim 3mm$；F 为 ΔT 时段内的平均水面面积，km^2。

2. 水库群调度

在河流的干支流上布置一系列的水库，形成一定程度上能互相协助、共同调节径流的一群共同工作的水库整体，即为水库群。各水库群按照位置及水力联系，可以划分为以下 3 类。

（1）串联式水库群。布置在同一条河流，形如阶梯的库群，各库径流之间有着直接的上下联系，有时落差、水头也相互影响。

（2）并联式水库群。布置在相邻的几条干支流或不同河流上的一排水库群，它们有各自的集水面积，并无水力上的联系，仅当为同一目标共同工作时才有相关关系。

（3）混联式水库群。这是串联和并联混合的库群形式。

4.3.2.2 河口—河网整体咸潮数学模型

1. 模型原理

控制方程组由动量方程、连续方程、温度方程、咸度方程和密度方程组成，即

$$\frac{\partial u}{\partial t} + u\frac{\partial u}{\partial x} + v\frac{\partial u}{\partial y} + w\frac{\partial u}{\partial z} - fv = -\frac{1}{\rho_0}\frac{\partial p}{\partial x} + \frac{\partial}{\partial z}\left(K_m\frac{\partial u}{\partial z}\right) + F_u \qquad (4.3-5)$$

$$\frac{\partial v}{\partial t} + u\frac{\partial v}{\partial x} + v\frac{\partial v}{\partial y} + w\frac{\partial v}{\partial z} + fv = -\frac{1}{\rho_0}\frac{\partial p}{\partial y} + \frac{\partial}{\partial z}\left(K_m\frac{\partial v}{\partial z}\right) + F_v \qquad (4.3-6)$$

$$\frac{\partial P}{\partial z} = -\rho g \qquad (4.3-7)$$

$$\frac{\partial u}{\partial x} + \frac{\partial v}{\partial y} + \frac{\partial w}{\partial z} = 0 \qquad (4.3-8)$$

$$\frac{\partial \theta}{\partial t} + u\frac{\partial \theta}{\partial x} + v\frac{\partial \theta}{\partial y} + w\frac{\partial \theta}{\partial z} = \frac{\partial}{\partial z}\left(K_h \frac{\partial \theta}{\partial z}\right) + F_\theta \qquad (4.3-9)$$

$$\frac{\partial S}{\partial t} + u\frac{\partial S}{\partial x} + v\frac{\partial S}{\partial y} + w\frac{\partial S}{\partial z} = \frac{\partial}{\partial z}\left(K_h \frac{\partial S}{\partial z}\right) + F_s \qquad (4.3-10)$$

$$\rho = \rho(\theta, S) \qquad (4.3-11)$$

式中：x、y、z 为 Cartesian 笛卡儿右手坐标系的东、北和垂直方向坐标；u、v、w 分别为 x、y、z 方向上的速度分量；θ 为海水位温；S 为海水咸度；ρ 为海水密度；P 为压强；f 为科氏参数；g 为重力加速度；K_m 为垂直涡旋黏性系数；K_h 为垂直热力扩散系数；F_u、F_v、F_θ 和 F_s 分别为水平动量、热力和咸度扩散项。

K_m 和 K_h 由修正的 Mellor 和 Yamada 的 2.5 阶（MY-2.5）湍流闭合子模型计算。在边界层近似条件下，湍流动量由在边界附近的水平流动的垂直切变产生，控制湍流动能 q^2 和湍流动量与混合长度乘积 $q^2 l$ 的方程组可简化为

$$\frac{\partial q^2}{\partial t} + u\frac{\partial q^2}{\partial x} + v\frac{\partial q^2}{\partial y} + w\frac{\partial q^2}{\partial z} = 2(P_s + P_b - \omega) + \frac{\partial}{\partial z}\left(K_q \frac{\partial q^2}{\partial z}\right) + F_q \qquad (4.3-12)$$

$$\frac{\partial q^2 l}{\partial t} + u\frac{\partial q^2 l}{\partial x} + v\frac{\partial q^2 l}{\partial y} + w\frac{\partial q^2 l}{\partial z} = lE_1\left(P_s + P_b - \frac{\hat{W}}{E_1}\omega\right) + \frac{\partial}{\partial z}\left(K_q \frac{\partial q^2 l}{\partial z}\right) + F_l$$

$$(4.3-13)$$

式中：$q^2 = (u'^2 + v'^2)/2$ 为湍流动能；l 为湍流混合长度；K_q 为湍流动能的垂直扩散系数；F_q 和 F_l 分别代表着湍流动能和混合长度方程中的水平扩散项；$P_s = K_m(u_z^2 + v_z^2)$ 和 $P_b = (gk_h\rho_z)/\rho_0$ 为湍流动能的切变和浮力产生项；$\omega = q^2/B_1 l$ 为湍流动能消耗率；$L^{-1} = (\zeta - z)^{-1} + (H + z)^{-1}$；$\hat{W} = 1 + E_2 l^2/(\kappa L)^2$ 为一个近似函数；$\kappa = 0.4$，为 Von Karman 常数；H 为静止状态下的平均水深；ζ 为自由面高度；E_1 和 B_1 为待定参数。

为了克服不规则地形的计算困难，在垂直方向上引进了 σ 坐标转换关系，在模型中，垂向的 σ 坐标定义为 $\sigma = \frac{z-\zeta}{H+\zeta} = \frac{z-\zeta}{D}$。其中：$\sigma$ 在底部为 -1，而在表面为 0，$D = H + \zeta$。在这个坐标系下，控制方程可改写为

$$\frac{\partial uD}{\partial t} + \frac{\partial u^2 D}{\partial x} + \frac{\partial uvD}{\partial y} + \frac{\partial u\omega}{\partial \sigma} - fvD$$

$$= -gD\frac{\partial \zeta}{\partial x} - \frac{gD}{\rho_0}\left[\frac{\partial}{\partial x}\left(D\int_\sigma^0 \rho \mathrm{d}\sigma'\right) + \sigma\rho\frac{\partial D}{\partial x}\right] + \frac{1}{D}\frac{\partial}{\partial \sigma}\left(K_m \frac{\partial u}{\partial \sigma}\right) + DF_x \qquad (4.3-14)$$

$$\frac{\partial vD}{\partial t} + \frac{\partial uvD}{\partial x} + \frac{\partial v^2 D}{\partial y} + \frac{\partial v\omega}{\partial \sigma} - fuD$$

$$= -gD\frac{\partial \zeta}{\partial y} - \frac{gD}{\rho_0}\left[\frac{\partial}{\partial y}\left(D\int_\sigma^0 \rho \mathrm{d}\sigma'\right) + \sigma\rho\frac{\partial D}{\partial y}\right] + \frac{1}{D}\frac{\partial}{\partial \sigma}\left(K_m \frac{\partial v}{\partial \sigma}\right) + DF_y \qquad (4.3-15)$$

$$\frac{\partial \theta D}{\partial t} + \frac{\partial \theta uD}{\partial x} + \frac{\partial \theta vD}{\partial y} + \frac{\partial \theta \omega}{\partial \sigma} = \frac{1}{D}\frac{\partial}{\partial \sigma}\left(K_h \frac{\partial \theta}{\partial \sigma}\right) + D\hat{H} + DF_\theta \qquad (4.3-16)$$

$$\frac{\partial sD}{\partial t}+\frac{\partial suD}{\partial x}+\frac{\partial svD}{\partial y}+\frac{\partial s\omega}{\partial \sigma}=\frac{1}{D}\frac{\partial}{\partial \sigma}\left(K_{\mathrm{h}}\frac{\partial s}{\partial \sigma}\right)+DF_{\mathrm{s}} \qquad (4.3-17)$$

$$\frac{\partial q^2 D}{\partial t}+\frac{\partial q^2 uD}{\partial x}+\frac{\partial q^2 vD}{\partial y}+\frac{\partial q^2 \omega}{\partial \sigma}=2D(P_{\mathrm{s}}+P_{\mathrm{b}}-\varepsilon)+\frac{1}{D}\frac{\partial}{\partial \sigma}\left(K_{q}\frac{\partial q^2}{\partial \sigma}\right)+1 \quad (4.3-18)$$

$$\frac{\partial q^2 lD}{\partial t}+\frac{\partial q^2 luD}{\partial x}+\frac{\partial q^2 lvD}{\partial y}+\frac{\omega}{D}\frac{\partial q^2 l\omega}{\partial \sigma}=lE_1 D\left(P_{\mathrm{s}}+P_{\mathrm{b}}-\frac{\hat{W}}{E_1}\varepsilon\right)+\frac{1}{D}\frac{\partial}{\partial \sigma}\left(K_{q}\frac{\partial q^2 l}{\partial \sigma}\right)+DF$$
$$(4.3-19)$$

$$\rho=\rho(\theta,s) \qquad (4.3-20)$$

水平扩散项定义为

$$DF_x\approx\frac{\partial}{\partial x}\left(2A_{\mathrm{m}}H\frac{\partial u}{\partial x}\right)+\frac{\partial}{\partial y}\left[A_{\mathrm{m}}H\left(\frac{\partial u}{\partial y}+\frac{v}{\partial x}\right)\right] \qquad (4.3-21)$$

$$DF_y\approx\frac{\partial}{\partial x}\left[A_{\mathrm{m}}H\left(\frac{\partial u}{\partial y}+\frac{\partial v}{\partial x}\right)\right]+\frac{\partial}{\partial y}\left(2A_{\mathrm{m}}H\frac{\partial v}{\partial y}\right) \qquad (4.3-22)$$

$$D(F_{\theta},F_{\mathrm{s}},F_{q^2},F_{q^2 l})\approx\left[\frac{\partial}{\partial x}\left(A_{\mathrm{h}}H\frac{\partial}{\partial x}\right)+\frac{\partial}{\partial y}\left(A_{\mathrm{h}}H\frac{\partial}{\partial y}\right)\right](\theta,s,q^2,q^2 l) \quad (4.3-23)$$

式中：A_{m} 和 A_{h} 分别为水平涡旋和热扩散系数。

这些简化的水平扩散项与 POM 和 ECOM-si 模型中的水平扩散项相同，这样的简化能确保在 σ 坐标系中底部边界层物理特性不变。

2. 三角形无结构网格

本次计算采用的高分辨率三角形网格为非结构化，故可以在不同地区搭建不同分辨率的网格，通过局部加密，可以对内河道较窄以及河网较为复杂地区的网格通过提高分辨率来保证计算精度，对外海地形较为稳定的地段采用较低分辨率来提高计算效率。

3. 有限体积法

数值离散采用有限体积法，其基本思路是将计算区域划分为一系列不重复的控制体积，并使每个网格点周围有一个控制体积；将待解的微分方程对每一个控制体积积分，便得出一组离散方程。

其中的未知数是网格点上的因变量的数值。为了求出控制体积的积分，必须假定值在网格点之间的变化规律，即假设值的分段分布的分布剖面。从积分区域的选取方法看来，有限体积法属于加权剩余法中的子区域法；从未知解的近似方法看来，有限体积法属于采用局部近似的离散方法。简言之，子区域法属于有限体积法的基本方法。

4.3.2.3 降雨径流模型

在珠江三角洲等高度城市化的平原地区，降雨径流的模拟分析一般采用城市雨洪径流模型，如 SWMM、HSPF、MIKE URBAN 等。这类模型往往在模拟降雨在城市化下垫面（包括屋顶、街道、停车场、绿化带等）产汇流（一般还包括城市地下管网的汇流过程）的同时，还耦合了水量模型和水质模型，将地表污染物随雨水径流流动的过程（包括沉淀、内部化学作用等）一并进行模拟。

由于缺少研究区地下管网基础数据和管网汇流节点的水质监测数据，无法建立可靠的城市管网水量—水质模拟模型，一般对研究区降雨径流过程的模拟采用简化方法进行，如在各分区内，各时段产流量根据降雨量和综合径流系数确定，或者对下垫面进行分类，根据其产汇流特性，采用概念性降雨径流模型进行计算。

城市河网区产汇流过程分为产流与汇流两个部分。由于暴雨具有随时间变化的空间分布，同时城市化地区下垫面类型多，组成复杂，下垫面的滞水性、渗透性、热力状况均与天然流域不同，集水区内天然调蓄能力减弱，地势平坦低洼容易积水形成内涝，这些因素的集合使得整个区域的产流过程发生了相应变化。因此，不同区域的下垫面特性和产流规律迥异，使得在进行产流模拟计算时必须对整个计算区域进行合理分区。根据研究区域实际情况和计算方便，在模拟中可把下垫面分为水面、农田、城镇建筑用地等。实际中，某一分区的下垫面更为复杂，往往以某一土地类型为主，其他土地类型均占一定比例，则在计算时进行折算处理。

现行的城市化地区产流计算方法类别很多，包括统计分析法、下渗曲线法、模型法等，本研究采用概念性降雨径流模型计算各分区的产流过程。

内河涌、湖泊、鱼塘等水面的产流量为计算时段内降雨量与蒸发量之差，即

$$R_{w}(t) = P(t) - E(t) \tag{4.3-24}$$

式中：R_w 为该分区 t 时段内产流量（净雨量）；P、E 分别为该分区 t 时段内的降雨量、蒸发量。

一般 $E = \beta E_0$，E_0 为 t 时段内的蒸发皿蒸发量，β 为蒸发折算系数。实际上，在闸泵群调度期间，实际蒸发量较小，可忽略不计，则水面降雨量即近似为产流量。

农田的产流一般分为水田和旱地，并按照不同农作期分别计算下渗、蒸发等过程。在珠三角河网区，水田旱地等农作物种植比例较低，多为果林、园艺种植，因此，该类型分区的产流直接参考新安江的蓄满产流方法进行计算。

城镇建设用地的产流计算是珠三角河网区产流计算分析的主体。该类型分区根据下垫面实际情况又划分为透水层、不透水层。透水层产流计算要扣除植物截留、土壤蒸发等过程的损失量。计算公式为

$$R_1(t) = P(t) - S(t) - E(t) - I(t) \tag{4.3-25}$$

式中：R_1 为该分区 t 时段内地表产流量；P、S、E、I 分别为该分区 t 时段内的降雨量、植物截留量、蒸发量和下渗量。而植物截留过程，则根据逐时段的截留量进行水量平衡计算，推求扣除植物截留后在透水层上的有效雨量，即

$$F(t) = \begin{cases} S(t) - S_M & S(t) > S_M \\ 0 & S(t) < S_M \end{cases} \tag{4.3-26}$$

其中

$$S(t) = S(t-1) + PE(t) \tag{4.3-27}$$

$$S(t) = \begin{cases} S_M & S(t) > S_M \\ 0 & S(t) < 0 \end{cases} \tag{4.3-28}$$

式中：F 为扣除植物截留后透水层上的有效雨量；S_M 为植物最大截留量；S 为植物截留量；PE 为有效降雨。

城镇建设用地不透水层产流计算根据是否有填洼进行分别计算。具有填洼的不透水层产流量 R_2 计算思路与植物截留时的透水层计算类似，将公式中的植物截留量换成填洼量，根据时段初、末的填洼量逐时段进行水量平衡计算；无填洼的不透水层产流量则为将填洼

量设为零，产流量 R_3 即为有效降雨。

将城镇建设用地的不同类型产流量按照面积比例进行加权平均，即得到该分区的总径流量，即

$$R_c = A_1 R_1 + A_2 R_2 + A_3 R_3 \tag{4.3-29}$$

各分区的汇流计算采用非线性水库方式进行处理，通过联立求解曼宁方程和连续方程求解。

连续方程，即

$$\frac{\mathrm{d}V}{\mathrm{d}t} = A \frac{\mathrm{d}d}{\mathrm{d}t} = AR - Q \tag{4.3-30}$$

其中

$$V = AD$$

式中：V 为地表径流量；d 为水深；A 为分区面积；R 为净雨；Q 为出流量。

曼宁方程，即

$$Q = W \frac{1.49}{n}(d - d_p)^{5/3} S^{1/2} \tag{4.3-31}$$

式中：W 为分区漫流宽度；n 为曼宁糙率系数；d_p 为地表滞蓄水深；S 为分区宽度。

该模型用于预测时，需根据降雨预报提供各分区的降雨量，一般通过天气预报得到的为日降雨量的估计值，按照本地区降雨典型时程分布概化为 24h 降雨量，输入上述降雨径流模型，计算得到各分区预报的流量过程线；而实时校正中，将根据联围内各自动雨量站点采集的各时刻实际降雨量进行滚动修正。

4.3.2.4 非点源污染模型

环境污染源按排放污染物的空间分布方式，可分为点污染源和面污染源。生活污染源和工业污染源均属于点污染源，面源污染根据发生区域和过程的特点，一般将其分为城市和农业面源污染两大类。城市面源污染主要是由降雨径流的淋浴和冲刷作用产生的，城市降雨径流主要以合流制形式，通过排水管网排放，径流污染初期作用十分明显。特别是在暴雨初期，由于降雨径流将地表的、沉积在下水管网的污染物，在短时间内，突发性冲刷汇入受纳水体，而引起水体污染。农业面源污染是指在农业生产活动中，农田中的泥沙、营养盐、农药及其他污染物，在降水或灌溉过程中，通过农田地表径流、壤中流、农田排水和地下渗漏，进入水体而形成的面源污染。这些污染物主要来源于农田施肥、农药、畜禽及水产养殖和农村居民。

在珠三角河网闸泵群调度中，对点源和面源污染的计算分析根据来水条件区别对待。面源污染最严重的危害发生在降雨以后，以丰水期问题较多，而点源污染最严重的危害发生在枯水月。当前国内对城市面源污染的计算都面临资料匮乏的局面，无法准确分析和预测城市化地区面源污染总量，更难以准确量化面源污染的入河过程。本书中，点源污染通过历史调查资料确定排放量和排放浓度，而面源污染则需根据统计资料首先确定计算区域内的污染物总量，然后扣除点源污染量，其余即粗略认为是面源污染总量。

城市河网区的面源污染负荷的计算采用累积—冲刷模型。污染物累积预测采用改进后的幂指数模型。流域内污染物累积量可用时间 t 的幂指数形式来表示，即

$$P_t = P_m(1 - e^{k_1 t}) \tag{4.3-32}$$

式中：P_t 为一次降雨之前流域内累积的量，kg；P_m 为流域内可累积的最大污染负荷，kg；k_1 为晴天时流域上污染物累积系数，d^{-1}；t 为上次降雨结束后经历的时间，d。

假定前场降雨结束时地表残留污染物的量为零，若存在初期负荷，污染物的累积量表示为

$$P_t = P_s + (P_m - P_s)(1 - e^{k_1 t}) \tag{4.3-33}$$

式中：P_s 为前一场降雨结束时的地表残留污染物负荷，即晴天时的初期负荷，kg。

本书中，对幂指数模型的污染物累积预测方法进行了改进，即首先根据粗略估算的面源污染总量确定不同计算时期的污染负荷总量，然后将该污染负荷总量按照幂指数模型计算的每单位时段（日）污染物累积量同比例分配，从而得到研究区的每个单位时段的污染负荷量，即污染负荷的时间过程；将污染负荷的时间过程再根据各分区的历史资料或污染源产生强度的分析，细化得到各分区的面源污染负荷过程。

面源污染物的冲刷，按照 Metcalf 和 Eddy Inc. 等人提出的径流过程中不透水地表表层沉积的污染物的冲刷速率与沉积在地表的污染物的量成正比的方法来计算，即

$$\frac{dP}{dt} = -P \tag{4.3-34}$$

式中：P 为前不透水地表表层可冲刷污染物的量，kg；t 为暴雨开始后经历的时间，s；k 为衰减系数，s^{-1}。

污染物的冲刷受到多种因素的影响，通常利用衰减系数 k 来表示。一般假设衰减系数 k 与单位面积雨水的径流量成正比，即

$$\frac{dP}{dt} = -k_2 R P \tag{4.3-35}$$

式中：k_2 为冲刷系数（经验值），mm^{-1}；R 为单位面积径流量，在降雨过程中随时间的变化而变化，mm/s。

将式（4.3-35）积分可得

$$P_t = P_0 e^{-k_2 Q_t} \tag{4.3-36}$$

式中：P_t 为降雨径流开始 t 时后地表上残留的污染物的量，kg；P_0 为暴雨开始时地表污染物累积量，kg；Q_t 为暴雨开始后地表累积径流量，mm。

式（4.3-36）表明，地表污染物的量在径流冲刷过程中，随径流量呈指数降低。所以，一场降雨过程中被暴雨冲刷排放的总污染物的量为

$$L = P_0 (1 - e^{-k_2 Q_T}) \tag{4.3-37}$$

式中：Q_T 为总降雨径流量，mm。

结合幂指数累积模型和上述冲刷模型，可以得到冲刷负荷为

$$L = [P_s + (P_m - P_s)(1 - e^{k_1 t})](1 - e^{-k_2 Q_T}) \tag{4.3-38}$$

本书中，式（4.3-38）计算中的污染物累积量均替换为前述处理后的各分区面源污染负荷，而总降雨径流量 Q_T 则由前述的城市河网区产汇流模型得到。

4.3.2.5 河网一维水动力模型

1. 基本方程

网河区一维潮流数学模型采用一维圣维南方程组，方程如下。

（1）连续方程，即

$$B\frac{\partial h}{\partial t}+\frac{\partial Q}{\partial x}=q \tag{4.3-39}$$

（2）动量方程，即

$$\frac{\partial Q}{\partial t}+\frac{\partial}{\partial x}\left(\alpha\frac{Q^2}{A}\right)+gA\frac{\partial h}{\partial x}+g\frac{Q|Q|}{C^2AR}=0 \tag{4.3-40}$$

式中：h 为断面平均水位；Q 为断面流量；A 为过水面积；B 为水面宽度；x 为距离；t 为时间；q 为旁侧入流，负值表示流出；α 为动量校正系数；g 为重力加速度；C 为谢才系数；R 为水力半径。

2. 汇流汊点连接条件

网河区内汊点是相关支流汇入或流出点，汊点水流要满足水流连续条件和能量守恒条件。

水流连续条件为

$$\sum_{i=1}^{m}Q_i=0 \tag{4.3-41}$$

水位连接条件为

$$Z_{i,j}=Z_{m,n}=\cdots=Z_{l,k} \tag{4.3-42}$$

式中：Q_i 为汊点第 i 条支流流量，流入为正，流出为负；$Z_{i,j}$ 为汊点第 i 条支流第 j 号断面的平均水位。

3. 初始条件及边界条件

初始条件为

$$(Z)_{t=0}=Z_0；\quad(Q)_{t=0}=Q_0 \tag{4.3-43}$$

边界条件为

$$(Z)_\Gamma=Z(t)；\quad(Q)_\Gamma=Q(t)\quad（\Gamma 为边界） \tag{4.3-44}$$

4. 模型求解

对控制方程利用 Abbott 六点隐格式进行离散，在每个网格点中按顺序交替计算其水位和流量，相应的点分别为 h 点和 Q 点，其布置方式见图 4.3-5，Abbott 六点中心差分格式见图 4.3-6。

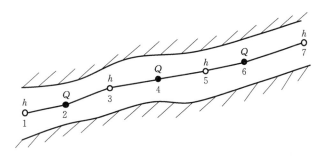

图 4.3-5　Abbott 格式水位点、流量点交替布置

采用上述离散格式，则连续方程可写为

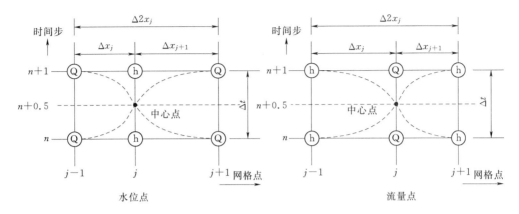

图 4.3-6 Abbott 六点中心差分格式

$$q_j = B\frac{h_j^{n+1} - h_j^n}{\Delta t} + \frac{\dfrac{Q_{j+1}^{n+1} + Q_{j+1}^n}{2} - \dfrac{Q_{j-1}^{n+1} + Q_{j-1}^n}{2}}{\Delta 2x_j} \qquad (4.3-45)$$

而动量方程可写为

$$\frac{Q_j^{n+1} - Q_j^n}{\Delta t} + \frac{\left[\dfrac{\alpha Q^2}{A}\right]_{j+1}^{n+1/2} - \left[\dfrac{\alpha Q^2}{A}\right]_{j-1}^{n+1/2}}{\Delta 2x_j}$$

$$+ [gA]_j^{n+1/2}\frac{\dfrac{h_{j+1}^{n+1} + h_{j+1}^n}{2} - \dfrac{h_{j-1}^{n+1} + h_{j-1}^n}{2}}{\Delta 2x_j} + \left[\frac{g}{C^2AR}\right]_j^{n+1/2}|Q|_j^n Q_j^{n+1} = 0 \qquad (4.3-46)$$

在某一时间步长内，网格点流速方向发生变化时，式（4.3-46）中 Q^2 可离散为

$$Q^2 \approx \theta Q_j^{n+1} Q_j^n - (\theta-1)Q_j^n Q_j^n \qquad (4.3-47)$$

式中：$0.5 \leqslant \theta \leqslant 1$。

整理式（4.3-45）可得

$$\alpha_j Q_{j-1}^{n+1} + \beta_j h_j^{n+1} + \gamma_j Q_{j+1}^{n+1} = \delta_j \qquad (4.3-48)$$

整理式（4.3-47）可得

$$\alpha_j h_{j-1}^{n+1} + \beta_j Q_j^{n+1} + \gamma_j h_{j+1}^{n+1} = \delta_j \qquad (4.3-49)$$

由上可知，河道内任何一点处的水力参数水位 h 和流量 Q 与相邻网格点的水力参数水位 h 和流量 Q 的关系可表示为一线性方程，即

$$\alpha_j Z_{j-1}^{n+1} + \beta_j Z_j^{n+1} + \gamma_j Z_{j+1}^{n+1} = \delta_j \qquad (4.3-50)$$

式中各系数可分别由式（4.3-48）、式（4.3-49）得到。

假设某一计算河道有 n 个网格点，且河道首、末网格点为水位点，则 n 一定为奇数。对于河网中的所有网格计算点，按式（4.3-50）列出，则可以得到以下 n 个线性方程，即

$$\begin{cases} \alpha_1 H_{\mathrm{Us}}^{n+1} + \beta_1 h_1^{n+1} + \gamma_1 Z_2^{n+1} = \delta_1 \\ \alpha_2 h_1^{n+1} + \beta_2 Q_2^{n+1} + \gamma_2 h_3^{n+1} = \delta_2 \\ \vdots \\ \alpha_{n-1} h_{n-2}^{n+1} + \beta_{n-1} Q_{n-1}^{n+1} + \gamma_{n-1} h_n^{n+1} = \delta_{n-1} \\ \alpha_{n-1} h_{n-2}^{n+1} + \beta_{n-1} h_n^{n+1} + \gamma_n H_{\mathrm{Ds}}^{n+1} = \delta_n \end{cases} \qquad (4.3-51)$$

式中：H_{Us}、H_{Ds}分别为上游汊点、下游汊点的水位。

河道第一个网格点的水位与之相连河段上游汊点的水位相等，即

$$h_1 = H_{\text{Us}} \tag{4.3-52}$$

即

$$\alpha_1 = -1, \quad \beta_1 = 1, \quad \gamma_1 = 0, \quad \delta_1 = 0$$

同上，河道的最后一个网格点水位与之相连河段下游汊点的水位相等，即

$$h_n = H_{\text{Ds}} \tag{4.3-53}$$

即

$$\alpha_n = 0, \quad \beta_n = 1, \quad \gamma_n = -1, \quad \delta_n = 0$$

对于单一河道，只要给定上、下游的水位边界，即 H_{U} 和 H_{D}，则可用消元法来求解方程组（4.3-51）。

而对于河网，通过消元法，可将方程组（4.3-51）中河道内任意网格点的水力参数（水位 h 和流量 Q）表示为上、下游汊点水位的函数，即

$$Z_j^{n+1} = c_j - a_j H_{\text{Us}}^{n+1} - b_j H_{\text{Ds}}^{n+1} \tag{4.3-54}$$

可见，只需先获取各汊点处的水位，则可通过式（4.3-53）求解出任一河段任意网格点的水力参数值。

对于河网内汊点（变量布置见图4.3-7），由连续性方程可得

$$\frac{H^{n+1} - H^n}{\Delta t} A f l = \frac{1}{2}(Q_{\text{A},n-1}^n + Q_{\text{B},n-1}^n - Q_{\text{C},2}^n) + \frac{1}{2}(Q_{\text{A},n-1}^{n+1} + Q_{\text{B},n-1}^{n+1} - Q_{\text{C},2}^{n+1}) \tag{4.3-55}$$

用式（4.3-35）来表示上述方程中右边第二项，则为

$$\begin{aligned}
\frac{H^{n+1} - H^n}{\Delta t} A f l = & \frac{1}{2}(Q_{\text{A},n-1}^n + Q_{\text{B},n-1}^n - Q_{\text{C},2}^n) \\
& + \frac{1}{2}(c_{\text{A},n-1} - a_{\text{A},n-1} H_{\text{A},\text{Us}}^{n+1} - b_{\text{A},n-1} H^{n+1} \\
& + c_{\text{B},n-1} - a_{\text{B},n-1} H_{\text{B},\text{Us}}^{n+1} - b_{\text{B},n-1} H^{n+1} \\
& - c_{\text{C},2} + a_{\text{C},2} H^{n+1} + b_{\text{C},2} H_{\text{C},\text{Us}}^{n+1})
\end{aligned} \tag{4.3-56}$$

式中：H 为汊点处的水位；$H_{\text{A},\text{Us}}$、$H_{\text{B},\text{Us}}$、$H_{\text{C},\text{Us}}$ 为两条支流 A、B 上游端的和支流 C 下游端的汊点水位。

按照式（4.3-56），同样可将河网中所有汊点水位表示为与之直接相连接的河道汊点水位的线性函数，则可得到 N 个方程组成的汊点方程组。在边界值已知

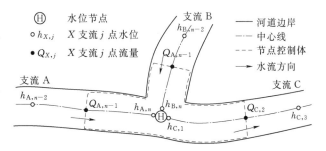

图 4.3-7 河网内汊点变量布置

的情况下，利用高斯消元法可以直接求解该方程组，从而得到 N 个汊点的水位，进一步代入式（4.3-54）求出河道中任意网格点的水位（或流量）。

对于河道边界（变量布置见图 4.3-8），若给出边界节点上的水位变化过程 $h=h(t)$，则边界上的汉点方程可写为

$$H_{j,1}^{n+1}=H_{\mathrm{Us}}^{n+1} \quad \text{或} \quad H_{j,n}^{n+1}=H_{\mathrm{Ds}}^{n+1} \tag{4.3-57}$$

若给出边界节点上的流量变化过程 $Q=Q(t)$，则应用连续性方程，边界上的汉点方程可写为

$$\frac{H^{n+1}-H^n}{\Delta t}A_{fl}=\frac{1}{2}(Q_{\mathrm{b}}^n-Q_2^n)+\frac{1}{2}(Q_{\mathrm{b}}^{n+1}-Q_2^{n+1}) \tag{4.3-58}$$

将 Q_2^{n+1} 用式（4.3-58）代入，则有

$$\frac{H^{n+1}-H^n}{\Delta t}A_{fl}=\frac{1}{2}(Q_{\mathrm{b}}^n-Q_2^n)+\frac{1}{2}(Q_{\mathrm{b}}^{n+1}-c_2+a_2H^{n+1}+b_2H_{\mathrm{Ds}}^{n+1}) \tag{4.3-59}$$

若给出边界节点上的水位流量关系 $Q=Z(t)$，其处理方法与流量边界相同。

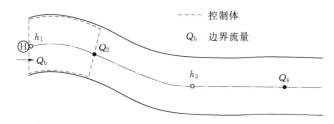

图 4.3-8　河道边界变量布置

4.3.2.6　河网一维水质模型

1. 一维水质迁移转化基本方程

$$\frac{\partial(AC)}{\partial t}+\frac{\partial(QC)}{\partial x}=\frac{\partial}{\partial x}\left(E_x\frac{\partial(AC)}{\partial x}\right)-KC \tag{4.3-60}$$

式中：A 为断面过水面积；Q 为断面流量；C 为断面污染物浓度；E_x 为纵向离散系数；K 为污染物降解系数。

2. 网河区污染物汉点平衡方程

$$\sum(QC)=C\Omega\frac{\mathrm{d}Z}{\mathrm{d}t} \tag{4.3-61}$$

式中：Z 为水位；Ω 为河道汉点节点的过水面积。

4.3.2.7　闸泵调控模拟模型

1. 水闸调控模拟

水闸调度以闸门内外设置的两个节点水位为控制参数，以闸门开度确定调度状态和过流形式，采用闸孔出流基本公式计算过流量，节点之间闸控河段与河网计算模式隐式联解。

在闸门开启的情况下，过闸流量可按照宽顶堰公式计算。

（1）自由出流，即

$$Q=mB\sqrt{2g}H_0^{1.5} \tag{4.3-62}$$

（2）淹没出流，即

$$Q=\varphi B\sqrt{2g(Z_{\mathrm{u}}-Z_{\mathrm{d}})}H_s \tag{4.3-63}$$

式中：Q 为过闸流量；m 为自由出流系数；φ 为淹没出流系数；B 为闸门开启宽度；H_0 为闸底高程；Z_u 为闸上游水位；Z_d 为闸下游水位。

2. 泵站调控模型

泵站调度主要以单个水泵抽水量和水泵工作时间为控制参数。水泵的调控主要是根据需水要求，制定出泵站的调度规则，作为源汇项及水力联系的方式和河网水动力条件衔接。泵站的流量计算公式为

$$Q = \sum_{i=1}^{n} q_i t_i \tag{4.3-64}$$

式中：Q 为泵站抽水量；n 为水泵个数；q_i 为单个水泵的抽水量；t_i 为单个水泵的工作时间。

另外，泵站水泵在调控中按照减少开关次数，尽可能在高效区运行。

第 **5** 章

中珠联围水资源调度模型构建

5.1 珠江流域骨干水库群抑咸调度

5.1.1 水库群抑咸优化调度模型

5.1.1.1 抑咸调度库群选择及节点概化

西江流域水库群包括北盘江的光照、西江干流的天生桥一级、天生桥二级、平班、龙滩、岩滩、大化、百龙滩、乐滩、桥巩及长洲，右江的百色和郁江的西津；北江流域只有飞来峡水利枢纽有一定的补水能力；东江流域的 3 座大型水库分别为新丰江、枫树坝和白盆珠；珠江三角洲没有大型水库。根据各水库的特性和功能，确定参与抑咸调度的流域骨干水库为天一、龙滩、岩滩、百色和飞来峡等水库。根据参与抑咸调度的各水库的调节性能和空间位置，将骨干水库分为 3 类：①水源水库，具有水资源调配潜力的水源水库主要为天一、龙滩和百色；②反调节水库，根据工程所处位置，岩滩可对龙滩水电站的下泄流量进行反调节；③配合压咸水库，北江飞来峡补水能力有限，但是距离珠江三角洲较近，又可调控西江过北江的分流比，且具有多次循环调度优势，宜充分、有效利用其补水作用，配合做好压咸补水调度。

流域骨干水库群是一复杂的混联系统，即存在天一、龙滩和岩滩等水库的串联系统，也存在百色和飞来峡水库的并联系统。综合考虑流域水文特征，各水文站和骨干水库分布情况，水文站站点间距离以及水库调度效果分析的要求，将研究区域各水文站和水库节点概化如图 5.1 - 1 所示。其中天一、龙滩和岩滩等水库组成一个串联系统，该串联水库群又与百色、飞来峡水库具有并联的水力联系，流域骨干水库群是一个复杂的混联系统。

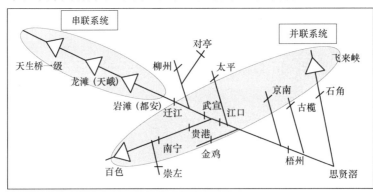

图 5.1 - 1　水库群优化调度节点概化示意图

在节点概化图中，水库节点有天一、龙滩、岩滩、百色、飞来峡，控制节点有武宣、梧州、石角、思贤滘。

5.1.1.2 模型构建

1. 目标函数

本研究考虑的优化调度目标包括梯级电站发电经济效益、抑咸调度效果、区域经济发展和生态环境等。通过对相关基础资料的分析，确定各调度目标间的关系，量化约束条件化，便于程序处理。目标函数考虑的因素有很多，水资源配置、发电、航运及生态环境。因此，其运行调度优化模型目标函数可以描述为

$$\mathrm{OBJ_{Fun}} = Q_{抑咸} + E_{发电} + Q_{航运} + Q_{生态} \tag{5.1-1}$$

西江干流枯水期抑咸调度主要分为发电量目标和控制流量目标。

（1）发电量目标。西江干流已建水库的功能定位多以发电为主，枯水期水量统一调度必将影响到西江梯级多个电站，这些电站分别属于南方电网中的贵州电网、广西电网和广东电网。考虑到电网发电计划受电网其他负荷、来水情势等因素影响，会根据实际条件不断调整。因此，在枯水期综合利用需求中，发电量以梯级电站发电量尽可能大为调度目标。

发电效益 $E_{发电}$ 可用函数表示，即

$$E_{发电} = \sum_{m=1}^{M} N(m,t)\Delta t = \sum_{m=1}^{M}\sum_{t=1}^{T} A(m)\mathrm{QD}(m,t)H(m,t)\Delta t \tag{5.1-2}$$

式中：$A(m)$ 为出力系数；$\mathrm{QD}(m,t)$ 为第 m 个水库 t 时段的发电流量；$H(m,t)$ 为 m 个水库 t 时段的平均发电水头；Δt 为计算步长；M 为电站个数；T 为总时段数。

（2）控制流量目标。

1）抑咸。从 2005 年以来珠江防总已实施的流域压咸补淡应急调水的压咸效果来看，大潮转小潮期思贤滘流量达到 2500$\mathrm{m^3/s}$ 左右时，可满足澳门、珠海、中山、广州的供水要求，水环境容量也相应得到极大改善。据此，取思贤滘压咸流量为 2500$\mathrm{m^3/s}$，相应梧州、石角等主要控制站点的下泄流量分别为 2100$\mathrm{m^3/s}$、250$\mathrm{m^3/s}$。此结论与《保障澳门珠海供水安全专项规划》（2008 年经国务院同意，水利部与国家发展和改革委员会联合印发）是一致的。

2）航运。随着西江、北江主干道梯级的逐步建成，形成了良好的库区深水航道，船舶逐渐朝大吨位方向发展。按照国务院批准的全国内河航运与港口布局规划，西江下游将建成一级航道（3000t 级江海轮直达南宁）标准，而枯水期的水量不足将是一级航道建设的关键性制约因素。交通部珠江航务管理局以及广西航运部门要求将梧州断面航运基流提高到 1600$\mathrm{m^3/s}$、北江飞来峡水利枢纽的航运基流提高到 200$\mathrm{m^3/s}$（原设计为 190$\mathrm{m^3/s}$），加上区间汇流，则思贤滘近期的航运流量应不小于 2000$\mathrm{m^3/s}$，远期希望结合流域水资源调配进一步提高西江下游枯水流量，以确保航道畅通。

3）生态。按照《全国水资源综合规划技术细则》推荐的计算方法进行西江、北江干流及主要控制断面的河道内生态环境用水量计算分析，再经流域与有关省区协调。首先根据 45 年（1956—2000 年）径流量资料，按汛期和非汛期分别设定河道生态环境需水的目标，参照 Tennant 法，计算控制断面的汛期和非汛期的河流生态环境需水量，西江梧州、

北江石角以及西北江三角洲思贤滘 3 个控制断面的非汛期生态环境流量分别为 1800m³/s、250m³/s、2200m³/s。

根据《珠江水资源综合规划》，河道内需水量取航运需水、生态需水和压咸需水的外包线：武宣站 1500m³/s、贵港 413m³/s、梧州 2100m³/s、石角 250m³/s、思贤滘（马口＋三水）2500m³/s。

由于抑咸调度是第一位的，是应尽量满足的硬指标，在建模时以控制断面流量的形式将其作为强制性约束输入数学模型，则原多目标优化问题转化为在满足抑咸约束和航运、生态条件下的发电目标优化问题。

2. 约束条件

（1）目标转换约束。

（2）水库水量平衡约束，即

$$V(m,t+1)=V(m,t)+RW(m,t)-W(m,t)-LW(m,t) \tag{5.1-3}$$

$$W(m,t)=q(m,t)\Delta t \tag{5.1-4}$$

式中：$V(m,t)$、$RW(m,t)$、$W(m,t)$、$LW(m,t)$ 分别为第 m 个水库 t 时段库容、入库水量、出库水量和损失水量；$q(m,t)$ 为第 m 个水库 t 时段的出库流量。

（3）出库流量约束，即

$$QD_{min}(m,t)\leqslant QD(m,t)\leqslant QD_{max}(m,t) \tag{5.1-5}$$

$$q_{min}(m,t)\leqslant q(m,t)\leqslant q_{max}(m,t) \tag{5.1-6}$$

式中：$QD_{min}(m,t)$、$QD_{max}(m,t)$ 分别为第 m 个水库 t 时段最小、最大允许过机流量；$q_{min}(m,t)$、$q_{max}(m,t)$ 分别为第 m 个水库 t 时段最小、最大允许出库流量。

（4）出力约束，即

$$N_{min}(m,t)\leqslant N(m,t)\leqslant N_{max}(m,t) \tag{5.1-7}$$

$$\sum_{i=1}^{M} N(m,t) \geqslant NSUM_{min}(t) \tag{5.1-8}$$

式中：$N(m,t)$、$N_{min}(m,t)$、$N_{max}(m,t)$ 分别为第 m 个水库 t 时段出力、允许最小和最大出力；$NSUM_{min}(t)$ 为梯级 t 时段允许最低总出力。

（5）水库库容（水位约束），即

$$V_{min}(m,t)\leqslant V(m,t)\leqslant V_{max}(m,t) \tag{5.1-9}$$

式中：$V_{min}(m,t)$、$V_{max}(m,t)$ 分别为第 m 个水库 t 时段允许库容上、下限。

（6）河道水量演进约束，即

$$Q(i+1,t+1)=C_0 Q(i,t+1)+C_1 Q(i,t)+C_2 Q(i+1,t) \tag{5.1-10}$$

$$\sum C=1$$

式中：$Q(i,t)$ 为第 i 个节点 t 时段的流量。

（7）变量非负约束。

5.1.1.3 模型求解

1. 自优化基本原理

一般模拟技术，可通过模拟获得对某一输入的输出响应，其过程可用图 5.1-2 所示的控制系统表示。对水库系统来说，它是在来水、用水序列已知的条件下，给定初始状态，按一定规则形成的控制线约束下的水库运行过程。

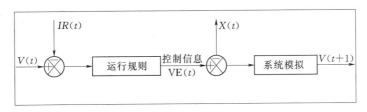

图 5.1-2 一般模拟系统框图

很显然，这种系统由于其输入序列是不能改变和控制的，其输出响应仅是一种自然响应，不具备使输出响应趋于最优目标的功能，属开环控制方式。要实现控制模拟，必须改开环控制为闭环控制方式（或反馈控制方式），才能使输出结果反馈到输入端，并生成对系统进行控制的反馈控制量，自动形成控制模拟线，引导模拟结果趋于最优目标值。这种模拟系统类似于自适应控制系统，如图 5.1-3 所示。

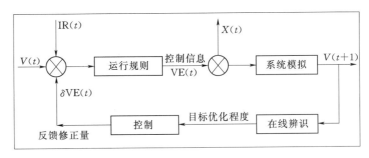

图 5.1-3 自优化控制模拟系统框图

对水库调度的一般模拟模型，它是在来水序列已知的条件下，给定初始状态，按照一定规则形成的控制线约束下的水库运行过程，其本身不具备优化功能。要实现水库的自优化，需要一个具有自动辨识、判断、修正功能的类似"在线辨识"的自适应环节，以根据输出结果，能在线识别模拟控制线的寻优性能，并通过控制环节，产生引导系统模拟进一步优化的控制修正量，综合系统运行规则及其他约束形成能导致模拟结果进一步优化的模拟控制线，在模拟控制线逐渐收敛于最优控制线的同时，模拟结果趋于最优结果。这是一种自适应目标控制过程。可见，自优化模拟是根据自适应控制原理，在给定初始控制线的一般模拟模型中，嵌入一个在线辨识环节，自动形成寻优模拟控制线，引导模拟逐渐优化的模拟运行迭代过程。

具体到水库调度，模拟运行方程为

$$V(t+1) = V(t) + IR(t) - X(t)$$

模拟控制线为 $VE(t)$，且 $V(t+1) \in VE(t)$。

式中：$IR(t)$ 为入库流量；$V(t)$、$V(t+1)$ 为时段 t 始、末库容；$X(t)$ 为决策出库流量；t 为时段号。

自优化模拟技术是雷声隆等在进行南水北调东线工程规划中提出的，这一方法是在常规模拟技术基础上增加在线辨识与反馈环节，在模拟的同时进行优化，在求解复杂大系统优化问题、自优化模拟模型及技术时具有鲜明的特点。

2. 求解过程

西江、北江水资源调度的能力有很大差异，西江骨干水库总调节库容为 231 亿 m³（龙滩按 375m 计），北江仅有飞来峡的 3.14 亿 m³。在珠江流域水资源配置中，西江和北江所起的作用不一样，针对珠江三角洲的抑咸需求，以西江骨干水库水资源调度为主，北江飞来峡配合调度，飞来峡水利枢纽距离珠江三角洲较近，又可调控思贤滘分流比，可充分发挥其补水作用。一般情况下，在西江控制断面梧州站满足 2100m³/s，石角流量达到 250m³/s 的情况下，基本可实现思贤滘控制断面 2500m³/s 的抑咸需求。

根据河道水量演进，以思贤滘流量为控制，当控制断面演进流量小于控制流量时，以差值反馈至武宣、贵港和石角，即以这 3 个断面的流量为协调变量，在此基础上，分别进行子系统的自优化模型求解。

（1）串联系统。其中天生桥一级为多年调节水库，在模型求解前首先需要确定天生桥一级的削落水位，然后再利用自优化迭代技术进行求解。其基本思路是：首先根据区间来水及控制断面目标流量要求，考虑水量传播和水量损失等因素，自下而上（逆流向）推求各库供水约束下限，并结合发电、生态等约束拟定初始调度线；然后再根据给定的天生桥一级计算期末削落水位，采取自上而下（顺流向）、逆时序（由计算期末到期初）的方法，推求各库时段最低、最高水位控制线；按初始调度线自上而下开始顺时序模拟梯级运行过程，计算时段末各库状态和梯级出力，若模拟结果经水位和出力辨识满足要求，则进入下一时段；否则，按一定规则加入反馈修正量，重新模拟时段运行过程，直到满足水位和出力辨识要求。如此逐时段迭代模拟—反馈修正，直到计算期末，完成一轮迭代。最后进行目标辨识，若模拟期末天生桥一级水位与给定龙库期末水位之差满足要求，则结束；否则，形成修正量并反馈到输入端，从计算期初重新开始新一轮迭代，直至期末水位满足要求为止。其工作框图如图 5.1-4 所示。

本模型采用了 3 层辨识反馈结构。首先是各时段末的水库水位辨识，将水库时段末水位控制在最高与最低水位控制线之间，以保证不使供水破坏。若不满足辨识要求，该结构将返回一个修正量重新模拟系统运行。第二层是时段出力辨识模拟出力，若达不到系统最小出力则返回一个修正量，如达到预定出力则继续下一时段模拟。第三层是目标辨识优化，根据天一水库预期期末水位和实际模拟水位，对调度期平均出力进行寻优。这 3 层辨识反馈只需给定允许误差，模型将自动迭代寻优，直到满足目标要求。

步骤一：供水约束下限及初始调度线。

确定水库供水约束下限需要首先根据各河段缺水量计算各水库的最小补水量，在此基础上考虑发电等最低要求来合理确定水库的供水约束下限。

放水约束下限为

$$q_{min}(m,t) = \max\{QG(m,t), QD_{min}(m,t)\} \tag{5.1-11}$$

式中：$QG(m,t)$ 为第 m 个水库 t 时段最小补水量。

初始调度线按放水约束下限确定，即

$$q^0(m,t) = \min\{q_{min}(m,t), q_{max}(m,t)\} \tag{5.1-12}$$

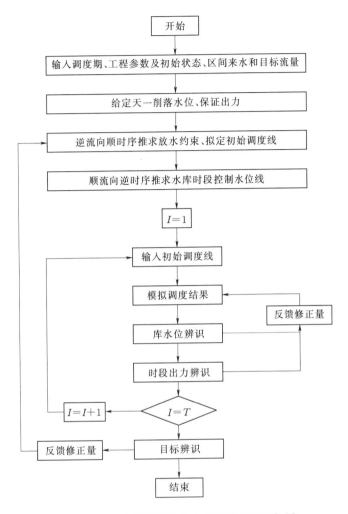

图 5.1-4 串联系统自优化模型求解流程框图

步骤二：最高、最低水位控制方程。

其推求方法采取由上游水库到下游水库，由调度期末到调度期初，即顺流向、逆时序的方法。

令 $VL(m,t)$、$VH(m,t)$ 分别为第 m 个水库 t 时段最低、最高水位控制线所对应的库容为

$$VL^0(m,t) = VL(m,t+1) - QR(m,t)\Delta t + q_{min}(m,t)\Delta t \qquad (5.1-13)$$

$$VL(m,t) = \max\{VL^0(m,t), V_{min}(m,t)\} \qquad (5.1-14)$$

$$VH^0(m,t) = VL(m,t+1) - QR(m,t)\Delta t + q_{max}(m,t)\Delta t \qquad (5.1-15)$$

$$VH(m,t) = \min\{VH^0(m,t), V_{max}(m,t)\} \qquad (5.1-16)$$

式中：$QR(m,t)$ 为第 m 个水库 t 时段的区间来水。

步骤三：水库运行模拟模型。

库容模拟采取由上到下顺时序、逐时段进行。

$$V(m,t+1)=V(m,t)+\{q(m-1,t)+QR(m,t)-q(m,t)\}\Delta t \qquad (5.1-17)$$

出力模拟采取由上到下的顺序进行，即

$$N(m,t)=A(m)QD(m,t)H(m,t) \qquad (5.1-18)$$

$$N_{sum}(t)=\sum N(m,t) \qquad (5.1-19)$$

（2）并联系统。武宣以下的并联自优化模拟决策系统，水库之间没有明显的水力联系，不存在顺、逆流向之分，只需进行逆时序模拟决策和顺时序模拟决策。

（3）串联系统与并联系统的耦合关系。自优化模拟决策时，串联系统与并联系统的耦合关系是通过西江的水量演进实现的。并联系统自优化模拟决策依赖于武宣流量，反过来又为串联自优化模拟决策提供依据，决定串联系统的补水水量决策，两者紧密联系，经反复迭代、协调，实现系统的全局最优（图 5.1-5）。

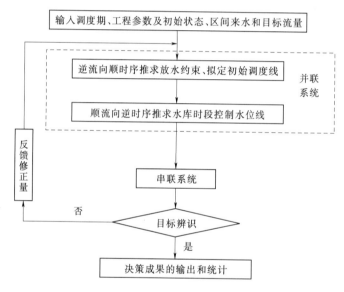

图 5.1-5　骨干水库群自优化模拟流程框图

5.1.2　流域骨干水库群抑咸实时调度

5.1.2.1　实时调度方案的生成过程

1. 实时调度方案生成原理

不同于一般的水库群联合调度，流域水库群抑咸实时调度是在一个总控条件约束下的事前决策与事后修正的过程，实时调度的难点在于克服不同调度时段下的流域来水系列和调水系列的随机性造成的方案失真，水库群抑咸实时调度过程实质上是要解决一系列复杂的随机问题。针对实时调度问题的本质，本次水库群抑咸实时调度提出了"宏观总控、长短嵌套、实时决策、滚动修正"方法，其中"宏观总控"是指实时调度是以流域抑咸优化调度方案为控制基础，实时调度就是对优化调度方案根据来水过程进行修正和分解；"长短嵌套"是针对调度过程而言的，本次实时调度首先根据长期气象和来水预报信息制定长时段调度预案，在优化调度的基础上，进一步根据实时调度时段预报信息制定实时调度方案，实时调度是以优化调度的计算结果作为上一层嵌套条件；"实时决策"就是逐时段预报当前降雨径流、气象等实时信息，并结合当前各骨干水库的水情状况作出当前时段的调度决策；"滚动修正"就是根据新的径流信息、气象信息、水库信息修正历史预报信息所带来的偏差，逐时段滚动修正，直到调度期结束。

2. 实时调度方案生成过程

珠江流域骨干水库群抑咸实时调度方案、优化调度方案的实际模拟过程，通过流域水雨情信息以及水库工况等基础数据准备，根据流域来水预报过程确定合理的初始调度方案。通过逐时段的水雨情信息的实时修正，利用二元分布式水文模型 EasyDHM 进行短期径流的预报，对当前调度方案进行检验，并修正下一时段的调度过程，以此逐时段滚动修正到调度期末。流程如图 5.1-6 所示。

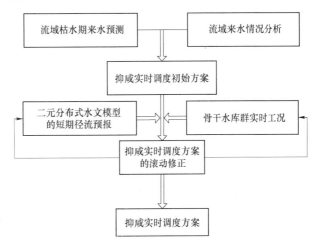

图 5.1-6　抑咸实时调度方案生成流程框图

5.1.2.2　实时调度方案滚动修正

"实时性"是实时调度的显著特点，它能够不断获取调度系统的水情状态、来水信息，及时进行预报数据和调度结果与实时信息间的反馈和调整，并且能对调度结果不断地进行实时滚动修正。实时调度方案是在初始调度方案的基础上，根据面临时段预报的来水情况做出调度决策的更新。当本调度时段结束的时候，实时调度信息采集系统将检验各种预报信息的准确性，如果预报信息出现偏差，将带来调度决策和时段末各状态参数的偏差，需要根据实时信息采集实时修正上一时段的偏差。

实时滚动调度方案是根据各水库蓄水及二元分布式水文模型 EasyDHM 进行来水滚动预报做出实时修正，每次进行滚动计算时先将各水库当前值置于现状实际数值。实时调度的滚动修正按一个调度时段进行，每过一个调度时段应根据新的来水信息制定下一时段的调度决策，直到当月的最后一个时段，在下个月的第一时段需要进行上个月的调度修正，如此逐时段滚动修正，直到调度期结束。

5.2　河口—河网咸潮三维数学模型构建

5.2.1　珠江三角洲咸潮数学模型构建

考虑到珠江河口咸潮时空变异的复杂性和外江咸度对闸泵调度规则确定的重要性，对水流和咸度的模型采用河口—河网整体三维咸潮数学模型。

河口—河网三维模型作为适定的数学物理问题，求解控制方程需给出边界和初始条件。模型边界条件主要有河道径流、外海潮汐和风；初始条件有水位、流场和咸度场。

5.2.1.1 模型范围

以珠江三角洲涵盖区域为模型范围，为便于资料的获取与整理，上游边界位置分别为潭江的石咀站、西江的马口站、北江的三水站、白坭水道的老鸦岗站、东江的新家铺和博罗站，外海边界取至约 200m 等深线处。整个计算范围东—西方向宽约 714km，南—北方向长约 600km，覆盖了珠江三角洲网河区主要河道、珠江河口八大口门和外海冲淡水的范围，计算范围总面积约 11.2 万 km²。计算网格单元总数约为 34 万个，计算网格较好地拟合了曲折岸线和水下地形（图 5.2-1），垂向计算网格根据不同的计算要求，在 Sigma 坐标下划分为等距的 11 层。

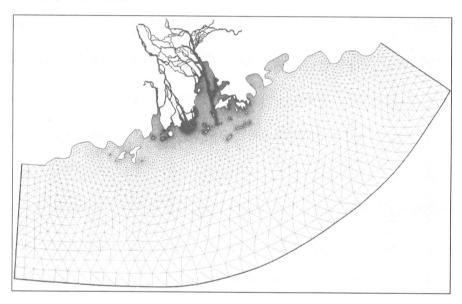

图 5.2-1　珠江河口—河网咸潮模型整体计算网格

5.2.1.2 边界条件

1. 水位、咸度边界

上游流量边界可根据珠江流域抑咸调度模型结果进行演算得到；对于上游咸度边界，由于模式计算范围足够大，上游淡水边界咸度值基本为接近零的定值，可直接给定为零。

下游外海潮汐水位边界没有相应的实测资料，给定较为困难。外海水深较大时，潮汐受近岸地形和河道径流的影响较小，故水位可由潮汐调和常数计算所得。本书中，模型的外海潮汐边界由 T/P 卫星高度资料调和分析得到的潮汐调和常数计算所得，包括 M2、S2、N2、K2、K1、P1、O1、Q1 等 8 个主要分潮，并根据南中国海海平面季节性变化和近岸站点资料对边界条件进行校核。

对于下游外海咸度边界，由于外海开边界设在距离河口足够远处，基本不受冲淡水的影响，在一定的模拟计算时段内咸度的边界条件可以给定值，此处给定 32‰。

2. 风力边界

对于风力影响边界条件，由于冬季珠江河口水域盛行季风，风向相对较为稳定，本次研究主要根据大万山和横澜岛风速、风向资料，以日均定常风场的形式输入数学模型。

5.2.1.3 初始条件

1. 初始水位

由于初始条件对模拟结果的影响较小，故计算初始条件采用"冷启动"，即初始水位为平均水位值，流速场初始条件为零。

2. 初始咸度

咸度初始场对盐淡水分布计算影响较大，且其为垂向分层的三维结构，准确模拟咸度初始场的给定较为困难。

根据 Oey 理论，在咸潮上溯数值模拟中，当咸度场模拟达到一定时间时，可以认为咸度场已经基本达到稳定，咸度初始条件已经不影响模拟结果。故在咸度模拟过程中，设流场的初始咸度为 0，可以通过建模范围内某点的咸度过程线来判断咸度场是否趋于稳定。当咸度场基本稳定时，取其该点的计算咸度作为初始咸度场对整个研究区域进行模拟，得出较准确的咸潮上溯模拟结果。这样做最大的缺点是咸度值由初始的定场达到平衡需要较长时间，大大浪费了宝贵的三维模型计算机时，且其需要长时间序列的流量边界条件，实施起来较为困难。

近年来，由于卫星遥感技术的高速发展，以及咸潮问题日益突出，咸度遥感受到国内外学者的普遍关注。在这一领域国内外学者已经进行了多次研究，并取得了相应的成果，珠江水利科学研究院采用黄色物质反演咸度算法对珠江河口区表层咸度信息进行提取，反演得到的表层咸度值与实测值误差较小。在这里，利用卫星遥感资料反演得到的表层咸度值，再根据初始时刻水动力情况和珠江河口各层咸度分布的经验规律，进行咸度值的垂向插值，得到计算所需的咸度初始场。这样给出的咸度初始场已经基本接近实际情况，咸度可以在较短的计算时间内就达到平衡，从而节约了大量计算机时，根据实际应用情况，一般 1～2d 即可达到较为理想的平衡状态。

5.2.1.4 参数设置

本次模拟经过多次率定验证，在基于选优的基础上，将河道糙率统一设置为 0.0275；干湿边界的临界判断值设置为 0.005m、0.05m 和 0.1m；由于模拟时间短，温度可设置为接近真实情况的恒定值 15℃。此外，还要考虑柯氏力以及潮流的影响。

5.2.1.5 应用思路

珠江河口—河网咸潮数学模型的构建，适应于珠江三角洲整体咸潮上溯的模拟与计算，但由于模型范围较大、计算网格过多往往致使计算时间过长，在实际进行咸潮预报时较慢，难以做到时效性。在实际开展工作时，根据研究区域的特征，可将模型范围适当缩小并简化，尝试在一个较小的范围内建模，在获得同等模拟精度结果的基础上，降低所需工作量，提高计算效率及针对性。例如，以潭江的石咀站、西海水道的天河站可构建出珠江河口西四口门咸潮数学模型，如图 5.2-2 所示；以珠江黄埔站、东江的博罗站可以构建出虎门水道咸潮数学模型，如图 5.2-3 所示。本书典型研究区域为中珠联围地区，该区域处于磨刀门水道，故以西海水道天河站、下游外海 200m 等深线构建出磨刀门水道咸潮上溯数学模型，具体见 5.2.2 节。

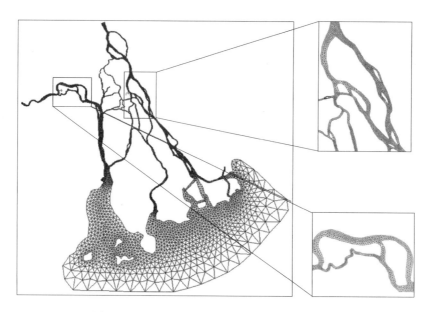

图 5.2 - 2 珠江西四口门咸潮模型整体计算网格

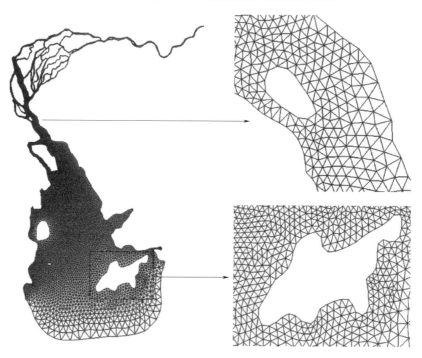

图 5.2 - 3 虎门水道咸潮模型整体计算网格

5.2.2 磨刀门水道咸潮三维数学模型构建

5.2.2.1 模型范围

本书对磨刀门建模的范围从磨刀门出口伶仃洋 20m 等深线处上至西海水道天河站，内河道范围及流经的站点包括三灶、挂定角、灯笼山、联石湾、平岗、竹银测站等。

同样采用非结构化三角网格，在外海开边界一带采取3km的分辨率、内河道较宽部分用200～280m的分辨率，部分细窄河道用70m甚至40m的分辨率来达成计算精度与计算效率的平衡。网格质量方面，保证每个三角形的最小角不少于30°，最大角不大于100°，方可避免发散。根据要求，全部计算区域共生成25607个三角形网格，14746个网格节点，如图5.2-4所示。

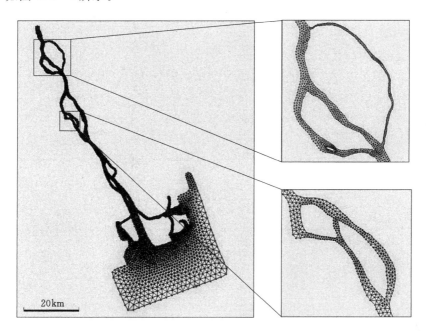

图5.2-4　磨刀门水道咸潮模型整体计算网格

5.2.2.2　工况选取

咸潮的上溯情况受河道径流量和潮汐引力影响很大。一般而言，受气候影响，枯季降雨量小，径流量减少，盐水入侵严重；汛期降雨量大，径流量随之增大，盐水入侵影响小，因而宜选用枯季时间段进行研究。本次模拟首先采用2006年11月1—15日的枯季水位数据对模拟进行率定，率定点选为联石湾、灯笼山，以初步检验模型的合理性；再利用2007年1月16—27日较为完整的资料进行全面验证，其中水位验证点选为灯笼山、平岗，咸度验证点选为灯笼山、联石湾、平岗。

5.2.2.3　率定验证

1. 工况率定结果

本书中的数据皆采用以珠江基面为基准的高程系，在处理资料的过程中，需要将地形、水位数据进行适当转换，方法如图5.2-5所示。

经过对上述率定期的工况运行，并结合初步模拟结果，对河道网河大小、底部糙率等因素进行适当调整，得出与实测数据较为相符的模拟数据。根据要求，率定点选为联石湾、灯笼山，两者的逐时水位率定效果如图5.2-6和图5.2-7所示。

由水位率定图可以看出，虽然数值上存在落潮不足的情况，但总体对磨刀门水道内水

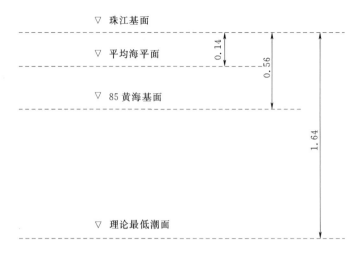

图 5.2-5　不同高程系之间的转换关系（单位：m）

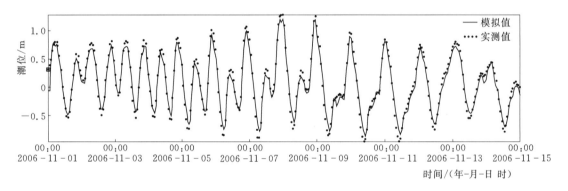

图 5.2-6　灯笼山水位率定图

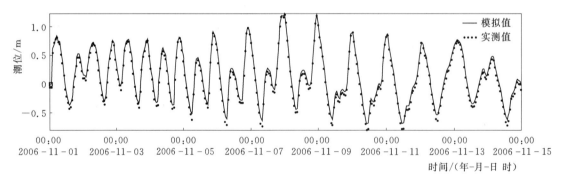

图 5.2-7　联石湾水位率定图

位的模拟效果较好。根据表 5.2-1 的相关性检测可以发现，选取率定站点的相关性系数分别为 0.9859、0.9890，且均方根 RMSE 值极小，这说明除个别潮位复杂变化的时段内有少许偏差，其余时段模拟效果在数值和相位上均较好。因此，可以初步判定本书所搭建的模型对磨刀门水道的三维数值模拟是合理可行的。

表 5.2 - 1

率定站点	RMSE	相关性系数 r
灯笼山	0.1036	0.9859
联石湾	0.0587	0.9890

2. 工况验证

利用率定工况的率定参数结果，对采用的模拟工况进行模拟，并分别对水位、咸度进行验证，以检测工况的结果准确性。

（1）水位结果验证。根据工况验证要求，水位验证点选为灯笼山、平岗，两者的逐时水位验证效果如图 5.2-8、图 5.2-9 所示，验证效果检测值见表 5.2-2。

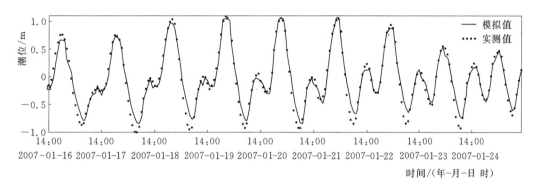

图 5.2-8 灯笼山水位验证图

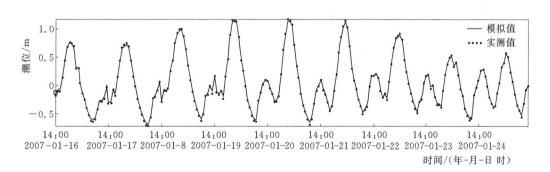

图 5.2-9 平岗水位验证图

表 5.2 - 2

水位验证效果检测值

率定站点	RMSE	相关性系数 r
灯笼山	0.1123	0.9804
平岗	0.0240	0.9885

由以上工况的水位验证图可以看出，虽然存在少许偏差，但模拟结果依然相对较好。根据表 5.2-2 内相关性检测可以发现，选取验证站点的相关性系数分别为 0.9804、0.9885，均方根 RMSE 值极小。这说明本次对工况的水位模拟结果与实际情况是相符的，

在一定程度上能够较为真实地反映水体的运动特征，为咸度的模拟奠定了可靠的动力基础。

（2）咸度结果验证。在咸度的实际测量中，测点的位置通常位于水面下1.5m左右，因此利用模型于1.5m水深所在分层的咸度输出结果进行验证。根据工况验证要求，咸度验证点选为灯笼山、平岗、联石湾，验证效果如图5.2-10～图5.2-12所示，验证效果检测值见表5.2-3。

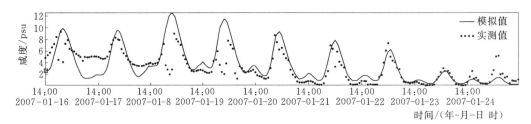

图 5.2-10　灯笼山咸度验证

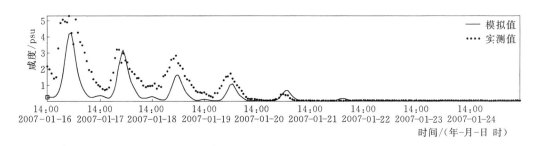

图 5.2-11　平岗咸度验证

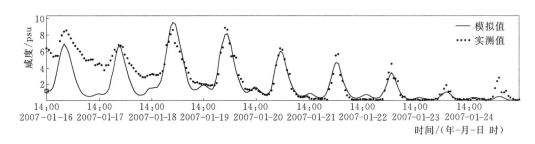

图 5.2-12　联石湾咸度验证

表 5.2-3　　　　　　　　　　　　　咸度验证效果检测值

验证站点	RMSE	相关性系数 r
灯笼山	2.1919	0.7262
平岗	0.8228	0.8386
联石湾	1.5476	0.8772

由以上工况的咸度验证图可以看出，对咸度验证点在时间段（2007年1月16—25日）内进行验证，结果显示咸度的模拟值与实际测量值基本相符合，尤其是在咸度变化的

周期与趋势方面，基本能够反映咸度变化的基本规律。当然，也存在一些问题，比如咸度的极值与实际测量值契合度并不高，存在偏大或者偏小的情况；初始时间段内咸度变化拟合情况较差，但随着时间进展逐渐向好的趋势发展。事实上，由于咸度的影响因素非常复杂，因而咸度的模拟难度也很大，加上在选取工况中某些站点实测值出现一些问题，比如咸度测量的方法在目前的技术上存在缺陷，尤其是物理测量法中的折射法和比重法都存在误差较大、精度不高等问题，即便是比较常用的电导法在水温低于 10℃ 时也需要其他方法对测得值进行修正，且当氯浓度高于 4000mg/L 即咸度高于 7.23psu 时，咸度测量极不准确，因而所获实测数据在某些时段出现误差和混乱，导致咸度极值不可避免地出现偏离。单就本次模拟的验证结果，结合考虑到的影响因素，整体上对咸潮变化的把握较为成功。

利用书中构建的磨刀门咸潮三维数学模型，结合 5.1 节构建的珠江流域水库抑咸调度，确定下泄调度流量后演算出咸潮三维数学模型的上游边界流量序列，并结合下游外海潮位预测序列，带入磨刀门咸潮数学模型进行运算分析，即可从中提取沿途各站点相应水位、咸度变化预测值，以把握咸潮变化情况，并为中珠联围抢淡蓄淡应急供水调度提供边界咸情预测数值序列。

5.3 中珠联围群闸优化调度模型构建

5.3.1 中珠联围模型概化

1. 模型范围

中珠联围为珠江三角洲典型水网区改善水环境与抢淡蓄淡保障应急供水水闸调度的典型研究区，西边界范围自与磨刀门水道相连的马角水闸以下至洪湾水闸，东边界范围至东灌河，最北端起茅湾涌入坦洲镇境内，南部以石角咀水闸为界。模型研究范围为磨刀门水道中珠联围段以及中珠联围内主要河涌，具体范围如图 5.3 - 1 所示。

2. 河网水系

中珠联围水系发达，河涌纵横交错，河涌容量达 2946 万 m³。本次模型概化的主要河网水系为中珠联围内宽度超过 15m 的河涌，共计 41 条，主要有前山水道、茅湾涌、西灌河、坦洲涌、东灌河、广昌涌、洪湾涌、沙心涌等。

3. 水利工程

目前，中珠联围内有大小水闸共 21 座，运行情况基本良好。本次调度模型涉及水闸主要为马角水闸、联石湾水闸、灯笼水闸、大涌口水闸、广昌水闸、洪湾水闸、石角咀水闸、永一水闸、联石湾涌尾闸、大沽水闸、二沽水闸、三沽水闸、南沙水闸、申堂水闸、龙塘水闸等。

4. 取排水口概化

中珠联围内主要的取水口有坦洲水厂取水口、裕洲泵站，具体见表 5.3 - 1 和图 5.3 - 2。中山坦洲镇主要通过坦洲水厂取水口从西灌河取水保障当地用水需求；珠海在建立竹银水库以前通过坦洲涌上的裕洲泵站抢淡蓄淡，竹银水库建立后裕洲泵站作为应急备用取水泵站。

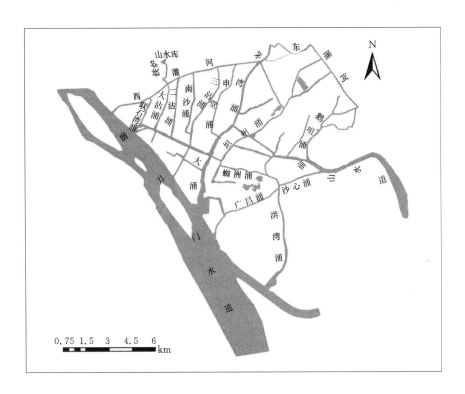

图 5.3-1 中珠联围群闸优化调度模型范围示意图

表 5.3-1   中珠联围主要取水口基本情况表

序号	取水口名称	所在水源地	取水口具体位置	规模/(万 m³/d)
1	坦洲水厂	西灌河	坦洲镇西灌河末端	15
2	裕洲泵站	坦洲涌	坦洲涌东南角	60

5.3.2 中珠联围模型建立

5.3.2.1 调度目标

1. 改善水环境的中珠联围水闸优化调度目标

中珠联围基于群闸联控的改善水环境调度模型的调度目标是在满足防洪、排涝以及各河涌控制水位及联围内用水安全的前提下，尽可能降低内河网中水流往复的现象，形成有序的单向流，加强内河涌的水动力条件，增强水体的自我净化能力，加快污染物的稀释及排放速率。尽可能加快内河涌水体更新速度、降低河网区的污染物浓度，最大限度改善水质。

（1）污染物平均浓度。中珠联围的主要污染物为 COD 及 NH_3-N，因此选取 COD 及 NH_3-N 作为本次研究的污染物指标。本次改善水环境调度模型的目标函数主要为 COD 污染物平均浓度最低、NH_3-N 污染物平均浓度最低，具体为

$$F = \min \sum_{i=1}^{N} \eta_i C_{i,t} \qquad (5.3-1)$$

式中：$C_{i,t}$ 为调度期间中珠联围第 i 条内河涌 t 时刻污染物平均浓度；η_i 为第 i 条内河涌的污染物浓度权重，$\sum_{i=1}^{N} \eta_i = 1$。

（2）半换水周期。使用换水率和半换水周期对水体更新速度进行评价，假设内河网区的水体浓度为 1，而外江相对干净的水体浓度为 0。换水率是内河网区水体被外江水体所置换的比率，采用下式计算，即

$$R(r,l,t) = \frac{C(r,l,t_0) - C(r,l,t)}{C(r,l,t_0)} \times 100\%$$

$$(5.3-2)$$

式中：r 为河涌名称；l 为河涌特定的位置里程标识；t_0 为初始时刻。

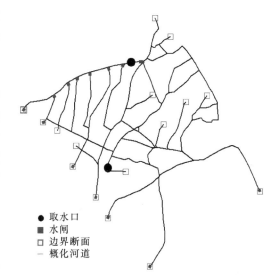

● 取水口
■ 水闸
□ 边界断面
— 概化河道

图 5.3-2　中珠联围模型概化图

在外江潮位的变化过程及水闸的调控之下，外江的水进入内河网并和内河水体不断混合，内河原有的水体被挤压出内河网。随着时间的推移，当内河网水体的浓度降为 0 时，这一过程的时间称为一个换水周期。而某一断面的半换水周期为该断面的浓度由初始值降到初始值的一半所需的交换时间。

2. 抢淡蓄淡应急供水的中珠联围水闸优化调度目标

中珠联围抢淡蓄淡应急供水调度，主要根据外江径流条件和咸潮活动规律，最大限度地抢取外江淡水，保障供水安全。

（1）总体目标。供水系统满足含氯度标准的原水缺水量最小，目标函数为

$$WD = \min(D - W) \qquad (5.3-3)$$

式中：WD 为供水系统满足含氯度标准的原水缺水量；W 为将外江淡水抢蓄到内河涌或水库后，泵站供给水厂满足含氯度标准的原水供给量；D 为水厂的原水需水量。

（2）泵站供淡调度目标。咸期供水保障时间最长，既满足含氯度标准（低于 250mg/L），又满足泵站取水水位的要求，综合目标函数为

$$T_{供} = \max[\min(T_1 + T_2 + \cdots + T_n)] \qquad (5.3-4)$$

式中：$T_{供}$ 为外江含氯度超标期间供水保障时间；T_1、T_2、$\cdots$、T_n 分别为各取水口供水保障时间。

5.3.2.2　约束条件

约束条件主要包括河网区内河涌控制水位、闸边界水流计算、闸孔调度数量以及闸门调度方式等几个方面。主要约束条件如下。

1. 河网区内河涌水位约束

河网区联围各片区地理高程普遍较为低平，外江进闸水量过多、出闸排水不足将致使部分河涌水位超过最高限制水位，水流漫溢，形成内涝。同时，为保证内河涌蓄水水位水

量满足正常生产之用，保证水质、景观、航运、岸堤稳定，内河涌水位不得低于最低限制水位，即

$$\underline{Z}_{k,t} \leqslant Z_{k,t} \leqslant \overline{Z}_{k,t} \qquad (5.3-5)$$

式中：$Z_{k,t}$ 为调度 t 时刻内河涌第 k 断面处水位；$\underline{Z}_{k,t}$ 为调度 t 时刻内河涌第 k 断面处最低限制水位；$\overline{Z}_{k,t}$ 为调度 t 时刻内河涌第 k 断面处最高限制水位。

一般地，某一确定内河涌的确定断面处的最低或最高控制水位不随时间变化，为一固定值。

水体置换调度西灌河控制水位：$Z < 0.5\text{m}$；围内其他河涌内水位：$Z < 0.2\text{m}$。

抢淡蓄淡调度西灌河控制水位：$Z < 0.7\text{m}$；围内其他河涌内水位：$Z < 0.3\text{m}$。

2. 过闸设计流量约束

过闸流量可以通过公式计算得到，但不得超过水闸的设计流量；否则只能按照水闸设计流量过流，即

$$Q_{j,t} \leqslant Q_{j,\max} \qquad (5.3-6)$$

式中：$Q_{j,t}$ 为调度 t 时刻内河第 j 座水闸的过闸流量；$Q_{j,\max}$ 为内河涌第 j 座水闸的设计过流能力。

3. 闸门开启方式约束

水闸工程在实际运行过程中，为避免出现不利工作状态，闸门的开启方式往往存在诸多约束和技术性限制条件。模型中主要考虑以下几点。

（1）水闸仅存在全关和全开两种状态。

（2）为避免水闸过于频繁启闭，水闸某一特定启闭状态必须维持一定时长，即

$$T_j \geqslant \underline{T}_j \qquad (5.3-7)$$

式中：T_j 为内河涌第 j 座水闸维持某一特定工作状态（如闸门全开或全关）的时长；$\underline{T}_j$ 为内河涌第 j 座水闸维持某一特定工作状态允许的最短时长。

4. 水库调咸约束

利用铁炉山水库在内河涌河道水质超标时进行放水调节，以满足供水需求，其约束条件为

$$C_{j,t} \geqslant C_{j,\max} \qquad (5.3-8)$$

式中：$C_{j,t}$ 为出库调度 t 时刻河涌 j 断面处的污染物浓度值；$C_{j,\max}$ 为内河涌第 j 断面的污染物浓度限值。

5. 泵站取水约束

水体置换后，以及抢淡蓄淡过程中，取水河段的水质、水位应同时满足泵站取水要求，即

$$C_{j,t} \leqslant C_{j,\max} \qquad (5.3-9)$$

$$Z_{j,t} \geqslant Z_{j,\min} \qquad (5.3-10)$$

式中：$C_{j,t}$ 为调度 t 时刻内河第 j 断面的污染物浓度；$C_{j,\max}$ 为内河涌第 j 断面的污染物浓度限值；$Z_{j,t}$ 为调度 t 时刻内河第 j 断面的水位；$Z_{j,\min}$ 为内河涌第 j 断面的水位限值。

水质约束条件：咸度小于 250mg/L；COD 小于 20mg/L；NH_3-N 小于 1.0mg/L。

5.3.2.3　边界条件

本次调度模型的边界选取上游茅湾涌枯水期的来水流量作为边界，由于茅湾涌上没有水文站，上游来水根据枯水期降雨量推求。

下游选取马角、联石湾、灯笼山、大涌口、广昌、洪湾和石角咀等水闸外江（海）实测潮位和含氯度，或从磨刀门水道咸潮三维数学模型中提取作为边界。

5.3.2.4　初始条件

1. 水体置换调度

水质初始条件：联围内水质按照监测结果，咸度为 30mg/L；COD 为 30mg/L；NH_3-N 为 1.5mg/L。

水位初始条件：联围内初始水位按 ± 0m 计算。

2. 抢淡蓄淡调度

水位初始条件：联围内初始水位按 0.2m 计算。

5.3.2.5　数据资料

1. 地形资料

中珠联围内河涌水动力模拟的一维模型研究范围主要包括中珠联围内河涌，共计 41 条，设置约 1000 个断面，其地形采用 2010 年实测地形资料。

2. 水文资料

中珠联围闸泵优化调度模型率定采用 2013 年 12 月 3—5 日 3d 调度过程实测数据资料；验证采用 2016 年 5 月 7—10 日 4d 调度过程的实测数据资料。

对于联围水动力分析，采用 2011 年 12 月典型潮位和咸潮过程资料，进行中珠联围内水动力和咸度变化过程的模拟计算。

对于改善水环境的群闸优化调度，采用 2015 年 4 月 6—10 日的外江实测资料进行模拟分析。

对于抢淡蓄淡应急供水的群闸调度，采用 2011 年 11—12 月的实测外江潮位和咸潮过程资料进行模拟分析。

5.3.3　中珠联围模型率定验证

5.3.3.1　水动力率定与验证

中珠联围内 7 个外江水闸设置了水位监测，同时设有安阜、坦洲等内河涌水位站。由于中珠联围属于感潮河网区，模型的上边界和下边界均采用实测水位数据，选取 2013 年 12 月 3—5 日 3d 调度过程的实测水位数据进行率定，得到中珠联围内河涌综合粗糙系数在 0.02～0.03，率定的水位情况如图 5.3－3 和图 5.3－4 所示。将率定结果用于 2016 年 5 月 7—10 日进行验证，验证的水位情况如图 5.3－5 和图 5.3－6 所示。

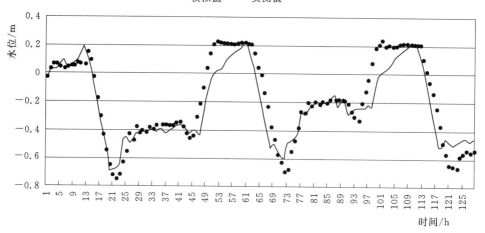

图 5.3－3 一维水动力模型率定（安阜）

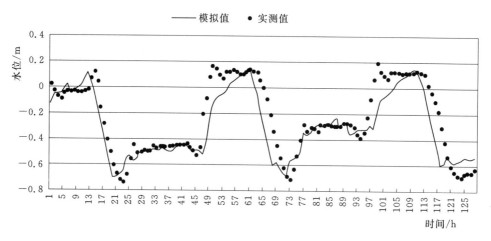

图 5.3－4 一维水动力模型率定（坦洲）

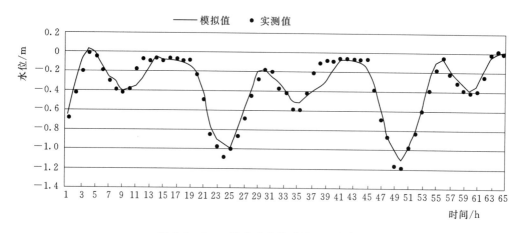

图 5.3－5 一维水动力模型验证（安阜）

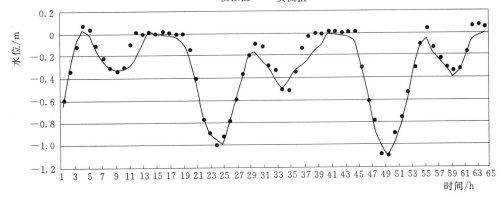

图 5.3-6　一维水动力模型验证（坦洲）

将模型计算的结果和实测水位数据进行对比，可知本次率定安阜、坦洲站的最大水位差分别为 0.1m、0.098m、0.099m，满足规范要求。验证期安阜、坦洲站的最大水位差分别为 0.1m、0.097m，满足规范要求，可见本次率定的水动力模型参数可较好地运用于中珠联围的水动力模拟计算。

5.3.3.2　水质参数确定与验证

水质模型需要确定的参数包括纵向离散系数和衰减系数。

水流的条件会影响纵向离散系数 E_x，在中珠联围中河网水流复杂，纵向离散系数 E_x 变化范围较大，对于不同的河段要分别进行计算，即

$$E_x = 0.011 \frac{v^2 B^2}{h u_*} \tag{5.3-11}$$

式中：v 为计算断面平均流速；B 为计算断面过水宽度；h 为计算断面平均水深；u_* 为摩阻流速，$u_* = \sqrt{ghJ}$；J 为水力坡度。

水质模型的衰减系数根据已有成果综合分析确定。近 20 多年来，广东省水利厅、华南环境科学研究所等科研单位对珠江三角洲水网区各类水体的 COD、NH_3-N 衰减规律作了系统的研究，研究成果见表 5.3-2。

表 5.3-2　　　　　　　　广东省重点研究成果采用的衰减系数　　　　　　　单位：1/d

项目名称	承担单位	COD	NH_3-N
珠江流域水环境管理对策研究	华南环境科学研究所	0.07~0.60	0.03~0.30
珠江三角洲水环境容量规划与水质规划	华南环境科学研究所	0.08~0.45	0.07~0.15
广东省地表水环境容量核定技术报告	华南环境科学研究所	0.10~0.20	0.05~0.10
广东省水资源保护规划要点	广东省水利厅	0.10~0.20	0.05~0.10

本次中珠联围改善水环境的闸群调度模型中 COD 衰减系数取值为 0.1（1/d），NH_3-N 衰减系数取值为 0.05（1/d）。

利用 2016 年 5 月 7—10 日污染物指标 COD 和 NH_3-N 的实测数据与水质模型的计算数据作比较，并对水质模型的参数进行验证。此处选取有实测数据的 3 个监测断面来进行

参数验证，分别是前山水道观景台断面、沙心涌尾断面和鹅咀涌首断面，比较成果见表5.3-3。

表5.3-3 水质模型计算值与实测值比较

监测断面	前山水道观景台		沙心涌尾		鹅咀涌首	
污染物类型	COD	NH_3-N	COD	NH_3-N	COD	NH_3-N
计算值/(mg/L)	23.72	1.71	28.61	1.73	23.12	1.54
实测值/(mg/L)	33.23	1.90	23.32	1.51	27.80	1.92
相对误差/%	28.62	10.00	18.49	14.57	16.83	19.79

　　除去模型本身计算结果带来的误差，计算值和实测值产生误差的原因还有以下两点：一是本次对研究区域进行概化时，由于原始数据资料的缺少，仅对流域内的部分排水口进行了概化，缺少对模拟时段内汇入内河涌污染物的详细数据；二是现场取水样时内河涌水体在关闸后可能还存在往复回荡的现象，取水样的污染物实测值并不一定能代表该处断面水体稳定后的污染物浓度。但从污染物浓度的整体变化趋势来说，模型模拟计算结果和实测值的吻合程度较好，可见本次选取的水质模型参数可较好地运用于中珠联围的水质模拟计算。

第**6**章
中珠联围水动力水质变化特征分析

6.1 中珠联围水动力及水质特性分析

利用已经建立的中珠联围群闸优化调度模型,采用 2011 年 12 月典型潮位和咸潮过程,进行中珠联围内水动力和水质变化过程的模拟计算,分析内河涌主要河段水动力和水质变化特征。

在模拟计算中设置所有水闸全开,即无水闸的调度调节作用,仅研究在外江潮汐作用调节下的内河涌水流自然流动状态,以及水流在河网中的运动格局和水质变化特性。模型将计算该设定条件下中珠联围内河涌任一计算断面的水位(流量)、咸度、流速等,根据模型输入,可统计分析内河涌重点河段的水动力、咸度变化特征。

本次调度涉及中珠联围改善水环境和抢淡蓄淡调度,改善水环境调度目标为联围内河涌水质改善,抢淡蓄淡调度主要目的是保障围内取水供水安全,围内现有主要取水口是坦洲水厂西灌河取水口和裕洲泵站坦洲涌取水口。因此,本次分析主要以中珠联围供水主要河道西灌河和坦洲涌为具体分析对象,分析其水动力、咸度变化特征。在特征分析中选取 9 个断面进行分析,其中西灌河 5 个断面、坦洲涌 3 个断面,另外在分析水动力条件时考虑大涌口断面,具体如图 6.1-1 所示。

6.1.1 内河涌水动力变化特征

在所有水闸均打开情况下,中珠联围内河涌水流自然流动,其水位、流量明显受外江(海)潮动力作用的影响。在珠江三角洲地区,潮汐主要为不正规半日潮,日潮不等现象显著。由于中珠联围地区枯季径流作用相对较弱,且主要受外江(海)潮汐动力的作用,因而本次研究时期内中珠联围水位也相应呈现"两高两低"的不规则变化(图 6.1-2 和图 6.1-

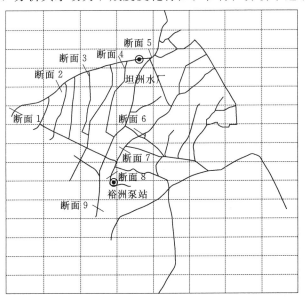

图 6.1-1 围内水动力及水环境特征变化规律分析
断面分布示意图

3），局部河段出现往复流的现象。

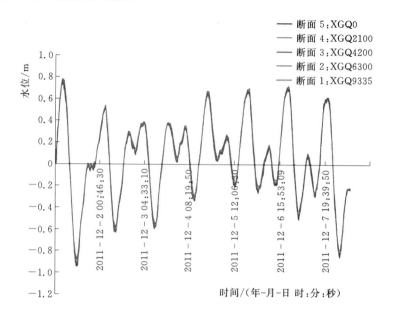

图 6.1-2　西灌河沿途断面水位过程线

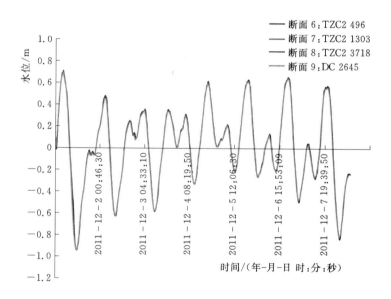

图 6.1-3　坦洲涌沿途断面水位过程线

中珠联围内部河涌通过与外江连接处向内河涌传递，动力强弱随着距离远近的变化而变化，使得不同河段在不同时刻出现不同的水力要素变化状态和趋势，进而影响污染物的扩散过程。选取 12 月 5—6 日内一个完整的潮周期变化过程，对围内水动力进行分析，结果如图 6.1-4 所示。

由图 6.1-4 可以发现，由于中珠联围区域较小且河网密布，加上临近外海，致使内河涌水位变化过程迅速且一致，各条河涌之间在同一时刻没有出现较大的落差，且到达潮位极值（低高潮、低低潮、高高潮、高低潮）时，围内各河涌的水位基本一致。此外，河涌距离外江越近，水动力变化越显著，水位变化越早：当处于涨潮过程时图6.1-4（b）、（d），连接于外江的各条河涌水位首先变化，其中以连接磨刀门的西灌河、连接下游的前山水道最为显著，进而涌向内部河涌促使水位上涨；同样，当处于落潮过程时图 6.1-4（a）、（c），连接外江的各条河涌水位也首先降低，进而带动内部各河涌水位跟随降低。

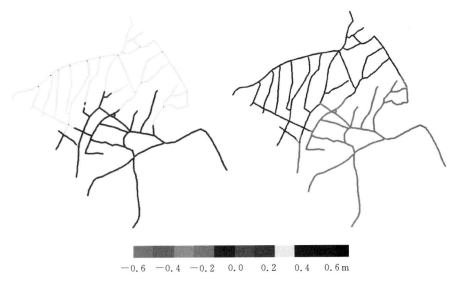

−0.6　−0.4　−0.2　0.0　0.2　0.4　0.6 m

(a) 低高潮—低低潮变化过程中两个时刻(12-5 9:00、12-5 11:00)

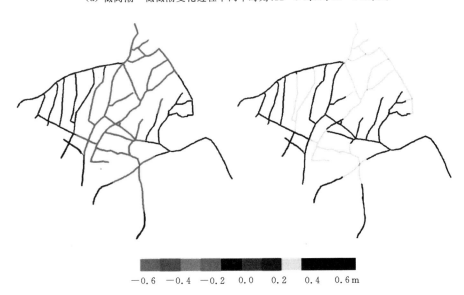

−0.6　−0.4　−0.2　0.0　0.2　0.4　0.6 m

(b) 低低潮—高高潮变化过程中两个时刻(12-5 14:00、12-5 17:00)

图 6.1-4（一）　中珠联围涨落潮水位变化过程

133

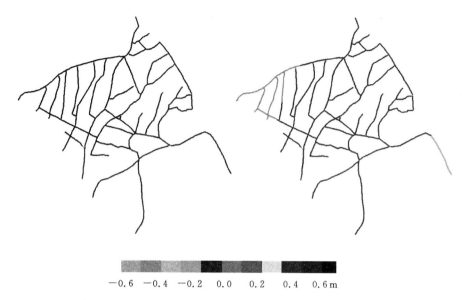

−0.6 −0.4 −0.2 0.0 0.2 0.4 0.6m

(c) 高高潮—高低潮变化过程中两个时刻(12-5 20:00、12-5 23:00)

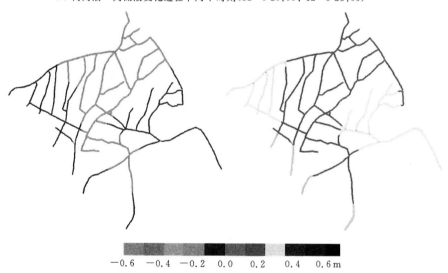

−0.6 −0.4 −0.2 0.0 0.2 0.4 0.6m

(d) 高低潮—低高潮变化过程中两个时刻(12-5 3:00、12-5 5:00)

图 6.1-4（二）　中珠联围涨落潮水位变化过程

在水闸全开的条件下，各内河涌水动力变化规律是有所差别的。由于受外江潮位影响较大，呈现周期性变化，本次选取 2011 年 12 月一个完整的潮周期，分别对西灌河以及坦洲涌进行分析。

1. 西灌河水动力变化特性分析

根据模型模拟结果（具体如图 6.1-5 和图 6.1-6 所示），对西灌河水动力变化特性进行分析，可以得出以下结论。

（1）西灌河各个断面的水位和流量随外江水位和流量的变化而变化，且变化趋势基本

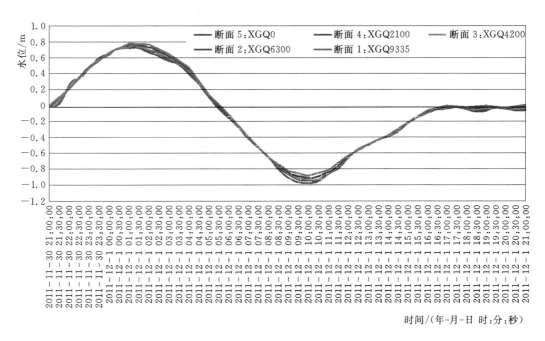

图 6.1-5　西灌河沿途断面水位过程线（单周期）

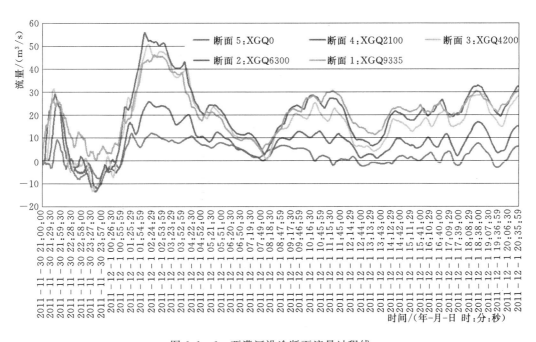

图 6.1-6　西灌河沿途断面流量过程线

同步；由于磨刀门水道是中珠联围地区的主要影响动力源，因此距离磨刀门水道越近，则受外江影响越大，水动力条件越强；距离磨刀门水道越远，则受外江影响越小，水动力条件越弱。

（2）西灌河首（断面5）水位变化不但受马角水闸处外江水位变化的影响，同时也受茅湾涌上游来水及大涌口水位变化的影响，以马角水闸处外江水位变化影响为主。

2. 坦洲涌水动力变化特性分析

根据模型模拟结果（具体如图 6.1-7 和图 6.1-8 所示），对坦洲涌水动力变化特征进行分析，可以得出以下结论。

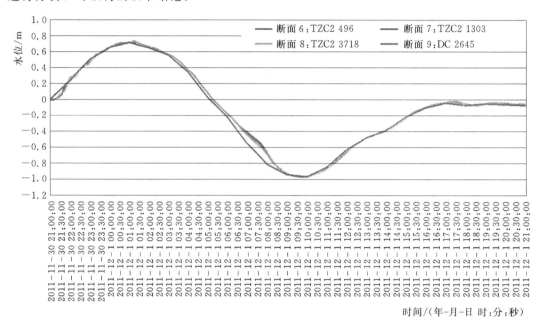

图 6.1-7　坦洲涌主要断面和大涌口断面水位过程线（单周期）

图 6.1-8　坦洲涌主要断面流量过程线

（1）坦洲涌各个断面的水位变化趋势基本同步，且与大涌口处外江水位变化过程基本一致。

（2）根据坦洲涌各断面的流量过程可知，由于断面 7 处位置距磨刀门水道较近，且是进水各河道末端交汇处与排水各河道首端起始处，属于河网中心交汇区，因而该断面水动力条件最强；而断面8（裕洲泵站取水口处）位置接近河道末端处为封闭状态且无外江进水口直接相连，致使该处水动力条件最弱。

6.1.2 内河涌水质及咸度变化特征

在所有水闸均打开情况下，中珠联围内河涌水流自然流动，其水质变化明显受水动力条件和外江（海）潮动力的作用，通过与外江连接处向内河涌传递，动力强弱受距离远近的变化而变化，使得不同河段在不同时刻出现不同的水质变化状态和趋势。为模拟中珠联围内水质变化特征，本次选定 COD、NH_3-N 和含氯度作为水质特征指标。根据围内和外江水质现状，拟定 COD、NH_3-N 和含氯度的围内初始浓度分别为 30mg/L、1mg/L 和 30mg/L，模型计算的外江 COD、NH_3-N 和咸度浓度分别采用 15mg/L、0.15mg/L 和外江实测咸度资料，本次模拟选取 2011 年 12 月 1—5 日 5d 时间进行模拟分析。围内污染物浓度变化情况具体如图 6.1-9 和图 6.1-10 所示。

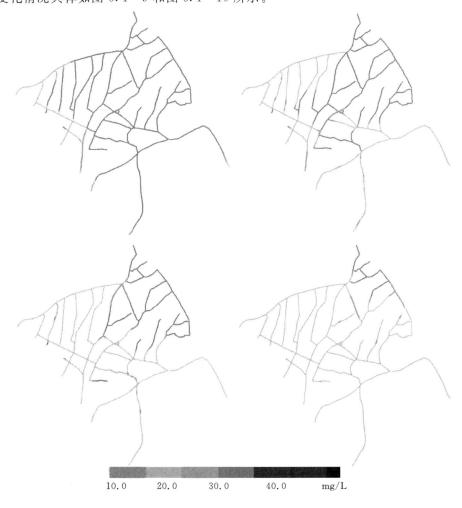

图 6.1-9　中珠联围涨落潮 COD 浓度变化

（按时间顺序为 12-1 10：28、12-2 12：47、12-4 2：12、12-5 19：15）

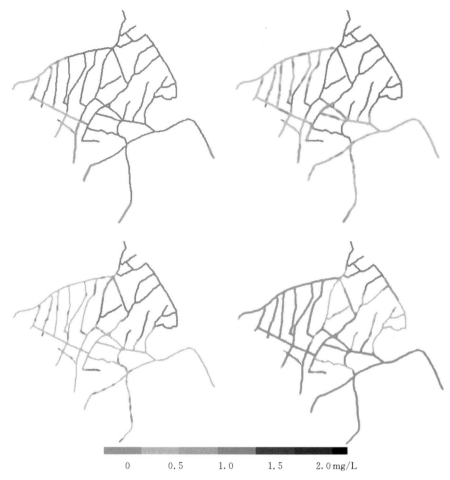

0   0.5   1.0   1.5   2.0 mg/L

图 6.1-10　中珠联围涨落潮 NH_3-N 浓度变化

（按顺序为 12-1 10：28、12-2 12：47、12-4 2：12、12-5 19：15）

由图 6.1-9 和图 6.1-10 可以看出，在模拟情境下，初始阶段内中珠联围各内河涌的水质由于外江（海）水体的注入交换，污染物浓度迅速降低，水体质量整体改善，但由于距离远近的不同发生变化的时间略有差异；随后大部分水体内污染物浓度基本保持稳定并与外江水质持平，但由于水动力条件的影响皆呈现波动式变化，且水质变化较水动力变化时间略有延迟，仅有茅湾涌及其下游附近水体污染物浓度始终偏高，这是由于茅湾涌为主要污染物排放通道，河涌内含有 COD、NH_3-N 浓度较高，严重影响了下游地区的河涌水质。

在水闸全开的情况下，各内河涌污染物浓度变化规律是有所差别的，且受到的影响因素也不大一致，因此针对西灌河与坦洲涌的污染物变化情况，需要进一步进行详细分析。

1. 初始阶段西灌河水质变化特性分析

根据模型模拟结果（具体如图 6.1-11~图 6.1-13 所示），对西灌河水质变化特性进行分析，可以得出以下结论。

（1）西灌河各个断面的 COD 和 NH_3-N 变化趋势基本一致，在发生变化后迅速降低至稳定水平，且 COD 和 NH_3-N 变化趋势基本同步。

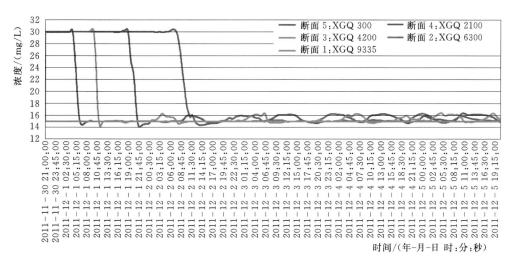

图 6.1-11　西灌河沿途断面 COD 过程线

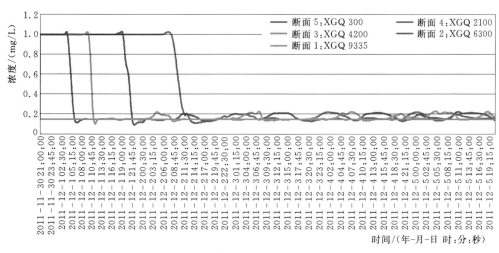

图 6.1-12　西灌河沿途断面 NH_3-N 过程线

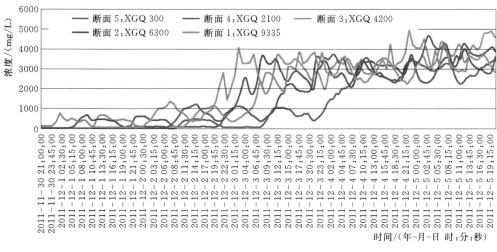

图 6.1-13　西灌河沿途断面咸度过程线

（2）根据西灌河各断面的COD和NH₃-N浓度变化过程可知，距离西灌河与外江交汇处越近，浓度变化越早，传播速度约为0.26km/h；水动力条件越强，污染物浓度由开始变化至稳定水平所需时间越短。

（3）西灌河坦洲水厂取水口断面COD和NH₃-N浓度在西灌河与外江交汇处浓度发生变化后34.5h发生变化，39.5h后趋于稳定。

（4）西灌河各个断面的咸度变化趋势是西灌河与外江交汇处咸度变化基本一致，且距离西灌河与外江交汇处越远浓度变化越小。

2．初始阶段坦洲涌水质变化特性分析

裕洲泵站按设计规模取水条件下，根据模型模拟结果（具体如图6.1-14～图6.1-16所示），对坦洲涌水动力变化特性进行分析，可以得出以下结论。

（1）坦洲涌各个断面的COD和NH₃-N变化趋势基本一致，在发生变化后迅速降低至稳定水平，且COD和NH₃-N变化趋势基本同步。

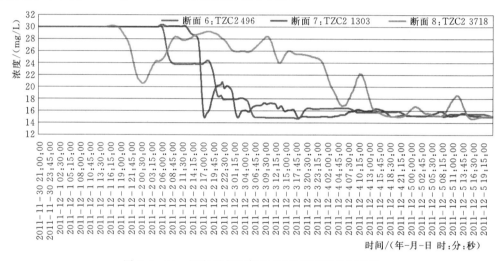

图6.1-14　坦洲涌主要断面COD浓度变化过程线

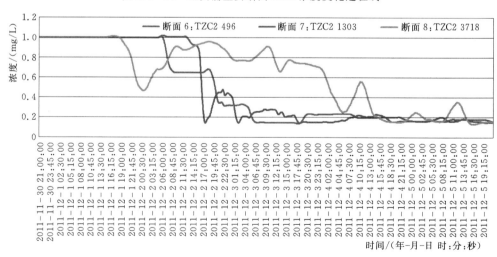

图6.1-15　坦洲涌主要断面NH₃-N浓度变化过程线

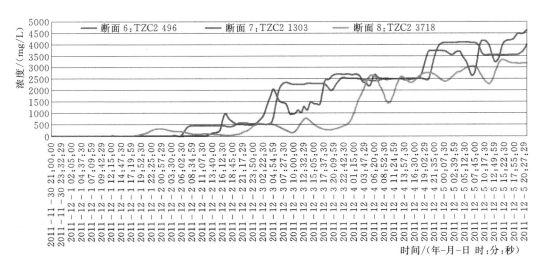

图 6.1-16　坦洲涌主要断面咸度变化过程线

（2）坦洲涌断面8（裕洲泵站取水口处）的 COD 和 NH_3-N 浓度在计算时段后 21h 发生变化（下降），89h 后趋于稳定，主要是因为该断面水动力条件较差。

（3）根据坦洲涌水质变化过程可知，断面6和断面7主要是受石角咀水闸进水影响，断面8变化主要是受大涌口水闸进水和石角咀水闸进水共同影响。

（4）坦洲涌各个断面的咸度变化趋势基本一致，外江咸度对断面8（裕洲泵站取水口处）影响最小。

3．稳定阶段西灌河水质变化特性分析

西灌河水体与外江充分交换后，涌内污染物浓度逐渐达到稳定水平，并随外江水动力条件的改变而波动。为此，选取水体环境稳定后的一个周期（图6.1-17和图6.1-18），分析沿途各断面水位与 COD、NH_3-N 之间的变化关系，可得出以下结论。

（1）污染物的浓度波动略滞后于水位的变化，且其浓度大小的极值一般出现在水位极值之后一段时间内。

（2）断面2、断面3处的污染物浓度波动幅度较断面4、断面5处大，这是由于断面2、3接近于闸门进水口附近，对闸门处的水动力条件变化响应迅速且剧烈，断面3、断面4位于较远位置，水动力条件相对较弱。

4．稳定阶段坦洲涌水质变化特性分析

坦洲涌水体与外江充分交换后，涌内污染物浓度逐渐达到稳定水平，并随外江水动力条件的改变而波动。同样，选取水体环境稳定后的一个周期（图6.1-19和图6.1-20），分析沿途各断面水位与 COD、NH_3-N 之间的变化关系，可得出以下结论。

（1）污染物的浓度波动略滞后于水位的变化，且其浓度大小的极值一般出现在水位极值之后一段时间内。

（2）断面6处个别时期出现了污染物浓度峰值时间略提前于水位的现象，这是由于该断面所处位置接近于茅湾涌附近，因此水环境不仅受到外江（海）的水动力影响，还受到茅湾涌排污的直接影响。

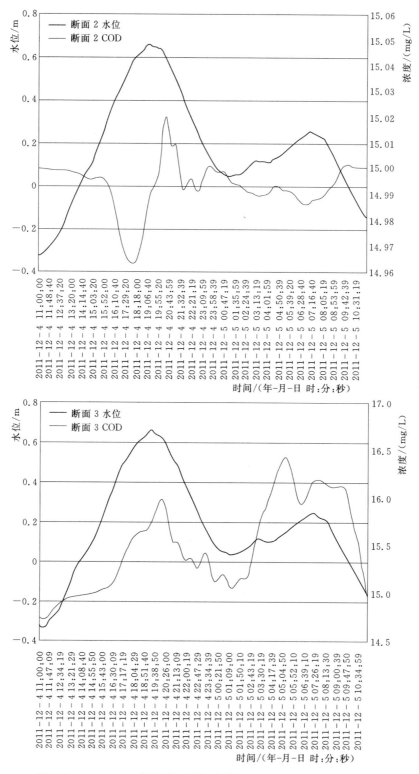

图 6.1-17（一）　西灌河主要断面水位与 COD 变化关系（单周期）

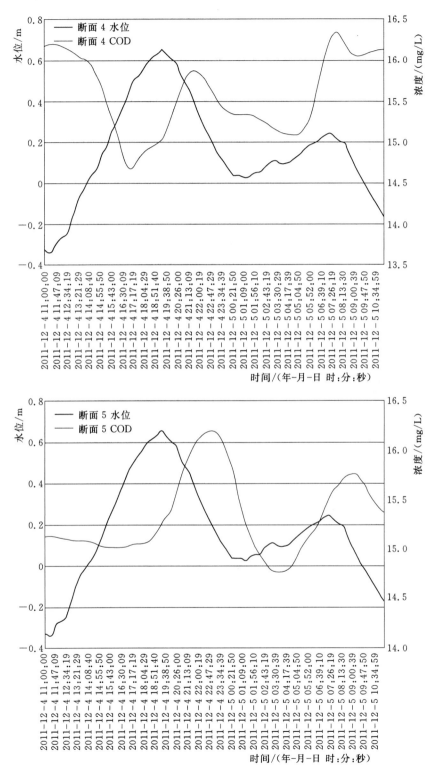

图 6.1-17（二） 西灌河主要断面水位与 COD 变化关系（单周期）

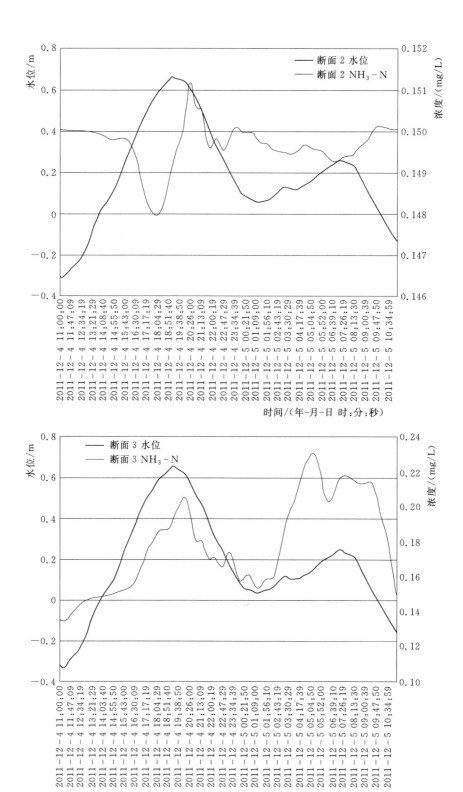

图 6.1-18 （一） 西灌河主要断面水位与 NH₃-N 变化关系（单周期）

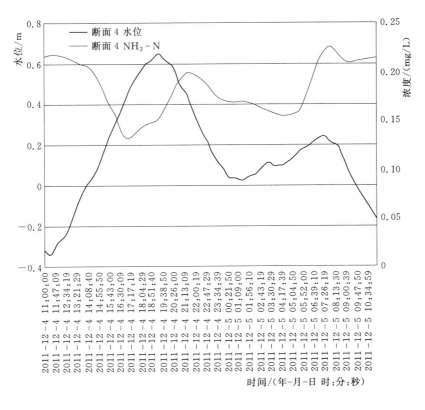

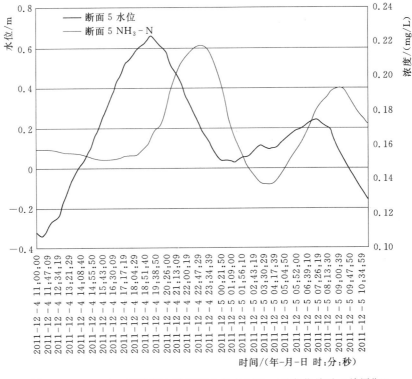

图 6.1-18（二）　西灌河主要断面水位与 NH_3-N 变化关系（单周期）

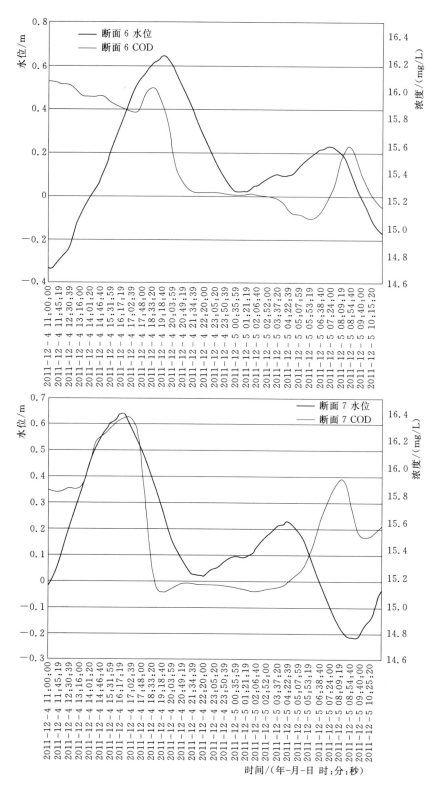

图 6.1-19（一）　坦洲涌主要断面水位与 COD 变化关系（单周期）

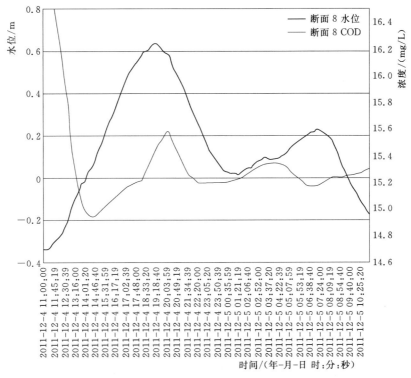

图 6.1-19（二） 坦洲涌主要断面水位与 COD 变化关系（单周期）

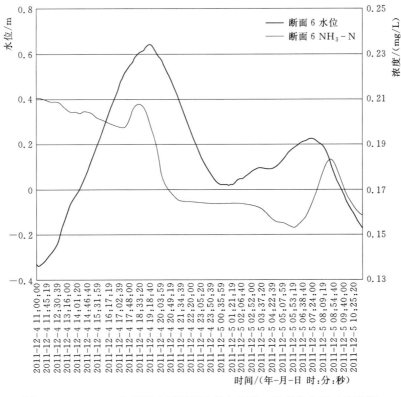

图 6.1-20（一） 坦洲涌主要断面水位与 NH₃-N 变化关系（单周期）

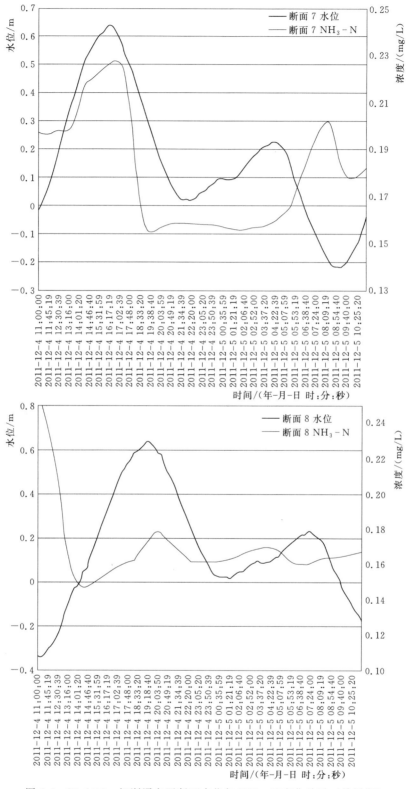

图 6.1-20（二）　坦洲涌主要断面水位与 NH_3-N 变化关系（单周期）

6.2 水闸对水动力和水质变化影响分析

通过上述分析可知，在闸门全开的情况下无论是坦洲水厂取水口还是裕洲泵站取水口，不管是水动力条件还是水质（包括含氯度）变化情况都受外江水动力和水质（包括含氯度）的影响。因此，需要通过水闸的调控来调节围内的水动力和水环境条件。中珠联围现状主要有7座外江水闸，根据围内水系特点和水动力条件，按照水闸的主要功能，将外江水闸分为进水闸和排水闸，其中以进水为主要功能的为马角水闸、联石湾水闸、灯笼水闸和大涌口水闸4座，以排水为主要功能的为石角咀水闸、广昌水闸和洪湾水闸。

本次分析水闸对水动力和水质变化特征影响分析中，主要考虑4个以进水为主的外江水闸。

6.2.1 马角水闸影响分析

为分析马角水闸对围内水动力条件和水质变化的影响，本次考虑通过对比分析马角水闸开关闸前后的情况，模型模拟分析按照马角水闸关闭，其他水闸全开与围内水闸全开情况进行对比分析。

1. 马角水闸对围内水动力条件的影响分析

根据模型模拟结果（具体如图6.2-1~图6.2-4所示），对坦洲水厂取水断面和裕洲泵站取水断面水动力变化特性进行分析，可以得出以下结论。

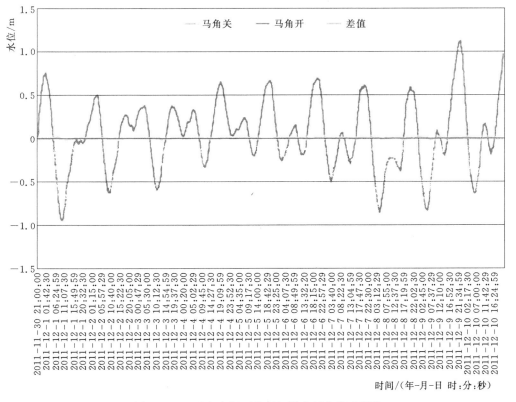

图 6.2-1 马角水闸开关下坦洲水厂水位过程线

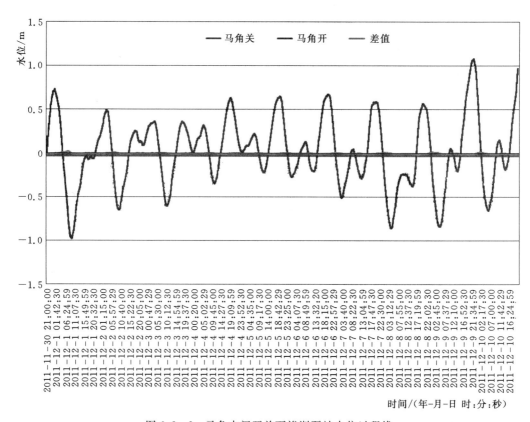

图 6.2 - 2　马角水闸开关下裕洲泵站水位过程线

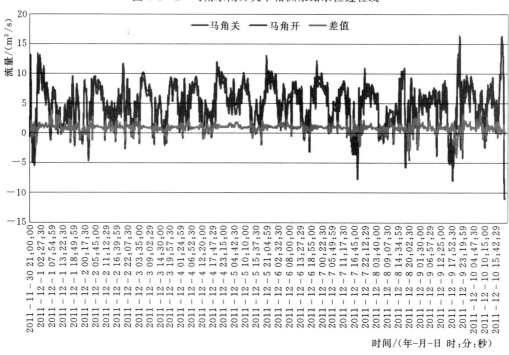

图 6.2 - 3　马角水闸开关下坦洲水厂流量过程线

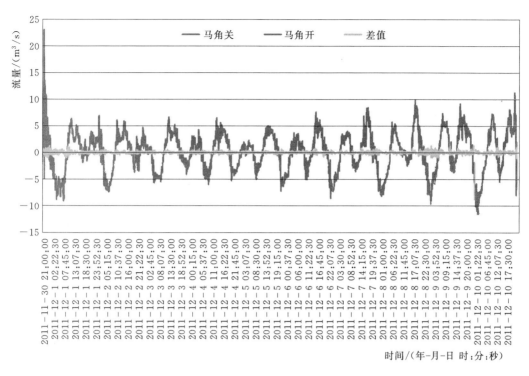

时间/(年-月-日 时:分:秒)

图6.2-4　马角水闸开关下裕洲泵站流量过程线

（1）马角水闸开关对坦洲水厂取水断面的水位变化影响较小，根据模拟结果马角水闸开时，坦洲水厂取水断面的水位主要受马角水闸进水影响；马角水闸关时，主要受联石湾水闸和大涌口水闸进水影响。

（2）马角水闸开关对坦洲水厂取水断面的流量变化影响较大，根据模拟结果，在计算时段内坦洲水厂取水断面的流量，马角水闸开关闸条件下，平均流量相差0.75m³/s。

（3）根据模拟结果，马角水闸开关对裕洲泵站取水断面的水位和流量变化基本无影响，主要是由于马角水闸距离裕洲泵站取水断面较远，且无直接的水力联系。

2. 马角水闸对围内水质变化的影响分析

根据模型模拟结果（具体如图6.2-5～图6.2-7所示），从整体上来看，马角闸门的开闭对内河涌污染物浓度的整体变化趋势并无改变，仍呈现初始阶段迅速递减的趋势，稳定阶段后随水动力条件的变化呈现波动，但两个阶段的出现时间有所改变，此外各断面的咸度也依旧呈现波动式上升的趋势。对坦洲水厂取水断面和裕洲泵站取水断面水质变化特性进行分析，可以得出以下结论。

（1）马角水闸开关对坦洲水厂取水断面的COD和NH_3-N浓度变化影响较大；根据模拟结果坦洲水厂取水断面的COD和NH_3-N主要受马角水闸进水影响，马角水闸开时较关时浓度下降时间提前19h；其原因分析是由于水闸开启式，由外江（海）进入西灌河的流量相对较大，促进了水体交换的效率，因而污染物浓度变化更迅速。

（2）马角水闸开关对坦洲水厂取水断面的咸度变化有一定的影响；马角水闸开时，西灌河与外江水体交换作用更为强烈，外江水体中的氯化物迅速进入河涌内，导致取水口断

151

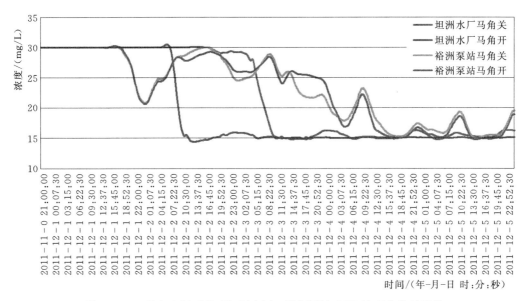

时间/(年-月-日 时:分:秒)

图 6.2-5　马角水闸开关下坦洲水厂、裕洲泵站 COD 浓度变化过程线

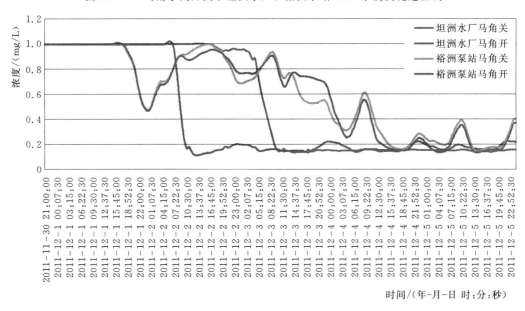

时间/(年-月-日 时:分:秒)

图 6.2-6　马角水闸开关下坦洲水厂、裕洲泵站 NH_3-N 浓度变化过程线

面的咸度上涨时间提前。

（3）马角水闸开关对裕洲泵站取水断面的 COD 浓度、NH_3-N 浓度和咸度变化基本无影响，主要是由于马角水闸距离裕洲泵站取水断面较远，且无直接的水力联系。

6.2.2　联石湾水闸影响分析

为分析联石湾水闸对围内水动力条件和水质变化的影响，本次考虑通过对比分析联石湾水闸开关闸前后的情况，模型模拟分析按照联石湾水闸关闭，其他水闸全开与 6.2.1 节围内水闸全开情况进行对比分析。

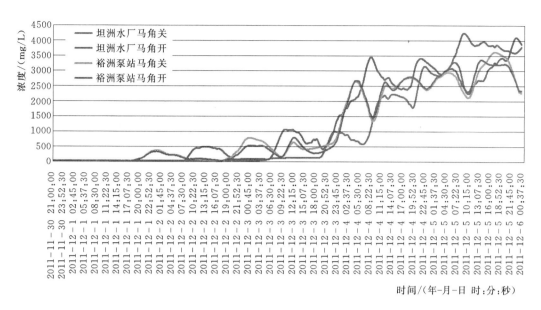

图 6.2-7 马角水闸开关下坦洲水厂、裕洲泵站咸度浓度变化过程线

1. 联石湾水闸对围内水动力条件的影响分析

根据模型模拟结果（具体见图 6.2-8～图 6.2-11），对坦洲水厂取水断面和裕洲泵站取水口断面水动力变化特性进行分析，可以得出以下结论。

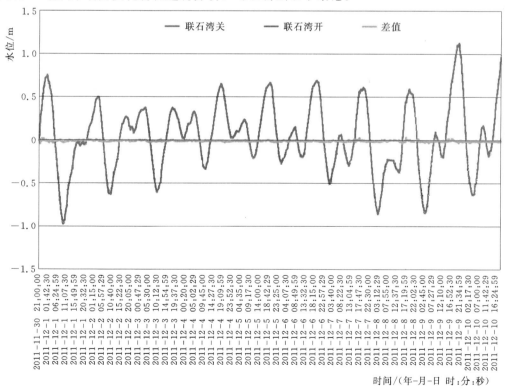

图 6.2-8 联石湾水闸开关下坦洲水厂水位过程线

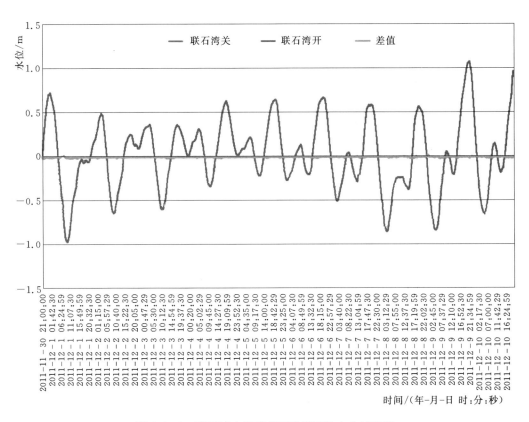

图 6.2-9 联石湾水闸开关下裕洲泵站水位过程线

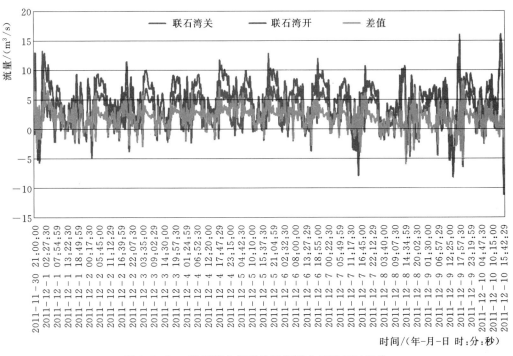

图 6.2-10 联石湾水闸开关下坦洲水厂流量过程线

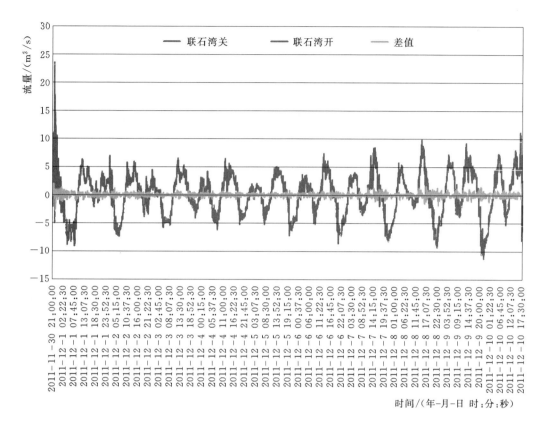

图 6.2-11　联石湾水闸开关下裕洲泵站流量过程线

（1）联石湾水闸开关对坦洲水厂取水断面的水位变化影响较小，主要是由于在马角水闸开启时，取水口断面的水位主要受马角水闸进水影响。

（2）联石湾水闸开关对坦洲水厂取水断面的流量变化影响较大，根据模拟结果，在计算时段内坦洲水厂取水断面的流量，联石湾水闸开关闸条件下，平均流量相差 $2.12\text{m}^3/\text{s}$。

（3）根据模拟结果，联石湾水闸开关对裕洲泵站取水断面的水位和流量变化基本无影响，主要是由于联石湾水闸距离裕洲泵站取水断面较远，且无直接的水力联系。

2. 联石湾水闸对围内水质变化的影响分析

根据模型模拟结果（具体如图 6.2-12～图 6.2-14 所示），从整体上来看，与马角水闸的影响类似，联石湾闸门的开闭对内河涌污染物浓度的整体变化趋势并无改变，仍呈现初始阶段迅速递减的趋势，稳定阶段后随水动力条件的变化呈现波动，但两个阶段的出现时间有所改变，此外各断面的咸度也依旧呈现波动式上升的趋势。对坦洲水厂取水断面和裕洲泵站取水断面水质变化特性进行分析，可以得出以下结论。

（1）联石湾水闸开关对坦洲水厂取水断面的 COD 和 NH_3-N 浓度变化影响较大；根据模拟结果坦洲水厂取水断面的 COD 和 NH_3-N 主要受联石湾水闸进水影响，联石湾水闸开时较关时浓度下降时间提前约 23h。

（2）联石湾水闸开关对裕洲泵站取水断面的 COD 和 NH_3-N 浓度变化影响较大；根

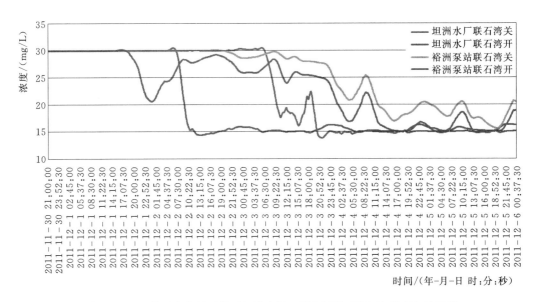

图 6.2-12 联石湾水闸开关下坦洲水厂、裕洲泵站 COD 浓度变化过程线

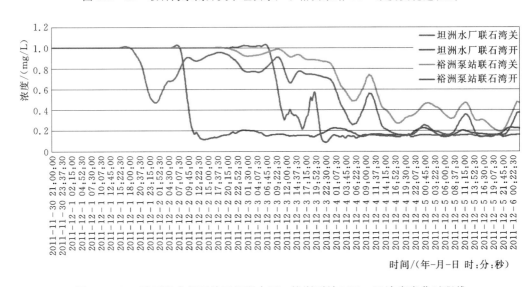

图 6.2-13 联石湾水闸开关下坦洲水厂、裕洲泵站 NH_3-N 浓度变化过程线

据模拟结果裕洲泵站取水断面的 COD 和 NH_3-N 主要受联石湾水闸进水影响，联石湾水闸开时较关时浓度下降时间提前约 23h。

（3）联石湾水闸开关对坦洲水厂取水断面和裕洲泵站取水断面的咸度变化有一定的影响；联石湾水闸开时，导致取水口断面的咸度上涨时间提前，咸度最大值增加。

6.2.3 灯笼水闸影响分析

为分析灯笼水闸对围内水动力条件和水质变化的影响，本次考虑通过对比分析灯笼水闸开关闸前后的情况，模型模拟分析按照灯笼水闸关闭，其他水闸全开与围内水闸全开情况进行对比分析。

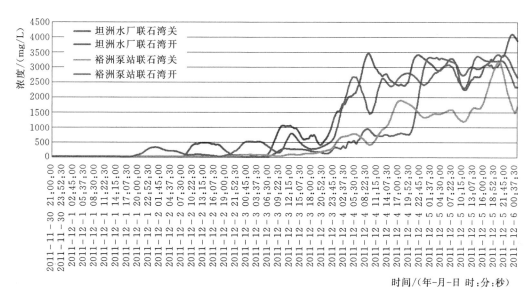

图 6.2-14　联石湾水闸开关下坦洲水厂、裕洲泵站咸度浓度变化过程线

1. 灯笼水闸对围内水动力条件的影响分析

根据模型模拟结果（具体如图 6.2-15～图 6.2-18 所示），对坦洲水厂取水断面和裕洲泵站取水断面水动力变化特性进行分析，可以得出以下结论。

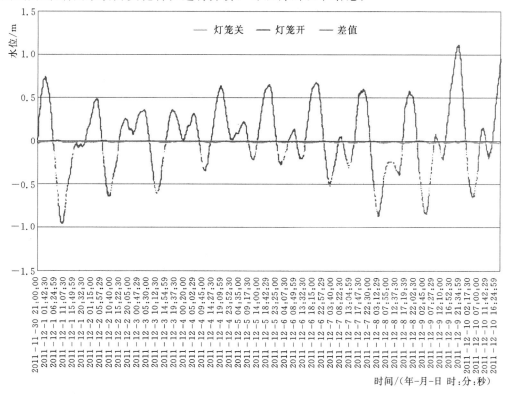

图 6.2-15　灯笼水闸开关下坦洲水厂水位过程线

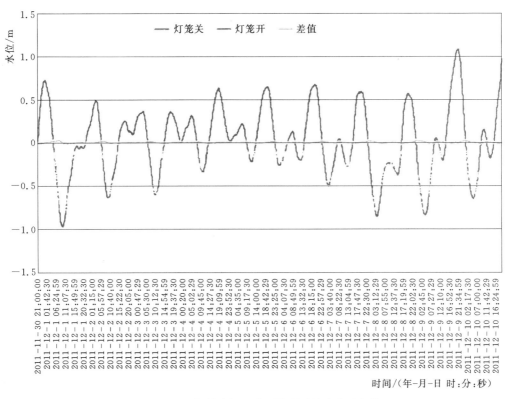

图 6.2 - 16 灯笼水闸开关下裕洲泵站水位过程线

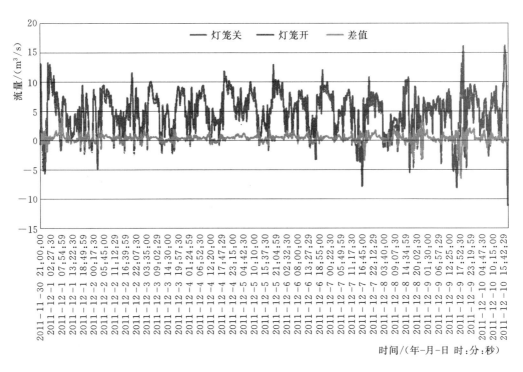

图 6.2 - 17 灯笼水闸开关下坦洲水厂流量过程线

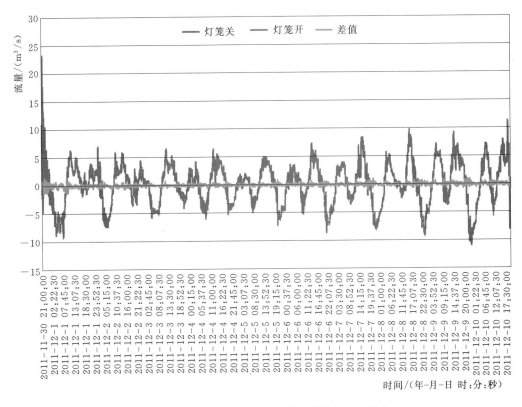

图 6.2-18　灯笼水闸开关下裕洲泵站流量过程线

（1）灯笼水闸开关对坦洲水厂取水断面的水位变化影响较小，坦洲水厂取水断面的水位主要受马角水闸和联石湾水闸进水影响。

（2）灯笼水闸开关对坦洲水厂取水断面的流量变化影响较小，在计算时段内坦洲水厂取水断面的流量，灯笼水闸开关闸条件下，平均流量相差 $0.39\text{m}^3/\text{s}$。

（3）灯笼水闸开关对裕洲泵站取水断面的水位和流量变化基本无影响，主要是由于灯笼水闸过水流量较小，且裕洲泵站位置处于坦洲涌末端封闭处，水力条件较差。

2．灯笼水闸对围内水质变化的影响分析

根据模型模拟结果（具体如图 6.2-19～图 6.2-21 所示），从整体上来看，与前者相似，灯笼水闸的开闭对内河涌污染物浓度的整体变化趋势并无改变，仍呈现初始阶段迅速递减趋势，稳定阶段后随水动力条件的变化呈现波动，但两个阶段的出现时间有所改变，此外各断面的咸度也依旧呈现波动式上升的趋势。对坦洲水厂取水断面和裕洲泵站取水断面水质变化特性进行分析，可以得出以下结论。

（1）灯笼水闸开关对坦洲水厂取水断面的 COD 和 $\text{NH}_3\text{-N}$ 浓度变化影响较大；根据模拟结果，灯笼水闸开时较关时坦洲水厂取水断面的 COD 和 $\text{NH}_3\text{-N}$ 浓度下降时间提前 6h。

（2）灯笼水闸开关对坦洲水厂取水断面的咸度变化有一定的影响；灯笼水闸开时，导致取水口断面的咸度上涨时间提前，且咸度最大值较高。

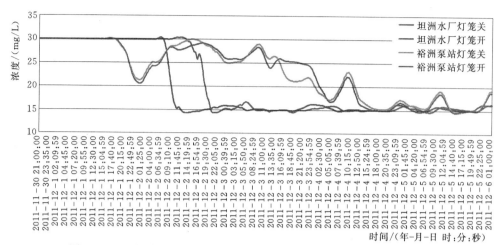

图 6.2-19 灯笼水闸开关下坦洲水厂、裕洲泵站 COD 浓度变化过程线

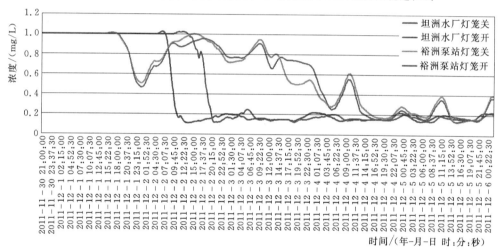

图 6.2-20 灯笼水闸开关下坦洲水厂、裕洲泵站 NH_3-N 浓度变化过程线

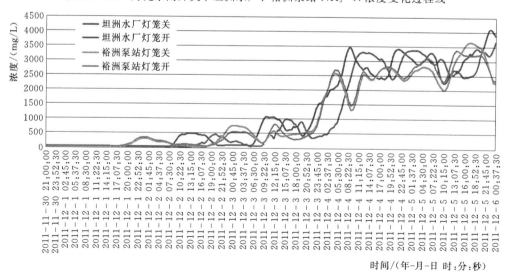

图 6.2-21 灯笼水闸开关下坦洲水厂、裕洲泵站咸度浓度变化过程线

（3）灯笼水闸开关对裕洲泵站取水断面的COD浓度、NH₃-N浓度和咸度变化影响较小，主要是由于灯笼水闸过水流量较小，且裕洲泵站位置处于坦洲涌末端封闭处，水力条件较差。

6.2.4 大涌口水闸影响分析

为分析大涌口水闸对围内水动力条件和水质变化的影响，本次考虑通过对比分析大涌口水闸开关闸前后的情况，模型模拟分析按照大涌口水闸关闭，其他水闸全开与6.2.1节围内水闸全开情况进行对比分析。

1. 大涌口水闸对围内水动力条件的影响分析

根据模型模拟结果（具体如图6.2-22～图6.2-25所示），对坦洲水厂取水断面和裕洲泵站取水断面水动力变化特性进行分析，可以得出以下结论。

（1）大涌口水闸开关对坦洲水厂取水断面和裕洲泵站取水断面的水位变化影响较大，根据模拟结果，大涌水闸开关闸不同条件下，坦洲水厂取水断面的水位最大相差约0.17m，裕洲泵站取水断面的水位最大相差0.22m。

（2）通过大涌口水闸开关闸条件下坦洲水厂取水断面的流量和流向变化情况分析，大涌口水闸开关对坦洲水厂取水断面的流量和流向变化影响较大，对坦洲水厂取水断面的流量有决定性作用。

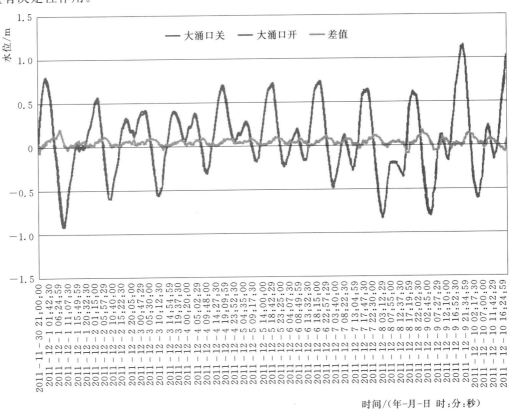

图 6.2-22　大涌口水闸开关下坦洲水厂水位过程线

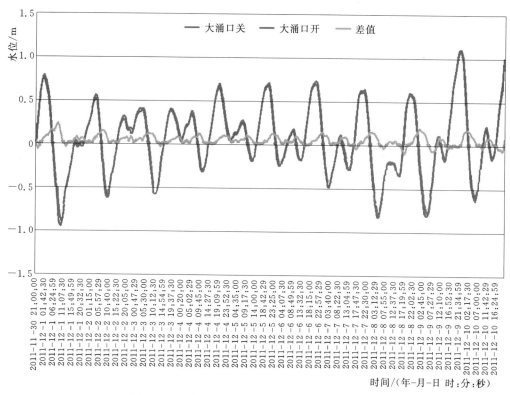

图 6.2-23　大涌口水闸开关下水裕洲泵站位过程线

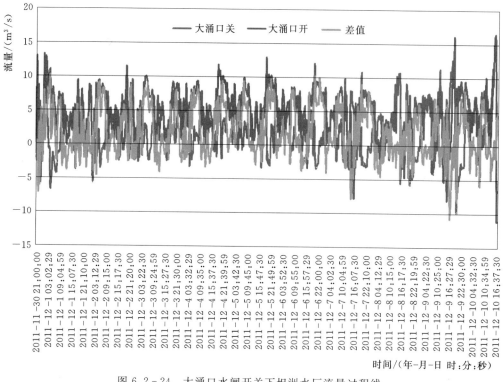

图 6.2-24　大涌口水闸开关下坦洲水厂流量过程线

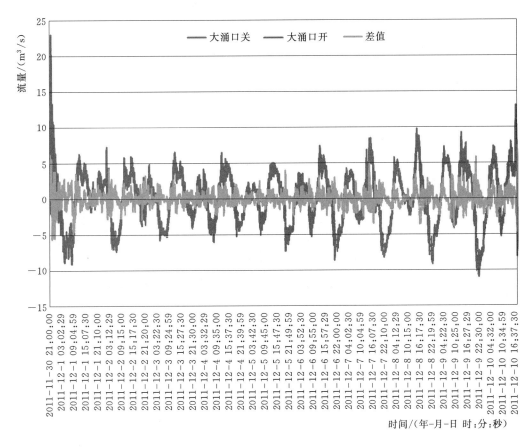

图 6.2-25 大涌口水闸开关下裕洲泵站流量过程线

（3）根据模拟结果，大涌口水闸开关对裕洲泵站取水断面的流量变化也起到较大的作用，主要是由于大涌口水闸距离裕洲泵站取水断面较近，且水闸过流量较大。

分析大涌口水闸出现如此显著影响的原因：一方面，大涌口水闸位于中下游地区，且闸门处河道断面较宽，咸潮上溯时过闸水量较大；另一方面，"茅湾涌—前山水道—大涌"三条相连河涌为中珠联围的河网纵向分割线，下游大涌地区的水位变化，将直接对围内的水动力条件产生整体影响。

2. 大涌口水闸对围内水质变化的影响分析

根据模型模拟结果（具体如图 6.2-26～图 6.2-28 所示），从整体上来看，大涌口闸门的开闭对内河涌污染物浓度的整体变化趋势并无改变，仍呈现初始阶段迅速递减趋势，稳定阶段后随水动力条件的变化呈现波动，但两个阶段的出现时间有所改变。此外，各断面的咸度也依旧呈现波动式上升的趋势。对坦洲水厂取水断面和裕洲泵站取水断面水质变化特性进行分析，可以得出以下结论。

（1）大涌口水闸开关对坦洲水厂取水断面的 COD 和 NH_3-N 浓度变化影响较大；根据模拟结果，大涌口水闸开时较关时坦洲水厂取水断面的 COD 和 NH_3-N 浓度下降时间提前约 65.5h。

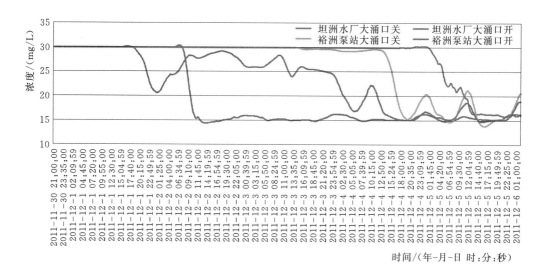

图 6.2-26 大涌口水闸开关下坦洲水厂、裕洲泵站 COD 浓度变化过程线

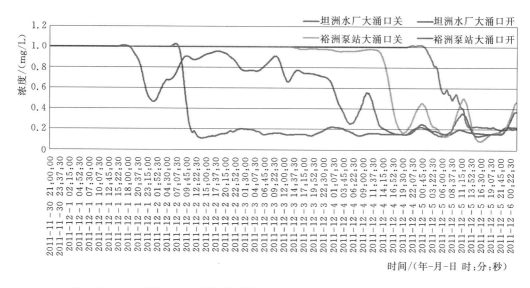

图 6.2-27 大涌口水闸开关下坦洲水厂、裕洲泵站 NH₃-N 浓度变化过程线

（2）大涌口水闸开关对裕洲泵站取水断面的 COD 和 NH_3-N 浓度变化影响较大；根据模拟结果，大涌口水闸开时较关时坦洲水厂取水断面的 COD 和 NH_3-N 浓度下降时间提前约 31.5h。

（3）大涌口水闸开关对坦洲水厂取水断面和裕洲泵站取水断面的咸度变化影响较大；大涌口水闸开时，导致两个取水口断面的咸度上涨时间提前很多，且咸度最大值增加较大。

根据以上分析，水闸对内河涌水动力和水质变化的影响呈现不同的显著程度：上游地区的马角水闸、联石湾水闸主要对西灌河的水位、流量以及污染物浓度变化起决定性作用；中游地区灯笼水闸的作用有限，对整个中珠联围区域的水质水动力影响微弱；下游地

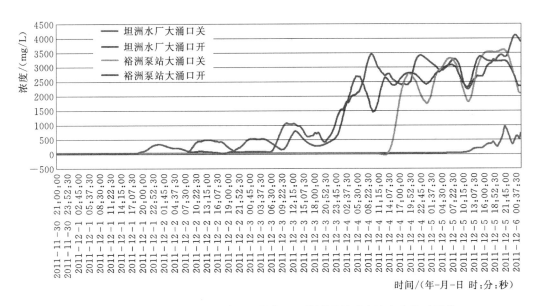

图 6.2-28 大涌口水闸开关下坦洲水厂、裕洲泵站咸度浓度变化过程线

区大涌口水闸在闸门全开时，具有河道宽度优势，对整个区域的影响较为显著，但由于位置的因素又使其在后续闸门调度中影响微弱：大涌口水闸位于磨刀门水道下游地区，咸潮上溯期间咸度超标极为严重，因此在控制条件下的进水量较小，影响甚微。

第 7 章
改善水环境的中珠联围群闸优化调度

7.1 水体置换调度方案设置

中珠联围改善水环境调度主要是利用丰富的过境水资源、完善的群闸调度系统以及感潮河网区的水动力特征，进行水量水质联合调度本次调度的主要原则是尊重现状调度规则，在现状基础上进行优化调整调度。

1. 方案一

基本维持现状调度方案，马角水闸、联石湾水闸、灯笼水闸作为引水闸，大涌口水闸根据外江潮位和内河涌水位条件启闭闸门进水或排水，广昌水闸、洪湾水闸、石角咀水闸作为排水闸。

2. 方案二

马角水闸、联石湾水闸、灯笼水闸、大涌口水闸、广昌水闸作为引水闸，洪湾水闸、石角咀水闸作为排水闸。

3. 方案三

马角水闸、联石湾水闸、灯笼水闸、大涌口水闸作为引水闸，广昌水闸、洪湾水闸、石角咀水闸作为排水闸。

调度方案设置情况见表 7.1-1。

表 7.1-1　　　　　　　　　调度方案设置情况表

水闸名称	方案一	方案二	方案三
马角水闸	引水闸	引水闸	引水闸
联石湾水闸	引水闸	引水闸	引水闸
灯笼水闸	引水闸	引水闸	引水闸
大涌口水闸	引/排水闸	引水闸	引水闸
广昌水闸	排水闸	引水闸	排水闸
洪湾水闸	排水闸	排水闸	排水闸
石角咀水闸	排水闸	排水闸	排水闸

7.2 改善水环境群闸联合调度效果分析

7.2.1 分析断面设置

中珠联围内，各条河涌各个河段内的水动力及水质情况都是随着时空变化的，为了描述流域内水动力及水质的变化情况，选取若干具有代表性的断面进行研究分析。本次模拟计算过程中共选取了 1445 个代表断面进行计算，由于没有足够的篇幅对所有断面进行逐一分析，选取其中具有代表性的 60 个断面进行分析研究。

此次分析断面设置在中珠联围内重点的河涌上，如前山水道、坦洲涌、沙心涌、东灌河等，在分析河网水体更新速度的时候，将该河段中最后达到要求水体浓度断面的用时作为该河段的水体更新速度的计算，在计算河段污染物平均浓度时，采用各断面的平均浓度进行计算。

分析断面的分布情况如图 7.2-1 所示。分析断面位置见表 7.2-1。

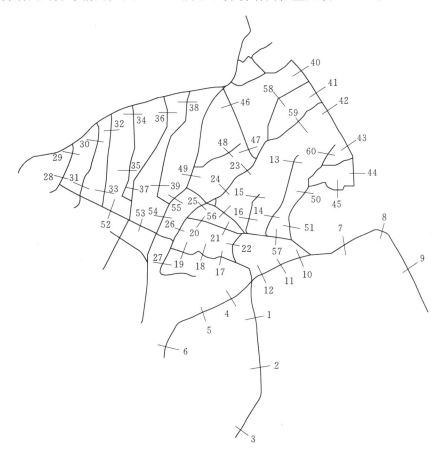

图 7.2-1　分析断面的分布情况示意图

本次水环境调度是在满足防洪、排涝以及各河涌控制水位及流域内用水安全的前提下，使流域内水流形成单向有序的流动，降低内河涌各控制断面的污染物浓度，改善水环境质量。此处对在不同调度方案下，河网水体的更新速度和水污染物的平均浓度进行分析。

7.2.2　河网水体更新速度

本次使用河网水体更新半周期作为河网水体更新速度的研究指标，同时加入分析无水闸调度的自然流动条件下水体更新的情况。采用 2015 年 4 月 6 日至 2015 年 4 月 10 日的外江潮位作为外边界水文条件进行计算。

表 7.2－1   分 析 断 面 位 置

编号	断面位置	编号	断面位置	编号	断面位置	编号	断面位置
1	洪湾涌 100mm	16	隆盛涌 1650m	31	大沽涌 2800m	46	公洲新涌 400m
2	洪湾涌 2600mm	17	蛛洲涌 100m	32	二沽涌 300m	47	公洲新涌 2800m
3	洪湾涌 5500mm	18	蛛洲涌 1500m	33	二沽涌 3300m	48	界洲涌 1095m
4	广昌涌 2800m	19	蛛洲涌 2700m	34	南沙涌 300m	49	茅湾涌 7050m
5	广昌涌 4500m	20	三合涌 200m	35	南沙涌 3600m	50	鹅咀涌 300m
6	广昌涌 6950m	21	三合涌 1100m	36	三沽涌 300m	51	鹅咀涌 2000m
7	前山水道珠海段 550m	22	东枢涌 400m	37	三沽涌 5100m	52	前山水道坦洲段 2650m
8	前山水道珠海段 2600m	23	坦洲涌 11399m	38	申堂涌 200m	53	前山水道坦洲段 3700m
9	前山水道珠海段 5950	24	坦洲涌 12601m	39	申堂涌 4700m	54	前山水道坦洲段 5200m
10	沙心涌 0m	25	坦洲涌 20m	40	东灌河 600m	55	前山水道坦洲段 6250m
11	沙心涌 600m	26	坦洲涌 21303m	41	东灌河 3300m	56	前山水道坦洲段 8450m
12	沙心涌 1200m	27	坦洲涌 24320	42	东灌河 4200m	57	前山水道坦洲段 10900m
13	安阜涌 200m	28	联石湾涌 200m	43	东灌河 5700m	58	六村涌 1500m
14	安阜涌 1900m	29	联石湾涌 1400m	44	十四村新开河 500m	59	七村涌 1500m
15	隆盛涌 100m	30	大沽涌 300m	45	十四村涌 1300m	60	十围涌 500m

根据水动力分析情况可知，流域内西南角十四村涌、十四村新开河、涌头涌、十围涌和同胜涌的水动力条件较差，该片区在地理区位上远离磨刀门水道，外江引入的清水难以到达此处，且此区域还要承接部分由东灌河被冲出的部分污水，在几种模拟条件下都是水体浓度下降最慢的区域。如果从全流域的角度来考虑，流域内的水体更新速度将受控于该区域内的水体，因此，在本次研究过程中，主要分析几条重点河涌的水体更新速度，将其中水体浓度降为初始浓度一半耗时最长的断面所耗的时间，作为该河涌的水体半更新周期。对于断面水体浓度随着水体往复变化的情况，规定水体浓度不再超过初始浓度一半的时刻，作为水体的半更新周期。

选取坦洲涌、广昌涌、沙心涌、东灌河、前山水道（坦洲段）和前山水道（珠海段）作为重点分析河涌。坦洲涌分为两段进行分析，以与前山水道的交汇点作为分界，交汇点西边为坦洲涌 1 段，交汇点东边为坦洲涌 2 段。前山水道（坦洲段）也分为两段进行分析，以与茅湾涌的交汇点作为分界，交汇点西边为前山水道的坦洲 1 段，东边为前山水道的坦洲 2 段。

4 种情况下，各重点河涌和内河河网的水体更新半周期统计结果见表 7.2－2。

坦洲涌 1 段为坦洲涌与前山水道交汇点西边的河段，在大涌口水进行启闭控制后，河网的水体更新半周期时间明显缩短。在自然状态下，该河段水体的半更新周期为 68.4h，在方案一、方案二和方案三的调度情况下分别为 38.8h、25.7h 和 25.6h。由于该河段靠近大涌口水闸，其水动力条件和大涌口水闸的启闭状态联系密切，在大涌口水闸只进水不排水的情况下，河段往复流情况得到改善，河段内原有水体单向流出速度加快，水体更新速度加快。

坦洲涌 2 段为坦洲涌与前山水道交汇点东边的河段，在大涌口水进行启闭控制后，河网的水体更新半周期时间明显缩短。在自然状态下，该河段的水体半更新周期为 113.2h，

表 7.2 - 2 内河网重点河涌和河网水体更新的半周期计算结果

河涌名称 \ 状态	自然状态	方案一	方案二	方案三
坦洲涌 1 段	68.4	38.8	25.6	25.7
坦洲涌 2 段	113.2	69.6	69.7	69.9
广昌涌	86.8	80.3	56.2	52.4
沙心涌	78.6	62.5	38.2	37.8
洪湾涌	86.6	90.4	57.7	57.9
东灌河	101.3	106.8	106.3	106.7
鹅咀涌	90.0	98.8	90.1	90.1
前山水道（坦洲段 1）	37.7	25.3	20.3	20.2
前山水道（坦洲段 2）	81.2	45.0	32.4	32.0
前山水道（珠海段）	81.8	62.8	45.8	45.8

在方案一、方案二和方案三的调度情况下分别为 69.6h、69.9h 和 69.7h。坦洲涌 2 河段的最末端处为断头河段，在流域内河网区水位的升降过程中，河段内的水体在河道内来回回荡，只有在落潮期间才可顺利排出，因此该河段的水体更新速度较慢。该河段的水主要从石角咀水闸排出，因此大涌口水闸不再排水后对此河段的水体更新速度没有改善，3 个方案下水体更新半周期基本保持一致。

广昌涌在自然状态下的水体半更新周期为 86.8h，在方案一、方案二和方案三的调度情况下分别为 80.3h、52.4h 和 56.4h。在大涌口水闸调度方式为只进水不排水的时候，水体的半更新周期较方案一缩短约 25h。而在广昌水闸也设置进水条件后，该河涌的水体更新速度略微加快。

沙心涌在自然状态下的水体半更新周期为 78.6h，在方案一、方案二和方案三的调度情况下分别为 62.5h、37.8h 和 38.2h。该河段在广昌涌下游，水动力条件与广昌涌相似，在大涌口水闸调度方式为只进水不排水的时候，水体的半更新周期较方案一缩短约 16h。而在广昌水闸也设置进水条件后，该河涌的水体更新速度略微加快，但效果不如广昌涌明显。

洪湾涌在自然状态下的水体半更新周期为 86.6h，在方案一、方案二和方案三的调度情况下分别为 90.4h、57.9h 和 57.7h。在大涌口水闸的调度方式为进排水兼顾的时候，洪湾水闸的排水流量较大涌口水闸不排水的时候明显减少，此时洪湾涌的水体更新速度也相应地略有减慢。而在大涌口的调度规则改为只进水不排水后，洪湾涌作为中珠联围内主要的排水通道，排水流量增大，相应的水体更新速度也加快，此时该河段水体的半更新周期较方案一缩短约 33h。

东灌河位于中珠联围内河网区的西部，远离磨刀门水道以及石角咀水闸出水口，水动力条件较差，外江引入的清水难以到达此处，而茅湾涌处流入的水体水质较差，无法有效置换东灌河的水体。在 4 种状况下，东灌河水体更新的半周期都长于 100h。

前山水道的三段河段，虽然水体更新的半周期不同，但在 4 种情况下，水体更新半周期变化的规律是一致的。在自然状态下，水体更新的半周期最长，大涌口水闸设置为进排兼顾的调度规则后，水体更新的半周期明显缩短，在大涌口水闸不再排水后，水体更新的半周期都有不同程度的再次缩短，而广昌水闸调度规则的改变对前山水道水体更新的半周期影响很小。

从模拟计算结果可以看出，在使用水闸根据外江潮位和内河水位进行定向引排水后，大多数河涌的水体更新速度都比自然状态下加快。但是对比方案二和方案三的模拟结果，大多数河段水体更新半周期基本变化不明显，即广昌水闸增加进水条件后，对流域内水体更新速度影响较小，仅对广昌涌和沙心涌略有改善。

根据各河段水体更新半周期的计算结果，分别计算 3 种调度方案下，各河段水体更新半周期相对于自然状态下的变化值，计算结果见表 7.2-3。根据表 7.2-3 可知，在方案一的设置条件下，各重点河段的水体更新速度较自然状态下平均加快了 19.9%，但洪湾涌、东灌河及鹅咀涌的水体更新速率略有下降。在方案二的设置条件下，各重点河段的水体更新速度较自然状态下平均加快了 37.09%，较方案一加快了 17.53%，其中坦洲涌 1 段、广昌涌、沙心涌、洪湾涌、前山水道（珠海段）的水体更新速率加快明显，但东灌河及鹅咀涌的水体更新速率都不如自然流动状态条件。在方案三的设置条件下，各重点河段的水体更新速度较自然状态下平均加快了 37.22%，较方案一加快了 18.13%，广昌涌和沙心涌的水体更新速率分别较方案二加快了 4.38% 和 0.51%，效果并不明显，同时，东灌河及鹅咀涌的水体更新速率都不如自然流动状态条件下快。

表 7.2-3　　　　　各河段水体更新半周期相对于自然状态下的变化值　　　　　　　　%

状态 河涌名称	方案一	方案二	方案三
坦洲涌 1 段	43.27	62.43	62.57
坦洲涌 2 段	38.52	38.25	38.43
广昌涌	7.49	39.63	35.25
沙心涌	20.48	51.91	51.40
洪湾涌	−4.39	33.14	33.37
东灌河	−5.43	−5.33	−4.94
鹅咀涌	−9.78	−0.11	−0.11
前山水道（坦洲段 1）	32.89	46.42	46.15
前山水道（坦洲段 2）	44.58	60.59	60.10
前山水道（珠海段）	23.23	44.01	44.01
平均值	19.09	37.09	37.22

由此可得出结论，在方案三的设置条件下，流域内的水体更新速度最快，但相对于方案二，优势并不明显。

7.2.3　联围整体污染物浓度

选取 COD 及 NH_3-N 作为本次调度污染物平均浓度的研究指标。本次模拟计算采用 2015 年 4 月 6 日 8：00 至 2015 年 4 月 7 日 8：00 的外江潮位过程作为外边界水文条件。内河网各河涌水质根据收集的实际水环境资料进行确定，磨刀门水道水质根据《中山市水资源公报》，按地表 II 类水取值，COD 取 15mg/L，NH_3-N 取值为 0.5mg/L。选取确定的分析断面对各断面的 COD 及 NH_3-N 浓度进行统计并以此计算河道的 COD 及 NH_3-N

的平均浓度。

1. COD 平均浓度

在自然状态和 3 种设置方案下，模拟时段末流域内 COD 浓度分布情况如图 7.2-2 所示，由图可知在自然状态下，流域西北部水体交换较快，大沽涌、二沽涌、南沙涌、申堂涌及茅湾涌的 COD 浓度都要低于设置的 3 个方案，但西前山水道坦洲段下游、沙心涌、隆盛涌及西部东灌河及其相连的几条河涌的 COD 浓度仍然很高。在方案一的设置条件下，流域西部大多数河涌的 COD 浓度较自然状态下都有所降低，但十四村涌、十四村新开河、十围涌、同胜涌及涌头涌由于要承接上游东灌河沿程流下的污水及受到石角咀水闸不开闸进水的影响，COD 浓度较自然状态有所上升。在方案二的设置条件下，前山水道及其相连的河涌、沙心涌、蜘洲涌的 COD 浓度进一步下降，其中前山水道珠海段的 COD

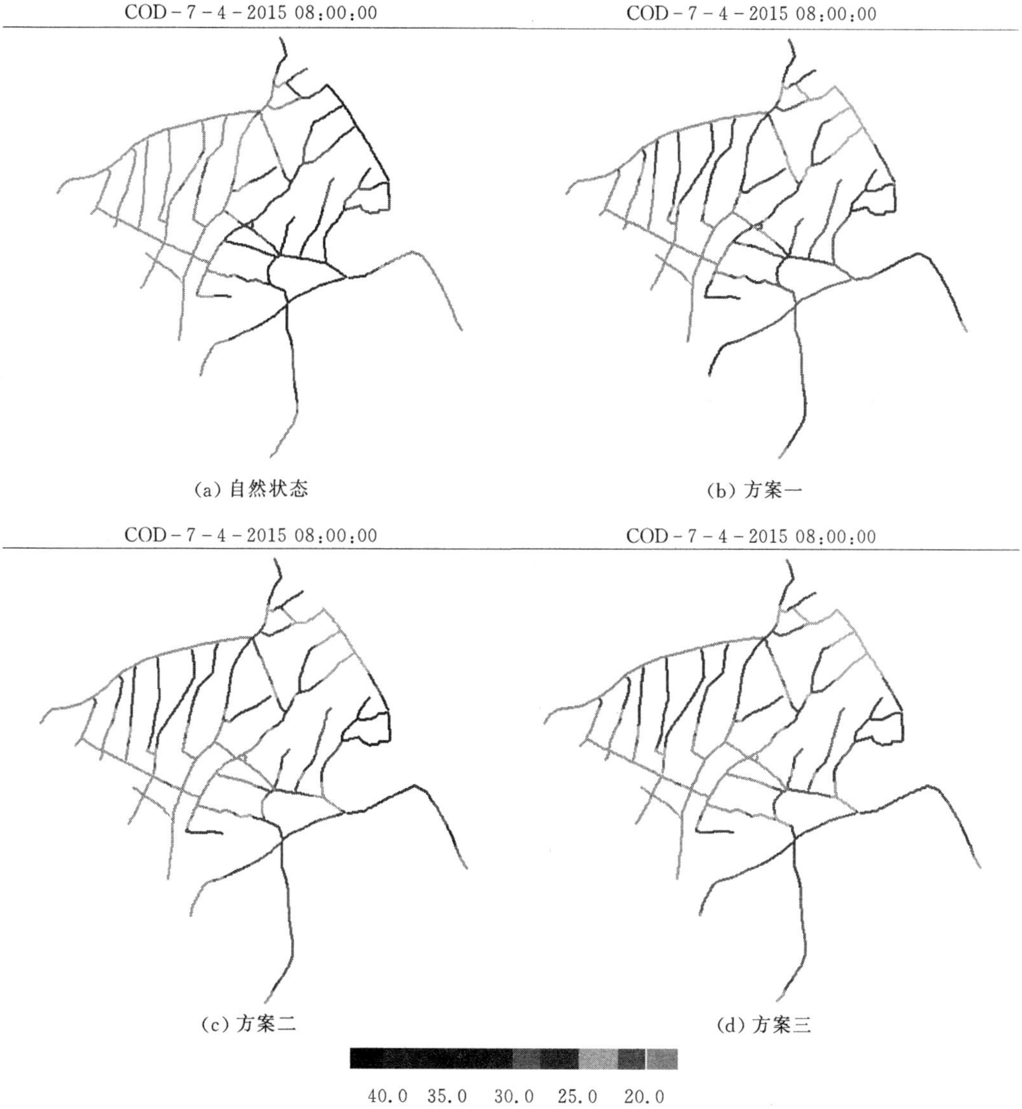

COD-7-4-2015 08:00:00

(a) 自然状态

COD-7-4-2015 08:00:00

(b) 方案一

COD-7-4-2015 08:00:00

(c) 方案二

COD-7-4-2015 08:00:00

(d) 方案三

40.0　35.0　30.0　25.0　20.0

图 7.2-2　模拟时段末流域内 COD 浓度分布情况（单位：mg/L）

浓度下降明显。方案三对比方案二，广昌涌涌首部分水质改善效果较差，但涌尾及沙心涌 COD 浓度相对有所降低（表 7.2－4）。

表 7.2－4　　　　　　　　分析断面在各方案下的 COD 浓度　　　　　　单位：mg/L

断面编号	1	2	3	4	5	6
方案一	29.32	28.20	27.33	29.30	28.64	27.53
方案二	27.31	28.36	28.05	27.14	27.84	26.10
方案三	26.31	28.39	28.19	26.15	27.89	28.51
断面编号	7	8	9	10	11	12
方案一	29.47	30.76	33.18	29.14	29.45	29.07
方案二	25.91	26.52	30.75	25.44	28.30	27.99
方案三	25.70	26.36	30.74	25.14	28.03	28.14
断面编号	13	14	15	16	17	18
方案一	28.11	29.04	20.60	28.86	18.51	26.40
方案二	28.07	26.26	10.69	18.86	8.81	19.76
方案三	28.06	26.15	10.28	17.96	8.54	18.56
断面编号	19	20	21	22	23	24
方案一	28.42	29.15	28.28	27.83	25.74	27.12
方案二	25.43	28.54	23.77	21.77	25.77	19.79
方案三	24.73	28.50	23.53	20.72	25.69	19.45
断面编号	25	26	27	28	29	30
方案一	21.23	18.30	27.14	16.36	2.40	25.51
方案二	14.40	7.83	26.97	21.06	4.68	26.97
方案三	13.82	7.60	26.95	21.07	4.70	26.96
断面编号	31	32	33	34	35	36
方案一	1.20	27.01	6.02	27.14	18.77	27.14
方案二	4.42	27.14	16.57	27.14	25.23	27.14
方案三	4.41	27.14	16.46	27.14	25.18	27.14
断面编号	37	38	39	40	41	42
方案一	9.84	27.15	19.47	20.81	22.79	22.92
方案二	20.46	27.15	13.41	20.92	22.86	22.96
方案三	20.36	27.15	12.99	20.89	22.83	22.93
断面编号	43	44	45	46	47	48
方案一	24.37	31.99	30.73	20.12	24.91	28.07
方案二	23.70	33.92	30.17	20.24	25.23	27.40
方案三	23.65	33.89	30.20	20.22	25.15	27.39
断面编号	49	50	51	52	53	54
方案一	24.91	30.03	28.90	2.99	7.45	16.45
方案二	17.78	29.60	24.66	11.74	18.19	7.57
方案三	17.30	29.64	24.46	11.54	18.03	7.42

断面编号	55	56	57	58	59	60
方案一	18.82	22.07	27.83	25.93	23.97	33.72
方案二	8.88	14.55	21.09	25.79	24.23	34.29
方案三	8.55	13.88	20.63	25.76	24.20	34.31

2. NH_3-N 平均浓度

在自然状态和 3 种设置方案下，模拟时段末流域内 NH_3-N 浓度分布情况如图 7.2-3 所示。由图可知，在 4 种情况下，NH_3-N 的浓度分布情况和不同调度情况之间的变化情况和 COD 基本保持一致（表 7.2-5）。

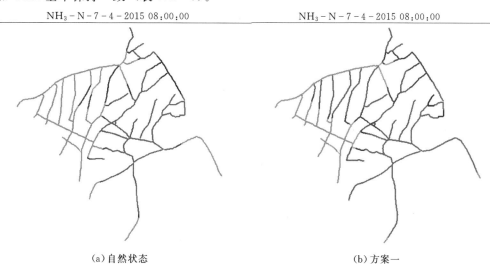

$NH_3-N-7-4-2015\ 08:00:00$ $\qquad$ $NH_3-N-7-4-2015\ 08:00:00$

（a）自然状态 $\qquad$ （b）方案一

$NH_3-N-7-4-2015\ 08:00:00$ $\qquad$ $NH_3-N-7-4-2015\ 08:00:00$

（c）方案二 $\qquad$ （d）方案三

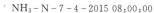

2.5　　2.0　　1.5　　1.0

图 7.2-3　模拟时段末流域内 NH_3-N 浓度分布情况（单位：mg/L）

断面编号	1	2	3	4	5	6
方案一	1.95	1.88	1.82	1.95	1.91	1.84
方案二	1.82	1.89	1.87	1.81	1.86	1.74
方案三	1.75	1.89	1.88	1.74	1.86	1.90
断面编号	7	8	9	10	11	12
方案一	1.96	2.05	2.21	1.94	1.96	1.94
方案二	1.73	1.77	2.05	1.70	1.89	1.87
方案三	1.71	1.76	2.05	1.68	1.87	1.88
断面编号	13	14	15	16	17	18
方案一	1.87	1.94	1.37	1.92	1.23	1.76
方案二	1.87	1.75	0.71	1.26	0.59	1.32
方案三	1.87	1.74	0.69	1.20	0.57	1.24
断面编号	19	20	21	22	23	24
方案一	1.89	1.94	1.89	1.86	1.72	1.81
方案二	1.70	1.90	1.58	1.45	1.72	1.32
方案三	1.65	1.90	1.57	1.38	1.71	1.30
断面编号	25	26	27	28	29	30
方案一	1.42	1.22	1.81	1.09	0.16	1.70
方案二	0.96	0.52	1.80	1.40	0.31	1.80
方案三	0.92	0.51	1.80	1.40	0.31	1.80
断面编号	31	32	33	34	35	36
方案一	0.08	1.80	0.40	1.81	1.25	1.81
方案二	0.29	1.81	1.10	1.81	1.68	1.81
方案三	0.29	1.81	1.10	1.81	1.68	1.81
断面编号	37	38	39	40	41	42
方案一	0.66	1.81	1.30	1.39	1.52	1.53
方案二	1.36	1.81	0.89	1.39	1.52	1.53
方案三	1.36	1.81	0.87	1.39	1.52	1.53
断面编号	43	44	45	46	47	48
方案一	1.62	2.13	2.05	1.34	1.66	1.87
方案二	1.58	2.26	2.01	1.35	1.68	1.83
方案三	1.58	2.26	2.01	1.35	1.68	1.83
断面编号	49	50	51	52	53	54
方案一	1.66	2.00	1.93	0.20	0.50	1.10
方案二	1.19	1.97	1.64	0.78	1.21	0.50
方案三	1.15	1.98	1.63	0.77	1.20	0.49
断面编号	55	56	57	58	59	60
方案一	1.25	1.47	1.86	1.73	1.60	2.25
方案二	0.59	0.97	1.41	1.72	1.62	2.29
方案三	0.57	0.93	1.38	1.72	1.61	2.29

表 7.2 − 5　　　　　　　　分析断面在各方案下的 $NH_3 - N$ 浓度　　　　　　　　单位：mg/L

根据《中山市坦洲镇水利规划》中所列中珠联围内各河涌涌容的计算成果，对本次模拟的流域内污染物平均浓度进行计算，内河涌的涌容计算成果见表7.2-6。

表7.2-6　　　　　　　　　中珠联围内各河涌的涌容计算成果表　　　　　　　　单位：万 m³

序号	高程	−1m	−0.5m	0m	0.5m	1m
1	西灌河	50.8	71.3	95.5	119.2	148.3
2	联石湾涌	15.1	21.5	30.2	37.9	45.5
3	大沾涌	8.7	16.1	24.3	32.7	41.1
4	二沾涌	10.6	20.0	29.6	39.9	51.4
5	南沙涌	12.7	23.4	35.4	45.9	59.8
6	三沾涌	23.4	37.1	53.3	70.7	89.3
7	申堂涌	15.9	26.5	37.7	49.5	63.5
8	茅湾涌	110.5	145.4	188.0	224.6	296.9
9	前山水道坦洲段	308.6	375.9	448.0	535.4	608.3
10	江州涌	4.9	7.3	10.3	13.5	12.7
11	永合滘仔涌	5.5	6.7	8.3	9.8	12.7
12	公洲新涌	0.6	2.4	5.0	7.6	10.3
13	坦洲涌	45.6	69.5	93.9	121.8	151.1
14	上界涌	0.3	1.1	2.2	3.3	4.5
15	下界涌	2.2	4.0	5.7	7.0	9.2
16	东灌河	6.5	16.2	38.5	43.0	52.3
17	六村涌	1.6	3.6	5.8	8.0	12.8
18	七村涌	5.2	9.2	13.5	17.8	22.1
19	三角围仔涌	0.3	0.7	1.2	1.7	2.3
20	三合涌	5.4	9.4	15.6	20.2	26.7
21	安阜涌	6.4	10.1	15.2	20.1	25.1
22	隆盛涌	25.4	34.8	45.2	55.6	66.7
23	十围涌	0.7	1.4	2.5	3.6	5.0
24	同胜涌	2.2	4.2	6.2	8.4	10.8
25	涌头涌	1.8	3.6	5.6	7.5	9.6
26	鹅咀涌	15.4	22.8	31.0	37.9	47.5
27	十四村新开河	0.5	1.4	2.7	3.9	5.3
28	十四村涌	3.8	7.2	11.5	16.0	20.4
29	沙心涌	16.7	23.1	30.5	38.1	48.8
30	广昌涌	10.6	20.0	30.4	40.9	51.8
31	蛛洲涌	26.0	37.3	47.6	58.9	72.9
32	东桠涌	4.0	6.3	8.8	12.0	15.6
33	大涌	117.3	136.9	158.4	182.5	209.0
34	灯笼横涌	13.1	18.8	24.5	30.2	37.5
35	灯笼涌	10.0	14.3	18.7	23.2	27.9
36	广德涌	1.8	3.4	5.3	7.5	10.0
37	前山水道珠海段	270.4	329.5	392.6	469.2	533.0

3 种调度方案下，流域内 COD 和 NH₃ - N 的平均浓度的计算结果见表 7.2 - 7。可见在方案一、方案二和方案三设置的调度条件下，模拟时期末 COD 平均浓度分别为 23.09mg/L、21.39mg/L、21.22mg/L，NH₃ - N 平均浓度分别为 1.59mg/L、1.43mg/L、1.41mg/L。

表 7.2 - 7 流域污染物平均浓度计算结果

方案	COD 平均浓度/(mg/L)	NH₃ - N 平均浓度/(mg/L)
方案一	23.90	1.59
方案二	21.39	1.43
方案三	21.22	1.41

7.2.4 关键断面污染物浓度

根据污染物平均浓度计算结果，在方案三的调度规则下，流域内的污染物平均浓度最低。在前山水道选取前山水道观景台、蜘洲涌沙心涌交汇处、前山水道与鹅咀涌交汇处等 3 个关键断面，分析推荐方案（方案三）下污染物在一个调度周期内的变化情况，选择 COD 浓度作为代表污染物进行分析。

分析表明，前山水道观景台、前山水道与鹅咀涌交汇处两个断面，COD 浓度呈持续下降趋势，水环境调度效果较好；而蜘洲涌与沙心涌交汇处断面，在第一次涨潮进水期间，COD 浓度下降明显，可在随后的调度时间内，随着排水水闸的关闭，受到往复流的影响，COD 浓度呈波动状，未再有明显下降（图 7.2 - 4）。

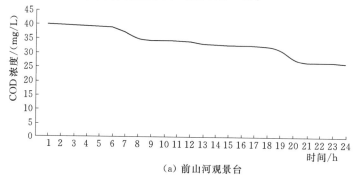

（a）前山河观景台

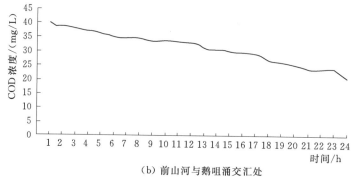

（b）前山河与鹅咀涌交汇处

图 7.2 - 4（一） 关键断面 COD 浓度变化过程

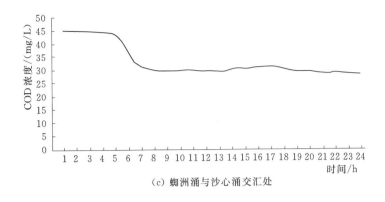

(c) 蜘洲涌与沙心涌交汇处

图 7.2-4（二） 关键断面 COD 浓度变化过程

7.3 改善水环境群闸联合调度方案优选

本章研究的主要目的是改善中珠联围内河涌的水环境质量。在尽可能加快内河涌水体更新速度、降低河网区的污染物浓度条件下，设置了水体置换半周期最短及流域内污染物平均浓度最低两个目标函数，并选取 COD 和 NH_3-N 作为污染物指标。在 3 个不同调度方案下的模拟计算结果见表 7.3-1。方案二比方案三增加了广昌水闸进水这一条件，但模型模拟结果表明，广昌水闸开闸进水后，对流域内水环境的改善效果一般，仅对广昌涌的水环境有所改善，而且广昌水闸目前没有设计进水功能，若要增加进水功能需要对水闸进行改造，主要包括对水闸内进行消能防冲处理、对水闸启闭设备进行改造、在水闸外设置拦污栅等，同时也增加了调度时广昌水闸的操作难度。综合考虑，选取方案三作为本次中珠联围改善水环境调度的最佳方案。

表 7.3-1 改善水环境调度模拟计算结果

方案	水体更新较自然状态加快速率/%	COD 平均浓度/(mg/L)	NH_3-N 平均浓度/(mg/L)
方案一	19.09	23.90	1.59
方案二	37.09	21.39	1.43
方案三	37.22	21.22	1.41

7.4 工程措施研究

由表 7.3-1 中各方案的调度结果中可知，流域东北部东灌河下游，同胜涌、十围涌、涌头涌、十四村涌、十四村新开河，远离各磨刀门水道上外江水闸，水动力条件较差，且要承接来自茅湾涌、东灌河排下来的污水，同时又受到自身区域的排污影响，水环境调度效果不佳。此处，在统一调度的前提下，按照方案三中设置的外江水闸调度规则，针对该片区内水环境的改善效果进行局部优化，提出两个不同的工程改善措施方案进行对比研究，方案的设置情况见表 7.4-1，新增水闸位置如图 7.4-1 所示。

表 7.4-1	工程改善方案设置情况表
方案	具体内容
方案一	在六村涌、七村涌涌尾加设节制闸,落潮时关闸;在涌头涌与东灌河交汇处设节制闸,落潮时关闸
方案二	在鹅咀涌与前山水道交汇处设节制闸,涨潮时关闸

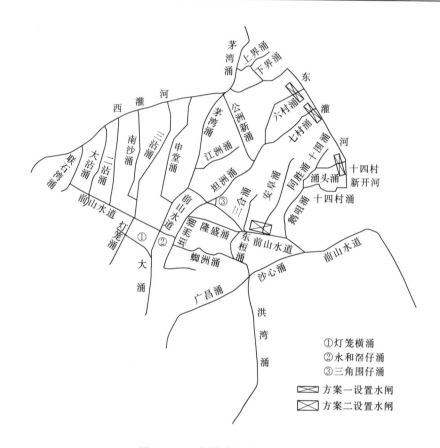

图 7.4-1　新增水闸布置示意图

　　分别选取 7.1 节中的方案三及工程改善方案一和方案二,在 4 月 6 日 17:00 及 4 月 7 日 7:00 两个时刻污染物浓度状况进行分析,由于 NH_3-N 和 COD 在区域中的浓度总体变化趋势一致,此处仅选取 COD 浓度作为代表指标进行分析,各方案下两个时刻 COD 浓度的分布情况如图 7.4-2 所示。

　　3 个调度方案下流域内东北部的 COD 浓度都处于相对较高的状态。原方案二中东灌河的污水流往下游后汇入涌头涌及十四村新开河,并最终流入鹅咀涌,此处的十围涌为断头涌,且在涨潮期会受到鹅咀涌来水的顶托作用,污染物在内河涌中往复回荡,较难排出。方案一中由于在六村涌及七村涌的涌尾,涌头涌与东灌河交汇处设置了节制闸,并在落潮时关闸,使得东灌河的污水集中通过十四村新开河及十四村涌汇入鹅咀涌,此处污染物浓度在短时段内会处于较高的状态,但涌头涌、十围涌及同胜涌中的污染物浓度比原方案二中大为降低。但此方案下,仍然会受到涨潮期鹅咀涌来水的影响,对东北部区域内水

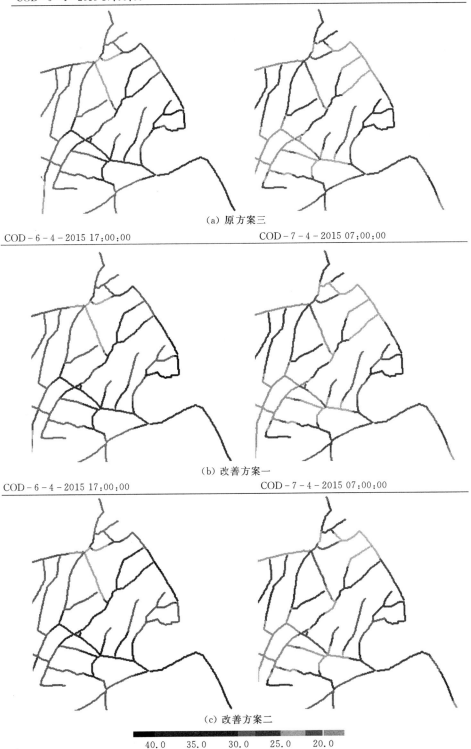

COD - 6 - 4 - 2015 17:00:00   COD - 7 - 4 - 2015 07:00:00

（a）原方案三

COD - 6 - 4 - 2015 17:00:00   COD - 7 - 4 - 2015 07:00:00

（b）改善方案一

COD - 6 - 4 - 2015 17:00:00   COD - 7 - 4 - 2015 07:00:00

（c）改善方案二

40.0   35.0   30.0   25.0   20.0

图 7.4 - 2 不同改善方案下两个时刻 COD 浓度分布情况（单位：mg/L）

环境的改善效果有限。方案二仅在鹅咀涌处设置节制闸，在 4 月 6 日 17：00 及 4 月 7 日 7：00 两个时刻，流域东北部区域内同胜涌、十围涌、涌头涌、十四村涌及十四村新开河水体的污染物浓度较前两个方案下降明显。同时污染物积聚在鹅咀涌设置的节制闸之后，再次排出后会对前山水道的水质造成短时的污染，但由于前山水道在该河段落潮期时水动力条件较好，污染物可以迅速随着水流由石角咀水闸排出，因此对前山水道（珠海段）的水环境影响较小。

综合分析后可知，此处设置的工程改善方案二对流域东北部区域的水环境改善效果较好，且相对于方案一只需要设置鹅咀涌处一个节制闸，可行性相对较高，此处推荐方案二作为工程改善方案。但在方案二的调度设置下，会对鹅咀涌下游的水质产生较大影响，因此需要综合考虑鹅咀涌的水量水质条件来进行调度，不建议设为常态化调度规则。

第 **8** 章
抢淡蓄淡应急供水的中珠联围群闸优化调度

8.1 抢淡蓄淡调度方案设置

8.1.1 调度思路

中珠联围的一级取水通道为磨刀门水道（坦洲段），二级取水通道为西灌河，三级取水通道为联石湾涌、大沘涌、二沘涌、南沙涌、三沘涌、申堂涌、前山水道（联石湾一隆盛围）、坦洲涌（前山水道南侧河段）、大涌等河涌。为此，本次调度方案的设置目标便是依据取排水优化格局的布设，利用闸、泵和水库等设施保障中珠联围供水安全。

受咸潮影响水网区的主要水资源问题是枯水期外江咸度超标，导致取水口无法正常取水。调度需求为根据外江水质条件，最大限度地抢取外江淡水，保障供水安全。调度策略为根据外江径流条件和咸潮活动规律，充分利用内河涌的有效涌容，通过水闸从外江抢取淡水，将淡水蓄积到内河涌，以保障枯水期供水安全。根据河涌水质情况，河网区抢淡蓄淡调度可以分为水体置换和抢淡蓄淡两个调度阶段。水体置换阶段要根据咸潮活动规律多引外江淡水置换围内河涌水体，改善河涌水质，并尽量缩短内河涌水体置换周期；水体置换即按照前文中改善水环境的调度方案实施。抢淡蓄淡阶段要准确把握抢淡时机，提高抢淡效率和蓄淡效率，合理优化水闸抢淡、河涌蓄淡、水库调咸和泵站供淡等调度过程，满足枯水期应急供水需求。抢淡蓄淡阶段包含4个环节：①水闸抢淡，通过水闸调度将外江淡水引入联围内河涌；②河涌蓄淡，利用内河涌有效涌容蓄积淡水资源；③水库调咸，当内河涌淡水不足或咸度超标时，引入铁炉山水库淡水进行调节；④泵站供淡，在满足取水要求时利用取水泵站将内河涌蓄积的淡水供给水厂（坦洲水厂和裕洲泵站）。

8.1.2 方案设置

8.1.2.1 水闸抢淡和河涌蓄淡

本次研究中珠联围抢淡蓄淡应急调度主要是在水体置换的基础上进行调度，一方面当外江水体质量较优时，提高引水闸门的开启高度，使磨刀门优质水源进入河涌内部，以达到"抢淡"目的；另一方面增加调蓄河涌的水量与蓄水高度，以达到"蓄淡"目的。具体来讲，主要是根据外江咸潮上溯规律和潮位条件，利用马角水闸、联石湾水闸、灯笼水闸、大涌口水闸引水至西灌河、联石湾涌、永一水闸、大沘涌、二沘涌、三沘涌、南沙涌、申堂涌等内河涌，以保障中珠联围的供水安全。

在中珠联围现状调度的基础上，结合联围水闸的影响效果，为保障围内供水安全，达到调度目标，本次中珠联围抢淡蓄淡应急调度方案设置以下几种。

1. 方案一

通过马角水闸进水，由永一水闸排水，利用西灌河进行蓄淡。

主要调度工程调度规则如下。

（1）马角水闸

条件1：当外江咸度小于320mg/L、闸内水位小于0.7m，且外江水位大于内河水位时，马角水闸开闸进水，若以上3条有其一不能满足即启动条件2。

条件2：当外江咸度大于320mg/L，但闸门处咸度小于250mg/L、闸内水位小于0.7m，且外江水位大于内河水位时，马角水闸开闸进水，若以上4条有其一不能满足即关闸。

（2）永一水闸。当西灌河水位高于茅湾涌水位，且西灌河水位高于0.5m时，永一水闸开闸放水；反之关闭，确保永一水闸只进不出。

（3）西灌河其他六水闸。均处于关闭状态。

（4）其他水闸按照现状调度规则调度。

2. 方案二

通过马角水闸进水，由联石湾尾水闸、大沽水闸、二沽水闸、三沽水闸、南沙水闸和申堂水闸等水闸排水，利用西灌河及其相连河涌进行蓄淡。

主要调度工程调度规则如下。

（1）马角水闸

条件1：当外江咸度小于280mg/L、闸内水位小于0.7m，且外江水位大于内河水位时，马角水闸开闸进水，若以上3条有其一不能满足即启动条件2。

条件2：当外江咸度大于280mg/L，但闸门处咸度小于250mg/L、闸内水位小于0.7m，且外江水位大于内河水位时，马角水闸开闸进水，若以上4条有其一不能满足即关闸。

（2）永一水闸。关闭。

（3）西灌河其他六水闸。当西灌河水位高于6个内河涌水位，且西灌河水位高于0.5m时，6个水闸开闸放水；反之关闸。确保水闸只出不进。

（4）其他水闸按照现状调度规则调度。

3. 方案三

通过马角水闸、联石湾水闸和联石湾尾水闸进水，由大沽水闸、二沽水闸、三沽水闸、南沙水闸和申堂水闸等水闸排水，利用联围西北片区内各河涌进行蓄淡。

主要调度工程调度规则如下。

（1）马角水闸

条件1：当外江咸度小于250mg/L、闸内水位小于0.7m，且外江水位大于内河水位时，马角水闸开闸进水，若以上3条有其一不能满足即启动条件2。

条件2：当外江咸度大于250mg/L，但闸门处咸度小于250mg/L、闸内水位小于0.7m，且外江水位大于内河水位时，马角水闸开闸进水，若以上4条有其一不能满足即关闸。

（2）联石湾水闸

条件1：当外江咸度小于450mg/L、闸内水位小于0.3m，且外江水位大于内河水位时，联石湾水闸开闸进水，若以上3条有其一不能满足即启动条件2。

条件2：当外江咸度大于450mg/L，但闸门处咸度小于250mg/L、闸内水位小于0.5m，且外江水位大于内河水位时，联石湾水闸开闸进水，若以上4条有其一不能满足即关闸。

（3）永一水闸。关闭。

（4）联石湾尾水闸。全开。

（5）西灌河其他五水闸。当西灌河水位高于5个内河涌水位且西灌河水位高于0.5m时，5个水闸开闸放水；反之关闸。确保水闸只出不进。

（6）其他水闸按照现状调度规则调度。

4. 方案四

通过马角水闸、联石湾水闸、灯笼水闸和大涌口水闸进水，由大沽水闸、二沽水闸、三沽水闸、南沙水闸和申堂水闸等水闸排水，利用西片区各河涌整体进行蓄淡。

主要调度工程调度规则如下。

（1）马角水闸

条件1：当外江咸度小于250mg/L、闸内水位小于0.7m，且外江水位大于内河水位时，马角水闸开闸进水，若以上3条有其一不能满足即启动条件2。

条件2：当外江咸度大于250mg/L，但闸门处咸度小于250mg/L、闸内水位小于0.7m，且外江水位大于内河水位时，马角水闸开闸进水，若以上4条有其一不能满足即关闸。

（2）联石湾水闸

条件1：当外江咸度小于400mg/L，闸内水位小于0.3m，且外江水位大于内河水位时，联石湾水闸开闸进水，若以上3条有其一不能满足即启动条件2。

条件2：当外江咸度大于400mg/L，但闸门处咸度小于250mg/L、闸内水位小于0.5m，且外江水位大于内河水位时，联石湾水闸开闸进水，若以上4条有其一不能满足即关闸。

（3）灯笼水闸

条件1：当外江咸度小于600mg/L、闸内水位小于0.3m，且外江水位大于内河水位时，灯笼水闸开闸进水，若以上3条有其一不能满足即条件2。

条件2：当外江咸度大于600mg/L，但闸门处咸度小于250mg/L、闸内水位小于0.5m，且外江水位大于内河水位时，灯笼水闸开闸进水，若以上4条有其一不能满足即关闸。

（4）大涌口水闸

条件1：当外江咸度小于700mg/L、闸内水位小于0.3m，且外江水位大于内河水位时，大涌口水闸开闸进水，若以上3条有其一不能满足即启动条件2。

条件2：当外江咸度大于700mg/L，但闸门处咸度小于250mg/L、闸内水位小于0.5m，且外江水位大于内河水位时，大涌口水闸开闸进水，若以上4条有其一不能满足即关闸。

（5）永一水闸。关闭。

（6）联石湾尾水闸。全开。

（7）西灌河其他五水闸。当西灌河水位高于5个内河涌水位且西灌河水位高于0.5m时，5个水闸开闸放水；反之关闸。确保水闸只出不进。

（8）其他水闸按照现状调度规则调度。

8.1.2.2　水库调咸

中珠联围外江咸潮的活动受到径流、潮流的共同控制，在抢淡蓄淡方案中通过水闸尽可能抑制其对内河涌的影响。但为进一步提高围内的供水能力，满足供水需求，可以考虑通过大沽涌上游的铁炉山水库引水调节。

在优选最优调度方案基础上，适当降低闸门的控制开启要求，即增大马角水闸、联石湾水闸、灯笼水闸及大涌口水闸咸度控制阈值，提高进水能力。此外，在马角水闸开放进水的时期同时开放铁炉山水库进行调咸，以确保内河涌咸度不超标。此外，在马角水闸开放进水的时期，同时开放铁炉山水库进行调咸，保内河涌咸度不会超标。

8.1.2.3　泵站供淡

在各调控方案运行过程中，若联围内坦洲水厂、裕洲泵站所在取水断面的水位、咸度满足限值要求，即可正常运行；否则将关闭。

8.1.2.4　咸度控制阈值

根据联围内生活和生产用水的咸度标准，确定联围内咸度控制目标，坦洲水厂和裕洲泵站取水断面咸度不超过 250mg/L，农业种植区咸度不超过 350mg/L，水产养殖区咸度不超过 2000mg/L。根据闸门调控规则，经调算后设定各调度方案下进水闸门处的外江咸度控制阈值，见表 8.1-1，各出水闸门并无咸度控制要求。

表 8.1-1　　　　　　　进水闸门处的外江咸度控制阈值　　　　　　　单位：mg/L

方案	马角水闸	联石湾水闸	灯笼水闸	大涌口水闸
方案一	320	—	—	—
方案二	280	—	—	—
方案三	250	450	—	—
方案四	250	400	600	700
水库调咸（方案四）	300	450	600	800

8.2　抢淡蓄淡应急供水群闸联合调度效果分析

为体现调度方案的调度效果，根据外江咸潮过程和坦洲水厂取水口的实测咸度资料，本次根据 2011 年咸潮上溯特性，选取咸潮影响前期 10 月 1—15 日（农历九月初五至十九）半个月时间（包括大、中、小潮型）作为水体置换改善水环境的调度时段；2011 年 10—12 月为抢淡蓄淡保障供水安全调度时段。2011 年 10—12 月的潮位和咸度过程如图 8.2-1 和图 8.2-2 所示。

根据抢淡蓄淡方案的调度设置，利用中珠联围水闸调度模型对方案进行模拟，模拟时段为 2011 年 10 月 25 日 18 时至 11 月 30 日 18 时，即为水体置换后紧随的咸潮活动期，在此期间以保障供水为主要目标，COD 及 NH_3-N 等污染物浓度已不用考虑。抢淡蓄淡各方案模拟结果的分析优选采用不同的指标：根据河涌控制断面水位及咸度的变化评估抢淡效果；根据西灌河储蓄水量的变化以及坦洲水厂断面、裕洲泵站断面的水体体积变化评估河涌蓄淡的效果；根据泵站的取水断面水位变化、有效抽水时长，并计算模拟期间抽水

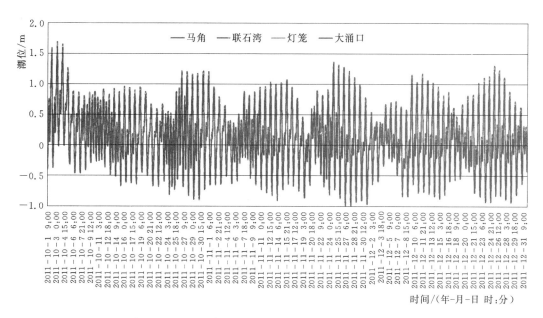

图 8.2-1 2011 年 10—12 月马角等四水闸外潮位过程线

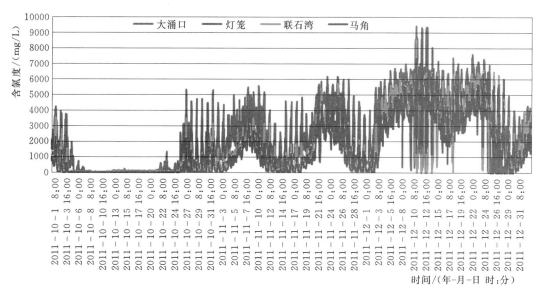

图 8.2-2 2011 年 10—12 月马角等四水闸外咸度过程线

量来评估泵站供淡的效果。在各方面指标评估中，以泵站供淡效果为最重要指标，其他各指标进行辅助评估。西灌河肩负着二级取水通道的任务，考虑到其在中珠联围地区的重要性，及其相关水力要素控制计算的直观性与可行性，本次多项评估指标以西灌河为主要参考，兼顾坦洲水厂与裕洲泵站所在断面进行分析。

8.2.1 水闸抢淡效果模拟

在本次模拟设置中，各水闸抢淡的调度运行依据，主要通过其所在内河涌的控制断面的水位、咸度变化情况来调控。通过控制断面的逻辑判断进行有条件的开闭，使淡水资源在满足要求的情况下尽可能进入内河涌并得以储蓄利用，因此控制断面的变化情况将直接影响到抢淡的效果。以西灌河为例，其控制断面选为西灌河河涌中部位置，能够有效地调控模型的正常运行，既能够满足水闸抢淡充分进水的目标，又能够满足泵站供淡咸度不超标的要求。各个方案下其水位、咸度的变化如图8.2-3和图8.2-4所示。

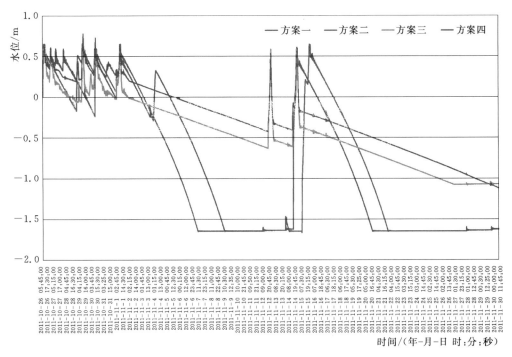

图 8.2-3　西灌河控制断面水位变化

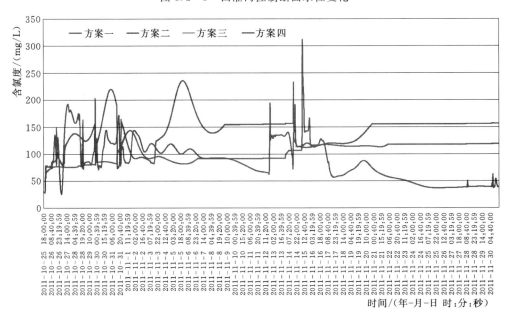

图 8.2-4　西灌河控制断面咸度变化

从图 8.2-3 中可以看出，在闸门的控制下，西灌河的水位基本维持在既定的上限水位之下，随着闸门的开闭与坦洲泵站的持续抽水不断变动。外江闸门开启进水时，外江潮水迅速涌入，水位相应急剧增高，如图 8.2-3 中的 11 月 14 日 3 时左右出现控制断面水位迅速涨高的情形；而中部与尾部闸门的排放过量水体、泵站的抽水作用又使水位持续下降，当外江潮水补充不够及时，可逐渐降低水位至泵站最低运行水位值，如图 8.2-3 中的 11 月 6 日 23 时左右水位的低值。从图 8.2-4 中可以看出，在闸门的调控作用下，控制断面的咸度处于不断波动的状态，但整体上在取水要求浓度之下，即普遍低于 250mg/L，保证了河涌内部的供水咸度要求，为泵站的运行提供了保障。

在调度模拟的各方案水位结果中，方案三、方案四的水位过程在整个时段相对偏高，其中方案四的水位更高一些；方案一、方案二的水位过程相对较低，这说明 4 种方案在闸门抢淡的效果上是有所差异的。为此，绘制在 4 种方案下西灌河相关闸门的累计抢淡量（利用西灌河相关闸门的进流量扣除出流量，出流量不包含泵站抽水量）过程图，分析对比 4 种方案的抢淡效果优劣，如图 8.2-5 所示。

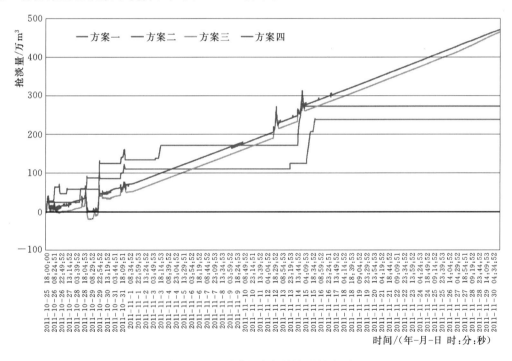

图 8.2-5 西灌河水闸抢淡量累计图

从图 8.2-5 中可以看出，随着水闸抢淡过程的进行，4 种方案的抢淡量呈现不断增高的趋势，且 4 种调度方案的累计抢淡量呈现出"两两相似"的结果：方案一、方案二的抢淡量过程图变化相似，方案三、方案四的抢淡量过程图变化也较为一致。这是由于相关方案设置的进水闸门较为相近的缘故。方案一、方案二中，进水闸门皆为马角水闸，两方案的进水通道完全相同，控制抢淡的主要因素一致；方案三、方案四中，进水闸门都包含马角水闸与联石湾水闸，其中方案四增设大涌口水闸与灯笼水闸。对比 4 种方案的结果，发现方案三、方案四在前段小部分时间的抢淡量低于方案一、方案二，但后段时期远远高出。结合外江咸度的变化过程，发现前段时期外江咸度较高，磨刀门水道沿岸的进水闸门皆受到严重的影响，方案三、方案四中的联石湾等进水闸门位于下游，受咸潮影响更为严重，因此并未发挥出应有的数量优势，反而是位于上游的马角水闸由于位置优势致使其在此时间内占据主要进水通道地位，且方案三、方案四中联石湾尾水闸的自由排水作用，加速了西灌河水体的排放，降低了河涌的抢淡量，因此抢淡蓄淡前段时间方案一、方案二的累计抢淡量较高。但是随着时间的推移，外江水体中的咸度逐渐降低，方案三、方案四中进水闸门的数量优势便发挥出来，联石湾水闸、灯笼水闸与大涌口等开启的闸门越多，抢淡时期的进水通道就越多，这些增设的进水通道大大提高了方案三、方案四中西灌河抢淡量，因此在抢淡蓄淡的后期方案三、方案四累计抢淡量较高。

8.2.2 河涌蓄淡效果模拟

在本次的中珠联围地区的抢淡蓄淡调度各方案设计中，通过提高河涌尾部排放水闸的开启水位，旨在提高河涌的蓄水水位，充分发挥河涌的蓄水功能。如本次模拟中的西灌河，概化来讲便是坦洲水厂的取水水库，为此，以西灌河为例，计算出各方案下西灌河河涌蓄水量（河涌初始蓄水量设置为水位为 0m 时对应的涌容为 95.47 万 m^3，增量为抢水量扣除泵站的抽水量）变化过程对比分析，具体结果如图 8.2-6 所示。

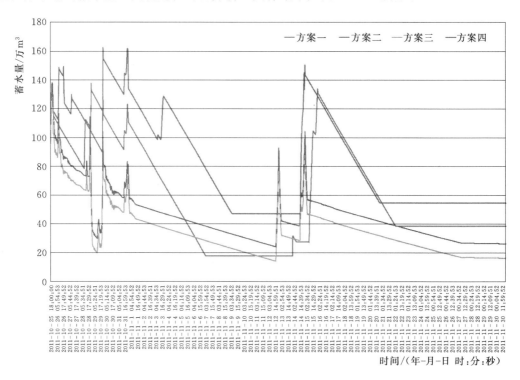

图 8.2-6　西灌河蓄水量变化过程线

从图 8.2-6 中可以看出，当水闸开启时，外江潮水的涌入大大增加河涌的蓄水量，而尾部水闸的排水、泵站的抽水作用又使蓄水量不断减小。对比来看，在方案二的调度方式下，西灌河的整体蓄水量最多，水量最为丰富，方案一次之，方案三与方案四条件下的西灌河整体蓄水量则较差。这与8.2.1节中的西灌河累计抢水量呈现的结果不同，主要是由于抽水作用的存在：在方案三、方案四的条件下，坦洲水厂泵站处于持续的抽水状态，而方案一、方案二为间歇性抽水，仅仅在部分时段才能满足抽水的要求，因此即便是方案三、方案四调度下累计抢淡量较为充足，但相应的抽水量也额外增加，河涌蓄水量便相对偏低。

河道水力变化的复杂性，每个断面的实际水力因素都不尽相同，整体的蓄容量变化不完全具有代表性，仅仅是衡量河涌的整体蓄水状况，并不能直接反映各个断面，尤其是取水断面的实际水力状况。为了更直观地反映出各方案河道蓄水量对取水泵闸所在断面的直接影响，直接提取计算取水断面的体积变化（以取水断面所在位置节点为中心，两侧相邻水位计算节点之间蓄水量的一半，即为该节点附近水体体积变化）进行对比分析，结果如图8.2-7所示。

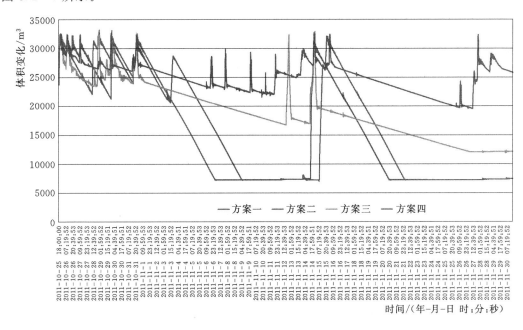

图 8.2-7　坦洲水厂取水断面水体体积变化

从图8.2-7中可以看出，在方案四条件下，坦洲水厂取水断面水体体积变化居于较高水平，反映出此种方案下水量充沛，有利于泵站的取水进行；方案三的效果仅次于方案四，而方案一、方案二的效果最差，断面附近的水体体积偏低，不利于泵站的取水。这与8.2.1节中累计抢水量的分析结论是相符的，也是造成后续分析中泵站取水差异的直接原因。

8.2.3　泵站供淡效果模拟

本节研究中，坦洲水厂与裕洲泵站的取水问题，是需要着重考虑和解决的难点。在设计的4种调度方案下，河道的水力条件是不一致的，因此泵站运行的实际状况有所差别。为评估供淡效果，可以从咸度、水位的角度出发（图8.2-8～图8.2-11），计算出满足要求的供水时长与供水量（图8.2-12～图8.2-15），以此为依据评选方案的优劣。

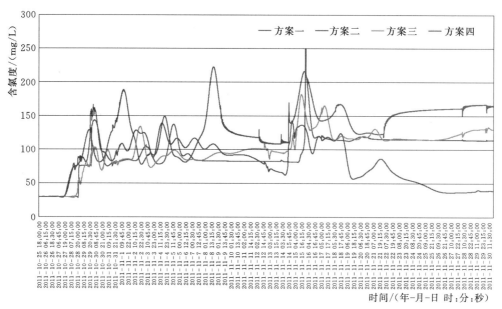

图 8.2-8　坦洲水厂断面咸度变化过程线

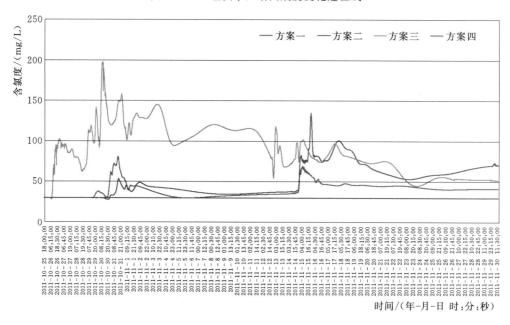

图 8.2-9　裕洲泵站断面咸度变化过程线

从图 8.2-8 和图 8.2-9 中可以看出，对于坦洲水厂和裕洲泵站，在 4 种方案下，取水泵站所在断面的咸度受外江高含盐量的潮水涌入，以及内河涌淡水稀释的影响呈现波动变化，但皆严格控制在 250mg/L 以下，完全满足取水水质的要求，这是闸门抢淡条件有效控制的结果，也是各方案设置合理性的体现。

本次泵站运行的方案设计中，泵站正常运行时需要水位达到既定的下限高度。满足要求时坦洲水厂便以 1.75m³/s 的抽水效率工作，裕洲泵站以 6.9m³/s 的抽水效率工作。从

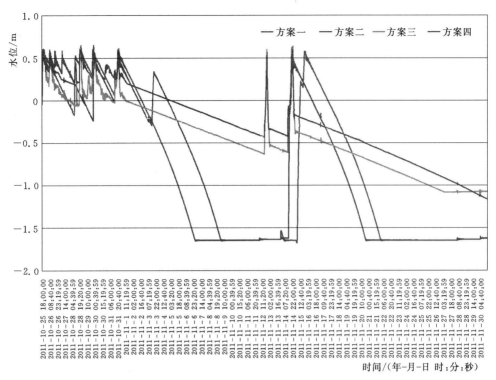

图 8.2-10 坦洲水厂断面水位变化过程线

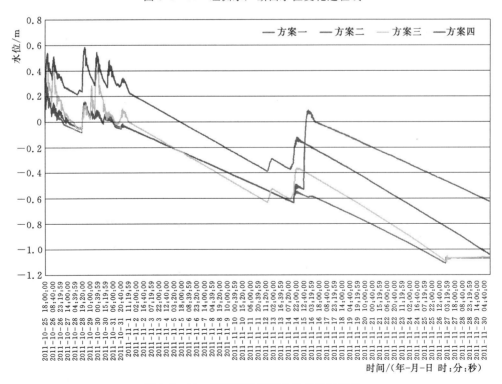

图 8.2-11 裕洲泵站断面水位变化过程线

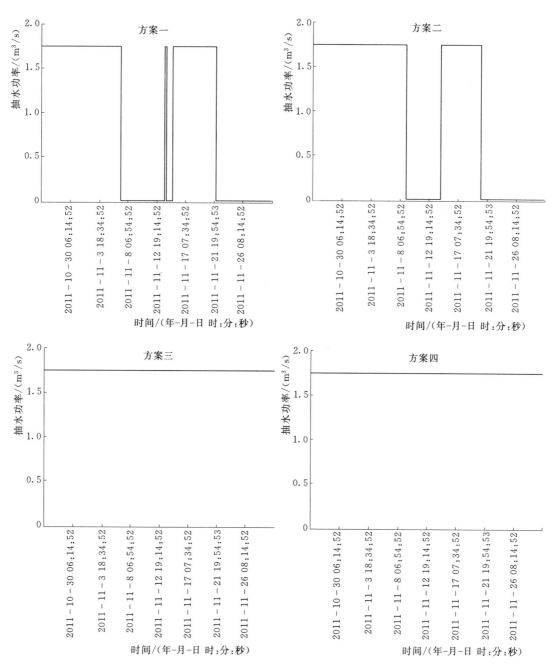

图 8.2-12 坦洲水厂泵站运行过程图

图 8.2-10 中可以看出，对于坦洲水厂，方案一在 11 月 7 日 2 时 55 分左右泵站取水中断，直到 11 月 14 日 0 时由于外江潮水涌入才稍许工作约 6h，而后继续中断，之后在 11 月 15 日 5 时 50 分左右外江潮水继续注入，泵站抽水恢复，最终在 11 月 22 日 1 时 40 分水位达到最低工作水位后停止工作；方案二在 11 月 9 日 4 时 50 分中断工作，直到 11 月 14 日 14 时 55 分恢复工作，而后于 11 月 20 日 19 时 55 分达到最低工作水位后停止工作。

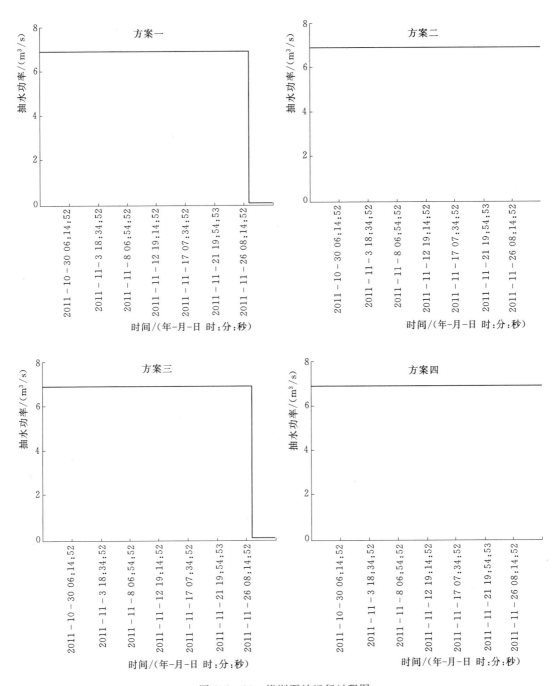

图 8.2-13　裕洲泵站运行过程图

方案三、方案四在整个模拟过程中抢淡水量充足，供水得以保障并未有间断。

从图 8.2-11 中可以看出，各个方案下裕洲泵站的正常抽水持续时间皆比较长，尤其是方案二、方案四，在整个模拟过程中完全能够正常抽取到淡水利用；方案一于 11 月 27 日 3 时 25 分达到最低工作水位抽水停止，方案三于 11 月 27 日 5 时 30 分达到最低工作水位抽水停止。

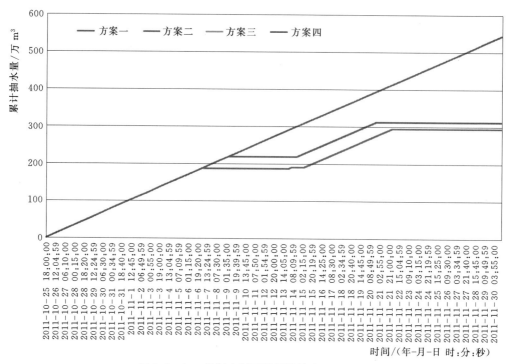

图 8.2 - 14　坦洲水厂泵站累计抽水量过程图

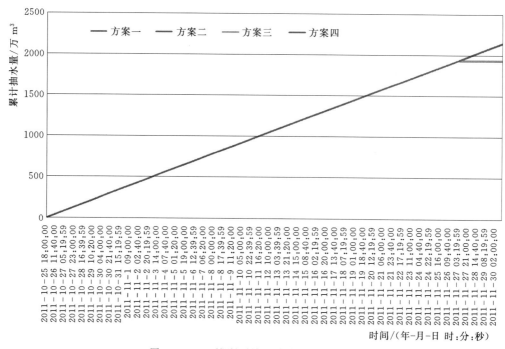

图 8.2 - 15　裕洲泵站累计抽水量过程图

根据上述泵站的运行过程分析，绘制出泵站的运行曲线进行对比分析，结果如图 8.2 -12 和图 8.2 - 13 所示。

从图 8.2-12 和图 8.2-13 中可以初步判断，对于坦洲水厂断面，方案三、方案四的运行过程较优，整个模拟期间供水皆能够得到保障，方案二次之，方案一最差；对于裕洲泵站断面，方案二、方案四的运行过程较优，整个模拟期间抽水需求皆能够得到满足，而方案三次之，方案一最差。为进一步确定各方案下泵站的抽水效果，绘制出泵站的累计抽水量过程线，结果如图 8.2-14 和图 8.2-15 所示。

从图 8.2-14 和图 8.2-15 中可以看出，对于坦洲水厂断面，方案三、方案四的累计抽水量远远高出方案一、方案二；对于裕洲泵站断面，4 种方案的累计抽水量相差不大，仅仅在尾部阶段方案二、方案四稍稍高出一些。

8.3 抢淡蓄淡应急供水群闸联合调度方案优选

根据模拟计算结果，统计调度期内各方案的调度目标函数值见表 8.3-1。可以看出各调控方案中，方案四在供水保障方面具有绝对优势，在模拟期间完全保障了供水需求；方案三在坦洲水厂方面的运行保障效果良好，但裕洲泵站方面略有不足；方案二则相反，在裕洲泵站方面的运行保障效果良好，考虑到坦洲水厂的重要地位，方案三的运行效果要略优于方案二；方案一效果最差，两个水厂皆不能满足需求。因此，中珠联围抢淡蓄淡应急供水调度方案优劣的排序为"方案四＞方案三＞方案二＞方案一"，综合选取方案四作为抢淡蓄淡的最优方案，即通过马角水闸、联石湾水闸、灯笼水闸和大涌口水闸进水，大沽水闸、二沽水闸、三沽水闸、南沙水闸和申堂水闸等水闸排水，由中珠联围西片区蓄淡的方式抢淡蓄淡。

表 8.3-1　　　　　　　　　　各方案调度目标函数值

水　厂	评估指标	方案一	方案二	方案三	方案四
坦洲水厂	运行时长/h	467.167	496	864	864
	抽水总量/万 m³	294.315	312.48	544.32	544.32
	缺水量/万 m³	250.005	231.84	0	0
裕洲泵站	运行时长/h	777.5	864	779.583	864
	抽水总量/万 m³	1931.31	2146.176	1936.485	2146.176
	缺水量/万 m³	214.866	0	209.691	0

8.4 水库调咸调度

利用 8.3.1 节中优选的方案四，延续时间模拟中珠联围抢淡蓄淡的调度。当时段进入外江咸度持续较高的 12 月时，发现即便是 4 种方案中最优的方案，也依旧难以解决地区的供水问题（图 8.4-1 和图 8.4-2）。

从图中可以看出，在方案四的中珠联围抢淡蓄淡调度下，对于坦洲水厂，在保证取水断面咸度过程线不超标的情况下，水位变化始终高于最低取水咸度水位，因此供水需求能够得到保障；但对于裕洲泵站断面，水位过程线在 12 月 1 日 8 时左右即达到最低取水限

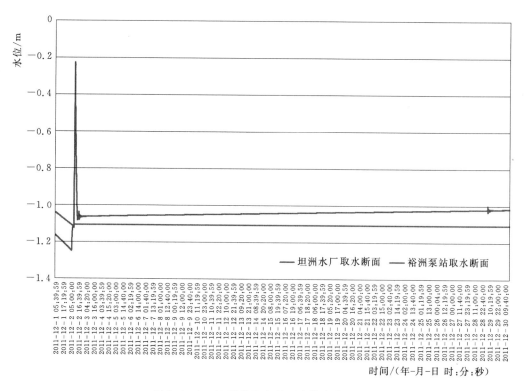

图 8.4-1　12 月份取水断面水位变化过程

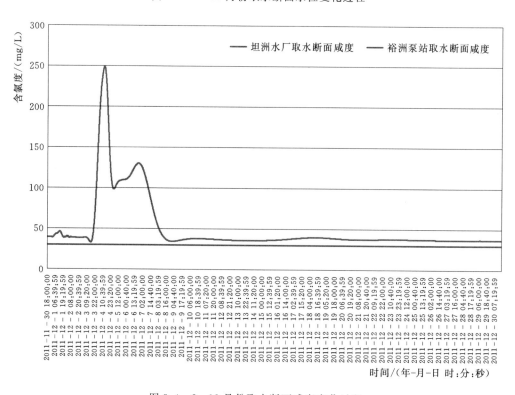

图 8.4-2　12 月份取水断面咸度变化过程

度水位，之后持续保持此水平并无显著变化，致使取水终止，供水不能得到保障。分析两断面取水状况出现的差异，坦洲水厂的供水之所以能够得到保障，是由于西片区河道中储存的水量不断补给西灌河，保持西灌河水位稳定，且坦洲水厂取水限制水位较低；但对于裕洲泵站，该断面处取水限制水位高度相对较高，且模拟时段内无外江水体持续补充，导致取水终止。

　　基于上述情况，对于中珠联围地区的供水调度，不能单单依靠水闸的运作，还需考虑利用大沽涌上游的铁炉山水库进行调咸，利用水库蓄积的淡水资源调和河道中较高的咸度，促进外江河道水体向内河涌注入补充，从而达到保障供水的目的。根据8.1.2节中降低控制要求的方案四运行结果，铁炉山水库调咸控制过程如图8.4-3所示。

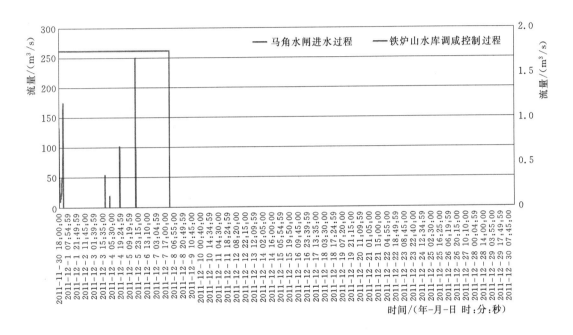

图 8.4-3　铁炉山水库调咸控制过程

　　根据图中结果，马角水闸仅在12月1—5日之间有高浓度咸水间歇进入西灌河，因此将相应铁炉山水库的调咸过程设置为此时间段附近。根据实际模拟的结果，中珠联围下游排水闸（如广昌水闸、洪湾水闸与石角咀水闸）在调度过程中并未达到排水限度，因此整个区域内除去泵站抽水外并无水量排放损失。因此，调试放水过程后，当其持续在12月1—7日之间连续放水，恰好能够满足坦洲水厂与裕洲泵站的取水需求。在此情况下，两断面的水位、咸度变化如图8.4-4和图8.4-5所示。

　　结合图8.4-4和图8.4-5分析，初始阶段外江水体通过闸门涌入内河涌，促使内河涌水位迅速抬高，相应咸度变化也呈现显著的上升趋势，但此时铁炉山水库的淡水调节作用有效地保证了坦洲水厂断面的咸度达标要求；之后在泵站的持续抽水作用下河涌内的水位逐渐降低，在整个过程中一直处于最低取水水位限度之上，保障了泵站的稳定运行。

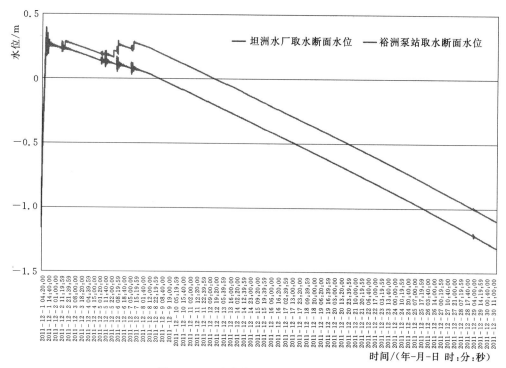

图 8.4-4 取水断面的水位变化过程

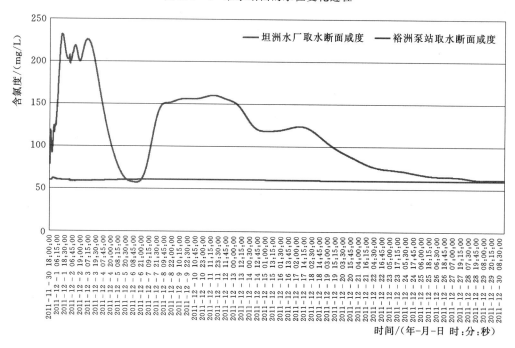

图 8.4-5 取水断面的咸度变化过程

第 9 章
珠江三角洲水资源调度实施与效果评估

9.1 水资源调度效果评估指标体系构建

9.1.1 改善水环境调度评估指标

珠江三角洲地区改善水环境调度的目的，旨在迅速改善水环境质量，针对制定的各种方案，采取一定的指标进行优选，是评估方案可行性的直接手段。本次指标体系构建中，采用水环境改善率、污染物（包括 COD、$NH_3 - N$ 或总磷）转移降解效率、河涌半换水周期为主要评估指标，同时根据其他指标如特征断面水位变化进行辅助评估。

1. 水环境改善率

以珠江三角洲网河区主要水体污染物 COD、$NH_3 - N$ 或总磷为评估对象，改善水环境调度模型的评估指标为水环境改善率最高，具体计算公式为

$$\eta = 1 - \frac{\sum_{i=1}^{N} \omega_i C_{i,末}}{\sum_{i=1}^{N} \omega_i C_{i,初}} \times 100\% \tag{9.1-1}$$

式中：$C_{i,末}$ 为调度期间区域第 i 条内河涌调度结束时刻污染物平均浓度；$C_{i,初}$ 为调度期间区域第 i 条内河涌初始时刻污染物平均浓度；ω_i 为第 i 条内河涌的污染物浓度权重，$\sum_{i=1}^{N} \omega_i = 1$。

2. 污染物转移降解效率

以珠江三角洲网河区主要水体污染物 COD、$NH_3 - N$ 或总磷为评估对象，改善水环境调度模型的评估指标为 COD、$NH_3 - N$ 或总磷污染物转移降解效率最高，具体计算公式为

$$V = \frac{\sum_{i=1}^{N} \omega_i C_{i,初} - \sum_{i=1}^{N} \omega_i C_{i,t}}{t} \tag{9.1-2}$$

式中：$C_{i,t}$ 为调度期间区域第 i 条内河涌 t 时刻污染物平均浓度；$C_{i,初}$ 为调度期间区域第 i 条内河涌初始时刻污染物平均浓度；t 为调度历时；ω_i 为第 i 条内河涌的污染物浓度权重，$\sum_{i=1}^{N} \omega_i = 1$。

3. 半换水周期

换水率与半换水周期对水体更新速度进行评价，假设内河网区的水体浓度为 1，而外江相对干净的水体浓度为 0。换水率是内河网区水体被外江水体所置换的比率，具体计算

公式为

$$R(r,l,t) = \frac{C(r,l,t_{初}) - C(t,l,t)}{C(r,l,t_{初})} \times 100\% \qquad (9.1-3)$$

式中：C 为概念性水体浓度；r 为河涌名称；l 为河涌特定的位置里程标识；t 为调度历时。

9.1.2 抢淡蓄淡应急供水调度评估指标

珠江三角洲地区抢淡蓄淡调度的目的，旨在保障区域的供水问题，针对制定的各种方案，需采取一定的指标进行优选评估。本次指标体系构建中，采用缺水量作为主要评估指标，同时采用其他指标进行辅助评估，如采用水闸累积进水量评估抢淡效果，采用河涌储蓄水量的变化以及取水断面的水体体积变化评估河涌蓄淡效果，采用泵站运行时长评估供淡效果。

1. 总体评估指标——缺水量

缺水量具体计算公式为

$$WD = \min(D - W) \qquad (9.1-4)$$

式中：WD 为供水系统满足含氯度标准的原水缺水量；W 为将外江淡水抢蓄到内河涌或水库后，泵站供给水厂满足含氯度标准的原水供给量；D 为水厂的原水需水量。

2. 水闸抢淡评估指标——水闸累积抢淡量

水闸累积抢淡量具体计算公式为

$$W = \sum_{i=1}^{N} \left(\int_0^T q_i t \, dt \right) \qquad (9.1-5)$$

式中：W 为水闸抢淡量；N 为各进水闸门；q_i 为各进水闸门的瞬时流量；t 为 q_i 对应的开启时段；T 为调度总时长。

3. 河涌蓄淡评估指标目标——河涌蓄淡量

河涌蓄淡量具体计算公式为

$$V = \max(V_0 + Q_{进} - Q_{出}) \qquad (9.1-6)$$

式中：V 为河涌的蓄水量；V_0 为河涌的初始蓄水量；$Q_{进}$、$Q_{出}$ 为上游进水水闸的进水量与下游各水闸的出水量。

4. 泵站供淡评估指标——供水保障总时长

供水保障总时长具体计算公式为

$$T_{供} = \max[\min(T_1 + T_2 + \cdots + T_n)] \qquad (9.1-7)$$

式中：$T_{供}$ 为外江含氯度超标期间供水保障时间；T_1、T_2、$\cdots$、T_n 分别为各取水口供水保障时间。

9.1.3 水资源调度效果评估指标体系

根据 9.1.1 节与 9.1.2 节中改善水环境、抢淡蓄淡调度评估指标，综合整理构建出水资源调度效果评估体系，见表 9.1-1。

　　　　　　　　　　　　水资源调度效果评估指标体系

调度分类	评估指标	权重等级（优先、一般、较低）
改善水环境调度	水环境改善率	优先
	污染物转移降解效率	一般
	半换水周期	较低
抢淡蓄淡调度	缺水量	优先
	水闸累积抢淡量	较低
	河涌蓄淡量	较低
	供水保障总时长	一般

对于珠江三角洲改善水环境调度，作为调度直接效果体现的水环境改善率须作为优先考虑指标；其次为反映水环境改善速度的指标，即污染物转移降解速率；最后为水体置换的速率。

对于抢淡蓄淡调度，其本质目的是为保障珠江三角洲区域原水供应，故缺水量（供水量）须作为优先考虑指标；其次为反映原水供应保障效果的供水保障总时长指标；最后对于在抢淡蓄淡过程中其他需要体现调度效果的因子如水闸累积抢淡量、河涌蓄淡量也纳入考虑范畴，并作为较低权重评估指标。

9.2　典型水网区水资源调度效果评估

9.2.1　中珠联围改善水环境优化调度实施效果

基于 7.3 节中对于中珠联围改善水环境的群闸调度方案研究结论，择选方案三作为最优调度方案，即将马角水闸、联石湾水闸、灯笼水闸、大涌口水闸作为引水闸，同时将广昌水闸、洪湾水闸、石角咀水闸作为排水闸开展调度。为将研究结论落实于实践调度效果中，并深入了解通过水闸调度改善中珠联围水环境的效果，课题组于 2016 年 5 月—11日，根据 7.3 节中优选的改善水环境调度方案，结合外江径流条件和潮汐活动情况，在保障围内防洪排涝安全的基础上，开展改善水环境的中珠联围七闸联合原型调度试验，对调度结果进行总结评估。

9.2.1.1　原型调度方案设置

1. 原型试验水闸调度方案

（1）5 月 8 日调度方案。调度规则：按照现状调度规则，提高内河控制水位至＋0.2m。马角水闸、联石湾水闸、灯笼水闸、大涌口水闸进水（排水），利用涨潮进水；石角咀、广昌水闸、洪湾水闸排水，利用落潮排水。

1）马角水闸。由于马角水闸主要为坦洲水厂供水，调度自成体系，本次原型试验不改变现有调度方案和调度规则。

2）联石湾水闸、灯笼水闸、大涌口水闸。由于灯笼山潮位站距离水闸较近，本次以灯笼山潮位站作为参证站。根据 2016 年灯笼山潮位站 5 月份的潮汐预报表，5 月 8 日 5时 30 分开始涨潮，10 时 20 分开始落潮。因此，联石湾水闸、灯笼水闸、大涌口水闸于 5时 30 分左右开始开闸进水，当内水位（安阜站、龙塘站）接近＋0.2m 时关闸；当落潮至外江水位低于内河水位时大涌口开闸放水。

3）广昌水闸、洪湾水闸和石角咀水闸。根据 2016 年珠海香洲潮位站 5 月份的潮汐预报表，5 月 8 日 5 时 00 分开始涨潮，11 时 02 分开始落潮。因此，广昌水闸、洪湾水闸和石角咀水闸于落潮时段、内外江水位齐平时开始开闸放水，当落潮至外江最低潮位时关闸。

（2）5 月 9 日调度方案。调度规则：马角水闸、联石湾水闸、灯笼水闸、大涌口水闸进水（不排水），利用涨潮进水；广昌水闸、洪湾水闸、石角咀水闸排水，利用落潮排水；内河控制水位为 +0.2m。

1）马角水闸。由于马角水闸主要为坦洲水厂供水，调度自成体系，本次原型试验不改变现有调度方案和调度规则。

2）联石湾水闸、灯笼水闸、大涌口水闸。根据 2016 年灯笼山潮位站 5 月份的潮汐预报表，5 月 9 日 6 时 00 分开始涨潮，11 时 00 分开始落潮。因此，联石湾水闸、灯笼水闸、大涌口水闸于 6 时 00 分左右开始开闸进水，当内水位（安阜站、龙塘站）接近 +0.2m 左右时关闸。

3）广昌水闸、洪湾水闸和石角咀水闸。根据 2016 年珠海香洲潮位站 5 月份的潮汐预报表，5 月 9 日 5 时 37 分开始涨潮，11 时 34 分开始落潮，18 时 45 分再次涨潮。因此，广昌水闸、洪湾水闸和石角咀水闸于落潮时段、内外江水位齐平时开始开闸放水，当落潮至外江最低潮位时关闸。

（3）5 月 10 日调度方案。调度规则：马角水闸、联石湾水闸、灯笼水闸、大涌口水闸进水（不排水），利用落潮初期进水；广昌水闸、洪湾水闸、石角咀水闸排水，利用落潮排水；内河控制水位为 +0.2m。

1）马角水闸。由于马角水闸主要为坦洲水厂供水，调度自成体系，本次原型试验不改变现有调度方案和调度规则。

2）联石湾水闸、灯笼水闸、大涌口水闸。根据 2016 年灯笼山潮位站 5 月份的潮汐预报表，5 月 10 日 6 时 30 分开始涨潮，11 时 45 分开始落潮。因此，联石湾水闸、灯笼水闸、大涌口水闸于 11 时 45 分左右开始开闸进水，当内水位（安阜站、龙塘站）接近 +0.2m 左右时关闸。

3）广昌水闸、洪湾水闸和石角咀水闸。根据 2016 年珠海香洲潮位站 5 月份的潮汐预报表，5 月 10 日 6 时 14 分开始涨潮，12 时 03 分开始落潮，19 时 36 分再次涨潮。因此，广昌水闸、洪湾水闸和石角咀水闸于落潮时段、内外江水位齐平时开始开闸放水，当落潮至外江最低潮位时关闸。

（4）5 月 11 日调度方案。调度规则：马角水闸、联石湾水闸、灯笼水闸、大涌口水闸进水（不排水），利用落潮初期进水；广昌水闸、洪湾水闸、石角咀水闸排水，利用落潮排水；内河控制水位为 +0.3m。

1）马角水闸。由于马角水闸主要为坦洲水厂供水，调度自成体系，本次原型试验不改变现有调度方案和调度规则。

2）联石湾水闸、灯笼水闸、大涌口水闸。根据 2016 年灯笼山潮位站 5 月份的潮汐预报表，5 月 11 日 7 时 00 分开始涨潮，12 时 30 分开始落潮。因此，联石湾水闸、灯笼水闸、大涌口水闸于 12 时 30 分左右开始开闸进水，当内水位（安阜站、龙塘站）接近 +0.3m

左右时关闸。

3）广昌水闸、洪湾水闸、石角咀水闸。根据 2016 年珠海香洲潮位站 5 月份的潮汐预报表，5 月 11 日 6 时 50 分开始涨潮，12 时 32 分开始落潮，20 时 29 分再次涨潮。因此，广昌水闸、洪湾水闸、石角咀水闸于落潮时段、内外江水位齐平时开始开闸放水，当落潮至外江最低潮位时关闸。

2. 调度实施监测方案

（1）水位监测方案

1）监测断面。大涌口内外、联石湾内外、广昌内外、洪湾内外、石角咀内外、安阜、龙塘、坦洲、灯笼涌与前山水道交汇处、前山水道与鹅咀涌交汇处下游 50m、蜘洲涌与沙心涌交汇处上游 50m、广昌涌尾、洪湾涌尾、沙心涌前山水道交汇处上游 50m、前山水道观景台。其中大涌口内外、联石湾内外、广昌内外、洪湾内外、石角咀内外、安阜、龙塘、坦洲为已有水尺（图 9.2-1）。

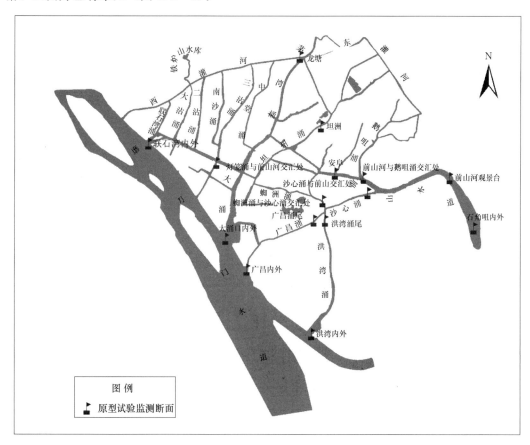

图 9.2-1　原型试验监测断面分布示意图

2）监测频次。调度期间，每小时监测一次。

（2）流量监测方案

1）监测断面。主要考虑与水位监测相结合，监测断面为前山水道与鹅咀涌交汇处下游50m、蜘洲涌与沙心涌交汇处上游50m、沙心涌前山水道交汇处上游50m、前山水道观景台。

2）监测频次。调度期间，每小时监测一次。

（3）水质监测方案

1）监测断面。主要考虑与水位监测相结合，监测断面为前山水道与鹅咀涌交汇处下游50m、蜘洲涌与沙心涌交汇处上游50m、沙心涌前山水道交汇处上游50m、前山水道观景台、洪湾水闸内、广昌水闸内、大涌口水闸内、灯笼水闸内、联石湾内。

2）监测频次。调度期间，每天调度开始及结束前后各一次。

3）监测类别。高锰酸盐指数、NH_3-N、总磷。

9.2.1.2 调度过程

1.5月8日调度过程

根据工作方案，5月8日调度规则为按照现状调度规则，内河控制水位为+0.2m，马角水闸、联石湾水闸、灯笼水闸、大涌口水闸进水（排水），利用涨潮进水；石角咀、广昌水闸、洪湾水闸排水，利用落潮排水。观测该情况下中珠联围各个控制点的水位、流速以及水质情况，摸清现有调度下前山水道的水动力和水质变化情况。

（1）联石湾水闸、灯笼水闸、大涌口水闸。5月8日5时43分开始涨潮，各水闸闸外潮位分别为-0.11m、-0.2m、-0.28m，联石湾水闸、灯笼水闸、大涌口水闸于5时43分开闸进水，此时联石湾水闸、灯笼水闸、大涌口水闸内水位分别为-0.46m、-0.49m、-0.49m，具体见表9.2-1。

表9.2-1　　　　　　　　　水闸开关闸时间及水位情况

水闸名称	时间/(时：分)	操作	外水位/m	内水位/m
大涌口	05：43	开闸	-0.28	-0.49
	08：18	关闸	0.66	0.34
	15：25	开闸	0.09	0.11
	19：30	落潮最低点	-0.58	-0.58
联石湾	05：43	开闸	0.11	-0.49
	08：18	关闸	0.78	0.34
灯笼	05：43	开闸	-0.20	-0.49
	08：18	关闸	0.77	0.30
石角咀	14：25	开闸	0.09	0.12
	18：30	关闸	-1.10	-1.06

按照调度方案围内水位控制+0.2m，8时18分大涌口、联石湾、灯笼水闸关闸，此时内水位分别为+0.34m、+0.34m、+0.3m。经过5h左右围内水位平稳，大涌口闸内、石角咀闸内、前山水道观景台水位分别为+0.13m、+0.18m、+0.12m。

落潮后，水闸内外水位齐平时，开闸排水。大涌口水闸于15时25分开闸排水，此时闸外水位+0.09m。19时30分大涌口闸外潮位落至最低点，此时闸内外水位均为-0.58m，为了保持围内水位要求，大涌口水闸在第二个涨潮时继续进水，于21时30分关闸，此时闸外水位、闸内水位分别为−0.08、−0.03m。

（2）石角咀水闸。承担排水功能的石角咀水闸于14时25分开闸排水，闸内水位和闸外水位分别为+0.12m、+0.09m，石角咀水闸内水位最低降至−1.06m，于18时30分关闸。

2. 5月9日调度过程

根据工作方案，5月9日调度规则为改变大涌口水闸调度规则，大涌口只进水不排水。5月9日下午接到气象方面的通知，预报未来24h有大暴雨，使得原计划大涌口不排水的规则被打破，为了尽快腾空围内涌容，大涌口5月9日在调度后期也承担了排水功能。

（1）联石湾水闸、灯笼水闸、大涌口水闸。5月9日6时20分开始涨潮，大涌口水闸闸外潮位分别为−0.2m，大涌口水闸于6时20分开闸进水，此时大涌口水闸内水位分别为−0.34m，具体见表9.2−2。

表9.2−2　　　　　　　　　　水闸开关闸时间及水位情况

水闸名称	时间/（时：分）	操作	外水位/m	内水位/m
大涌口	06：20	开闸	−0.20	−0.34
	08：38	关闸	0.55	0.32
	17：40	开闸	−0.23	−0.09
	19：45	关闸	−0.52	−0.51
洪湾	15：35	开闸	0.16	0.17
	20：30	关闸	−0.61	−0.63
广昌	16：15	开闸	0.07	0.08
	20：00	关闸	−0.62	−0.68
石角咀	15：05	开闸	0.09	0.14
	19：30	关闸	−1.08	−1.04

按照调度方案围内水位控制在+0.2m，8时38分大涌口水闸关闸，此时内水位分别为+0.32m。经过5h左右围内水位平稳，大涌口闸内、石角咀闸内、前山水道观景台水位分别为+0.12m、+0.17m、+0.12m。

落潮时，按原定规则大涌口水闸不排水。17时40分左右时接到未来有暴雨的通知，于是大涌口开闸排水。大涌口水闸于17时40分开闸排水，此时闸外水位−0.23m。19时45分大涌口闸外潮位落至最低点，此时闸内外水位均为−0.51m左右，大涌口关闸挡水。

（2）石角咀水闸。承担排水功能的石角咀水闸于15时05分开闸排水，闸内水位和闸外水位分别为+0.14m、+0.09m，石角咀水闸内水位最低降至−1.04m，于19时30分关闸。

3. 5月10日调度过程

由于5月10日下暴雨，拟定调度规则无法实施，遵从汛期防洪排涝的调度情况进行调度。

4. 5月11日调度过程

根据工作方案，5月11日调度规则为改变大涌口水闸调度规则，大涌口只进水不排水，且利用落潮进水。内河控制水位为+0.2m，马角水闸利用涨潮进水保障坦洲自来水厂供水，联石湾水闸、灯笼水闸利用涨潮进水，大涌口水闸涨潮落潮有条件都进水；石角咀、广昌水闸、洪湾水闸排水，利用落潮排水。观测该情况下中珠联围各个控制点的水位、流速及水质情况，摸清本次调度工况下前山水道的水动力和水质变化情况。

（1）联石湾水闸、灯笼水闸、大涌口水闸补水。5月11日6时50分开始涨潮，大涌口水闸于6时50分开闸进水，此时大涌口水闸内外水位分别为−0.57m、0.06m，联石湾水闸、灯笼水闸于7时25分开闸进水，内水位分别为−0.38m、−0.09m，具体见表9.2−3。

表9.2−3　　　　　　　　　　　水闸开关闸时间及水位情况

水闸名称	时间/（时：分）	操作	外水位/m	内水位/m
大涌口	06：50	开闸	0.06	−0.57
	09：10	关闸	0.18	0.19
	16：45	开闸	0.53	0.05
	18：30	关闸	0.15	0.02
联石湾	07：25	开闸	0.23	−0.38
	09：10	关闸	0.28	0.18
灯笼	07：25	开闸	0.08	−0.09
	09：10	关闸	0.26	0.19
石角咀	17：00	开闸	0.06	0.06

按照补水方案围内水位控制在+0.2m，9时10分大涌口、联石湾、灯笼水闸关闸，此时内水位分别为+0.19m、+0.18m、+0.19m。

（2）大涌口水闸调度进水。为了把握落潮进水时机，充分关注外江水位，待大涌口内外水位差满足水闸安全运行要求后，开闸进水。大涌口水闸于16时45分开闸进水，此时闸外水位为+0.53m，闸内水位为+0.05m。18时30分调度过程结束，大涌口水闸关闸，内、外水位分别为+0.02m、+0.15m。

（3）石角咀水闸排水。承担排水功能的石角咀水闸于17时00分开闸排水，与大涌口水闸的进水形成西进东出的水动力条件，此时石角咀闸内水位和闸外水位均为+0.06m，在18时30分调度结束时石角咀仍在排水。

9.2.1.3　调度效果与评估

1. 逐日调度效果

（1）5月8日调度结果分析。

1）调度期间水闸进出水量情况分析。调度期间水闸进出水量主要按照水闸过闸流量进行计算，根据5月8日调度实际情况，过闸流量计算采用高淹没出流公式，即

$$\begin{cases} Q = \mu_0 B_0 h_s \sqrt{2g(H_0 - h_s)} \\ \mu_0 = 0.877 + \left(\dfrac{h_s}{H_0} - 0.65 \right)^2 \end{cases} \quad\quad (9.2-1)$$

式中：B_0 为闸孔总净宽（m）；Q 为过闸流量（m³/s）；H_0 为计入行近流速水头的堰上水头（m）；g 为重力加速度，可采用 9.81m/s²；h_s 为由堰顶算起的下游水深（m）；μ_0 为淹没堰流的综合流量系数。

根据闸内、外水位和过闸流量计算公式，各水闸过闸水量计算成果见表 9.2-4。

表 9.2-4   5 月 8 日调度期间水闸进出水量情况计算成果表

水闸名称	开闸时间/(时：分)	水量/万 m³	备注
联石湾	05：43—08：18	77	进水
灯笼	05：43—08：18	25	进水
大涌口	05：43—08：18	130	进水
	15：25—19：30	200	排水
石角咀	14：25—16：30	240	排水

2）水质变化情况分析。根据 2016 年 5 月 8 日前山水道流域水闸调度试验水质监测结果（具体见表 9.2-5），比较调度前后各个监测断面的水质可知，总体来说水质有一定程度的改善。调度后总磷浓度除了前山水道与鹅咀涌交汇处取样地点发生变化且变化比较大以外，其他断面基本变化较小；NH_3-N 浓度除蜘洲涌与沙心涌交汇处有所增加外，其他断面均有不同程度的下降，其中前山水道观景台监测断面下降 0.57mg/L；高锰酸盐指数除沙心涌与前山水道交汇处有所增加外，其他断面均有不同程度的下降，其中前山水道观景台监测断面下降 0.3mg/L。

表 9.2-5   5 月 8 日调度前后水质变化情况表

采样地点及时间	分析结果/(mg/L)		
	总磷	NH_3-N	高锰酸盐指数
前山水道与鹅咀涌交汇处下游 50m 调度前	0.52	6.44	6.9
前山水道与鹅咀涌交汇处下游 50m 调度后	0.16	0.18	1.9
蜘洲涌与沙心涌交汇处上游 50m 调度前	0.16	0.19	3.0
蜘洲涌与沙心涌交汇处上游 50m 调度后	0.17	0.26	2.3
沙心涌前山水道交汇处上游 50m 调度前	0.10	0.64	1.9
沙心涌前山水道交汇处上游 50m 调度后	0.15	0.25	2.2
前山水道观景台调度前	0.15	0.80	2.3
前山水道观景台调度后	0.16	0.23	2.0
大涌口水闸内调度前	0.09	<0.02	1.6
大涌口水闸内调度后	0.09	<0.02	1.6
联石湾水闸内调度前	0.12	0.22	1.9
联石湾水闸内调度后	0.08	<0.02	1.6

（2）5月9日调度结果分析。

1）调度期间水闸进出水量情况分析。调度期间水闸进、出水量主要按照水闸过闸流量进行计算，根据5月9日调度实际情况，闸内、外水位和过闸流量计算公式，各水闸过闸水量计算成果见表9.2-6。

表9.2-6　　　　　　　　5月9日调度期间水闸进出水量情况计算成果表

水闸名称	开闸时间/(时：分)	水量/万 m³	备注
大涌口	06：20—08：38	157	进水
石角咀	15：05—19：30	270	排水
广昌	16：15—20：00	26	排水
洪湾	15：35—20：30	90	排水

2）水质变化情况分析。根据2016年5月9日前山水道流域水闸调度试验水质监测结果（具体见表9.2-7），比较调度前后各个监测断面的水质可知，总体来说水质有一定程度的改善。调度后总磷浓度各监测断面变化较小；NH_3-N 浓度各个监测断面均有不同程度的下降，其中前山水道观景台监测断面下降 0.58mg/L；高锰酸盐指数除沙心涌与前山水道交汇处有所增加外，其他断面均有不同程度的下降，其中前山水道观景台监测断面基本维持不变。

表9.2-7　　　　　　　　5月9日调度前后水质变化情况表

采样地点及时间	分析结果/(mg/L)		
	总磷	NH_3-N	高锰酸盐指数
前山水道与鹅咀涌交汇处下游50m调度前	0.10	<0.02	3.6
前山水道与鹅咀涌交汇处下游50m调度后	0.09	0.03	1.9
蜘洲涌与沙心涌交汇处上游50m调度前	0.12	0.48	2.5
蜘洲涌与沙心涌交汇处上游50m调度后	0.13	0.06	1.8
沙心涌前山水道交汇处上游50m调度前	0.13	0.71	2.6
沙心涌前山水道交汇处上游50m调度后	0.12	0.32	2.4
前山水道观景台调度前	0.11	0.73	2.1
前山水道观景台调度后	0.11	0.15	2.1
大涌口水闸内调度前	0.06	<0.02	1.5
大涌口水闸内调度后	0.07	<0.02	1.5
联石湾水闸内调度前	0.04	<0.02	2.0
联石湾水闸内调度后	0.06	<0.02	1.8

（3）5月11日调度结果分析。

1）调度期间水闸进、出水量情况分析。调度期间水闸进出水量主要按照水闸过闸流量进行计算，根据5月11日调度实际情况以及闸内、外水位和过闸流量计算公式，大涌口水闸进水量为155万 m³/d。

2）水质变化情况分析。根据2016年5月11日前山水道流域水闸调度试验水质监测结果（具体见表9.2-8），调度后总磷浓度除了前山水道与鹅咀涌交汇处下游50m和前山水道观景台断面有所增加外，其他断面均有所减小；NH_3-N浓度除沙心涌前山水道交汇处上游50m和前山水道观景台断面有所增加外，其他断面均有较大程度的下降；高锰酸盐指数监测断面均有不同程度的下降。

表9.2-8　　　　　　　　　　5月11日调度前后水质变化情况表

采样地点及时间	分析结果/(mg/L)		
	总磷	NH_3-N	高锰酸盐指数
前山水道与鹅咀涌交汇处下游50m调度前	0.14	1.73	3.1
前山水道与鹅咀涌交汇处下游50m调度后	0.16	0.24	1.8
蜘洲涌与沙心涌交汇处上游50m调度前	0.19	2.52	3.4
蜘洲涌与沙心涌交汇处上游50m调度后	0.13	0.03	1.5
沙心涌前山水道交汇处上游50m调度前	0.20	2.56	4.3
沙心涌前山水道交汇处上游50m调度后	0.20	2.98	3.6
前山水道观景台调度前	0.15	1.74	3.3
前山水道观景台调度后	0.19	2.52	3.4
大涌口水闸内调度前	0.24	3.77	3.6
大涌口水闸内调度后	0.12	0.04	1.4
联石湾水闸内调度前	0.21	0.10	1.5
联石湾水闸内调度后	0.16	0.03	1.4

2. 调度效果评估

根据中珠联围改善水环境优化调度实施数据，结合9.1节中构建的评估体系，计算相应评估指标值，见表9.2-9。

表9.2-9　　　　　　　　　　改善水环境调度效果评估指标值

评估指标　　　调度日期	水环境改善率 /%		污染物转移降解效率 mg/(Lh)		半换水周期 /h
	总磷	NH_3-H	总磷	NH_3-H	
5月8日	69.2	88.4	0.028	0.565	
5月9日	—	72	—	0.099	80.4
5月11日	—	—	—	—	

由表9.2-9中可知，对于水环境改善率，经过3d调度，总磷降低率为69.2%，NH_3-N降低率为96.7%。其中，5月8日首次调度总磷降低69.2%，NH_3-N降解88.4%，均居于较高水平，且相应的污染物转移降解效率也较高；随后5月9日调度中，由于前日调度影响，联围内水体环境已居于良好水平，其中总磷浓度已基本保持稳定，仅NH_3-N浓度稍高，故该日浓度降低72%，但由于整体浓度影响降解效率相对前日低；在5月11日调度中，由于联围内水体中污染物浓度基本稳定，调度始末水体环境改变可忽略。

对于水体置换效率，由此3d调度过程推算，中珠联围河涌水体整体半置换周期约为80.4h。

通过此次调度实践证明，利用7.3节中优选的方案三，即通过马角水闸、联石湾水闸、灯笼水闸、大涌口水闸进水，并由洪湾水闸、广昌水闸与石角咀水闸出水来改善中珠联围水环境的调度策略是合理可行的。

9.2.2 中珠联围抢淡蓄淡应急供水优化调度实施效果

9.2.2.1 原型调度方案设置

课题组于2017年10月25日—11月3日在中珠联围开展了抢淡蓄淡应急供水调度试验。根据抢淡蓄淡应急供水的中珠联围水闸优化调度技术研究，在抢淡蓄淡前期，需进行水体置换过程，以改善联围内部蓄淡阶段的水环境条件，避免水质恶化对抢淡蓄淡产生不利影响。为此，结合外江磨刀门水道咸度预测，本次将2017年10月25—27日定为水体置换期；根据磨刀门水道咸度变化规律，咸潮上溯距离在天文大潮前1～3d达到最远，因此将10月28日至11月3日定为抢淡蓄淡过程，其中10月28—31日为主要抢淡时期，此时段预测外江咸度急剧上涨，便于原型调度试验的实施。

1. 原型试验水闸调度方案

（1）水体置换。遵循中珠联围现状调度策略，即利用马角水闸、联石湾水闸、灯笼水闸、大涌口水闸进水，在涨潮期进水。当外江水位高于内河涌，且内河涌水位低于最高限度时，即可开闸进水。

利用广昌水闸、洪湾水闸、石角咀水闸排水，在落潮期排水：当外江水位低于内河涌水位时，即可开闸放水。

结合前期中珠联围改善水环境调度实施的成果，将内河涌控制上限水位定为0.25m左右。

（2）抢淡蓄淡。利用马角水闸、联石湾水闸、灯笼水闸以及大涌口水闸进水，各闸门调度均根据外江水位与咸度变化，结合内河涌水位安全要求进行调控：当内河涌水位低于安全水位限值，且闸外水位高于闸内、闸外咸度低于控制咸度时开闸进水；否则关闸。

各闸门拟定开闭控制咸度值见表9.2-10。

表9.2-10 中珠联围各进水闸门控制咸度阈值

进水闸门	闸门控制咸度阈值/(mg/L)	内河涌上限水位/m
马角水闸	250	0.7
联石湾水闸	400	0.3
灯笼水闸	600	0.3
大涌口水闸	700	0.3

调度期间下游广昌水闸、洪湾水闸以及石角咀水闸尽量关闭，将水资源蓄积在内河涌内，但若围内水位过高或污染物浓度过高时，在保障供水水位要求的前提下选择性开闸放水。

对于联围内部水位控制，当大涌口闸内水位达到控制水位0.3m时，而坦洲、龙塘和安阜站水位还小于控制水位时，联石湾、灯笼水闸关闸，调整大涌口开启闸门开度，减小进水流量，使得坦洲、龙塘和安阜站水位接近控制水位时（+0.2m）关闭进水闸，完成进水过程。

根据灯笼山站潮汐预报成果（表9.2-11）。以及磨刀门水道水位变化过程，结合咸度极值落后于水位极值为 1～2h 的规律，拟定调度过程的起始时间。

表 9.2-11   灯笼山站潮汐预报成果表

10月28日	潮时/Hrs	02：13	11：23		
	潮高/cm	182	69		
10月29日	潮时/Hrs	03：29	12：41	20：22	23：53
	潮高/cm	175	69	150	137
10月30日	潮时/Hrs	05：03	13：40	20：34	
	潮高/cm	170	69	160	
10月31日	潮时/Hrs	01：09	06：44	14：22	20：52
	潮高/cm	124	172	69	170

注 时区：−0800（东8区）潮高基准面：在平均海平面下119cm。

2. 调度实施监测方案

（1）水位监测方案。监测断面：马角内外、联石湾内外、灯笼内外、大涌口内外、广昌内外、洪湾内外、石角咀内外、龙塘、坦洲、安阜、南沙涌中游断面处、前山水道与二沾涌交汇处、坦洲水厂断面处、裕洲泵站断面处（图 9.2-2）。

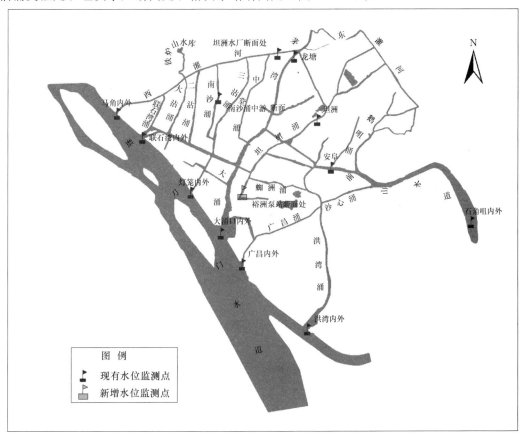

图 9.2-2 水位施测位置示意图

（2）咸度监测。监测断面：马角闸外、联石湾内外、灯笼内外、大涌口内外、坦洲水厂断面处、裕洲泵站断面处、西灌河上游处、南沙涌中段、联石湾涌内、前山水道与大涌交汇处、前山水道与茅湾涌交汇处、前山河与鹅咀涌处、蜘洲涌与沙心涌处（图9.2－3）。

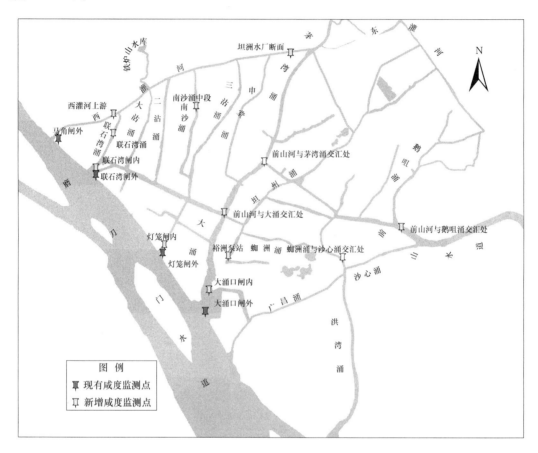

图9.2－3　咸度施测位置示意图

（3）水质监测。

1）监测断面。坦洲水厂断面、南沙涌中段、蜘洲涌与沙心涌交汇处、前山水道与鹅咀涌交汇处、前山水道观景台（图9.2－4）。

2）监测类别。高锰酸盐指数、NH_3-N、总磷。

9.2.2.2　调度过程

1. 水体置换调度

根据工作方案，10月25—27日调度规则为水体置换调度，通过马角水闸、联石湾水闸、灯笼水闸、大涌口水闸进水，利用涨潮引进磨刀门水源（水质状况见表9.2－12）；通过联石湾水闸、广昌水闸、洪湾水闸和石角咀水闸，利用落潮排水，通过此过程改善联围内部的水环境状况。

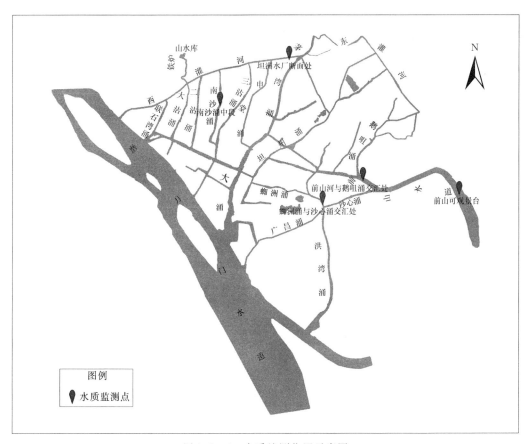

图 9.2-4　水质施测位置示意图

表 9.2-12　　　　　　　　　　　磨刀门水道水质状况

检测地点	检 测 参 数	
	NH₃-N/(mg/L)	COD_{Mn}/(mg/L)
马角外	0.185	2.96
联石湾外	0.197	1.79
灯笼外	0.324	3.62
大涌口外	0.337	4.12

调度期间各闸门的开闭情况见表 9.2-13 和表 9.2-14。

表 9.2-13　　　　　　　　　进水水闸开关闸时间及水位情况

水闸名称	时　　间		操作	外水位/m	内水位/m
马角	10月25日	09：20	开闸	−0.17	−0.29
		15：05	关闸	0.51	0.46
	10月26日	10：10	开闸	−0.19	−0.30
		16：00	关闸	0.36	0.32
	10月27日	10：55	开闸	−0.32	−0.48
		17：15	关闸	0.33	0.27

水闸名称	时 间		操作	外水位/m	内水位/m
联石湾	10月25日	08：10	开闸	−0.19	−0.38
		12：18	关闸	0.19	0.20
	10月26日	08：50	开闸	−0.19	−0.38
		13：25	关闸	0.14	0.16
	10月27日	10：16	开闸	−0.30	−0.48
		16：10	关闸	0.10	0.09
大涌口	10月25日	05：07	开闸	0.19	0.20
		08：22	（转入流）	−0.37	−0.36
		12：20	关闸	0.18	0.19
	10月26日	05：38	开闸	0.19	0.20
		08：51	（转入流）	−0.39	−0.37
		13：25	关闸	0.13	0.12
	10月27日	06：00	开闸	0.14	0.17
		10：16	（转入流）	−0.49	−0.47
		16：10	关闸	0.11	0.12

表 9.2−14　　　　　　　　　　出水水闸开关闸时间及水位情况

水闸名称	时 间		操作	外水位/m	内水位/m
广昌	10月26日	06：00	开闸	0.10	0.12
		08：50	关闸	−0.45	−0.45
	10月27日	06：20	开闸	0.06	0.08
		10：10	关闸	−0.53	−0.53
洪湾	10月25日	06：00	开闸	0.20	0.25
		09：00	关闸	−0.50	−0.46
	10月26日	06：00	开闸	0.25	0.30
		09：00	关闸	−0.45	−0.40
	10月27日	07：00	开闸	0.05	0.10
		10：25	关闸	−0.50	−0.45
石角咀	10月25日	04：35	开闸	0.21	0.22
		08：25	关闸	−0.32	−0.34
	10月26日	05：00	开闸	0.22	0.22
		09：15	关闸	−0.36	−0.36
	10月27日	05：35	开闸	0.19	0.19
		11：50	关闸	−0.27	−0.27

调度期间水闸进出水量主要按照水闸过闸流量进行计算，根据10月25—27日调度实

际情况，各水闸过闸水量计算成果见表 9.2-15。

表 9.2-15　　　　　　　　　调度期间水闸进出水量情况计算成果表

水闸名称	开闸时间	水量/万 m³	备注
马角	10 月 25 日	52.21	仅进水
	10 月 26 日	48.60	
	10 月 27 日	49.75	
联石湾	10 月 25 日	158.40	仅进水
	10 月 26 日	178.20	
	10 月 27 日	214.92	
大涌口	10 月 25 日	347.38	进水
	10 月 26 日	329.02	
	10 月 27 日	411.11	
	10 月 25 日	186.71	排水
	10 月 26 日	217.43	
	10 月 27 日	294.95	
广昌	10 月 26 日	21.44	仅排水
	10 月 27 日	36.87	
洪湾	10 月 25 日	55.70	仅排水
	10 月 26 日	50.41	
	10 月 27 日	67.46	
石角咀	10 月 25 日	344.44	仅排水
	10 月 26 日	319.03	
	10 月 27 日	425.54	

由表 9.2-15 中可以看出，水体改善调度期间，大涌口水闸的进水量最高，其次为联石湾水闸，灯笼水闸由于入流量较小，本次没有参与调控；出水闸门中，石角咀水闸排水量最高，其次为大涌口水闸。调度期间各进水闸门总进水量约 1789.59 万 m³，总出水量约 2019.98 万 m³，考虑到中珠联围水位在 0m 时围内总涌容约 2946 万 m³，本次调度基本完成了内河涌的水体置换，围内水质状况在调度结束时刻与外江水体环境基本持平，为后续抢淡蓄淡工作的开展提供了良好的水体环境。

2. 抢淡蓄淡调度

根据工作方案，10 月 28 日至 11 月 3 日调度规则为抢淡蓄淡调度，通过马角水闸、联石湾水闸、灯笼水闸、大涌口水闸，根据外江咸潮变化情况，结合内河涌要求进行调控。

（1）10月28日调度。根据潮汐预报成果，10月28日11点23分左右外江开始涨潮，随后潮位持续上涨，直至29日凌晨3点涨至最高潮，且整个周期内外江咸度皆处于抢淡适宜状态。根据水位计咸度变化过程，闸门开闭调控如下。

马角水闸10月28日11时40分开闸进水，此时外江潮位为−0.34m，略高于马角闸内水位的−0.44m，随后伴随着潮位上涨持续进水，直至18时关闭闸门，此时内河涌安阜站水位达到上限要求。

联石湾水闸10月28日11时开闸进水，此时外江潮位为−0.32m，略高于联石湾闸内水位的−0.47m，之后持续进水，直至16时20分关闭闸门。

大涌口水闸10月28日11时07分开闸进水，此时外江潮位−0.47m，大涌口闸内水位为−0.46m，两者基本持平，之后随着外江潮水上涨持续进水，直至16时大涌口闸门外咸度已经超过进水咸度上限，关闭闸门（表9.2−16）。

表9.2−16　　　　　　　　　　　　10月28日开关闸时间表

水闸名称	时间/（时：分）	操作
马角	11：40	开闸
	18：00	关闸
联石湾	11：00	开闸
	16：20	关闸
大涌口	11：07	开闸
	16：00	关闸

纵观整个抢淡过程，在大涌口水闸外咸度满足进水标准时，由于其闸门设计过流量较大，优先由其进行引水；随着咸潮上溯加剧，当大涌口外咸度过高时关闭闸门，并由上游联石湾水闸、马角水闸继续进水；最终由马角水闸完成进水，内河涌水位逐渐达到上限控制水位时结束抢淡过程。

（2）10月29日至11月3日调度。在此过程期间，由于天文大潮的影响，外江咸度持续居高不下，远远超出进水咸度阈值，磨刀门水道沿岸各水闸皆处于关闭状态，利用10月28日蓄积的水资源进行供淡，直至11月3日晚，外江咸度有所下降，磨刀门水道沿岸各水闸才开启引水。此间，石角咀水闸一直处于关闭状态以蓄积淡水，广昌水闸和洪湾水闸适当开闸放水以增加围内水体流动性。

9.2.2.3　调度效果与评估

1. 逐日调度效果

（1）10月28日调度效果。根据10月28日闸门开闭情况，以及联围内咸度、水位监测站点，对调度效果进行分析。调度期间内，引水闸门根据开闭控制阈值进行实时抢淡引水，充分引入淡水资源至河涌内部，内河涌水位变化如图9.2−5所示，咸度变化如图9.2−6所示。

由图9.2−5和图9.2−6中可以看出，联围内部各河涌的控制测站水位，在调度期间皆有不同程度的升高，且都低于控制上限水位要求；对于坦洲水厂断面咸度变化，抢淡期间咸度虽略有上升，但远低于250mg/L，满足取水咸度标准要求。

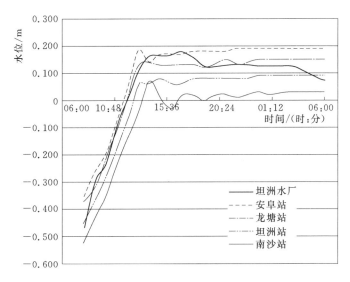

图 9.2-5　10 月 28 日调度围内控制站点水位变化

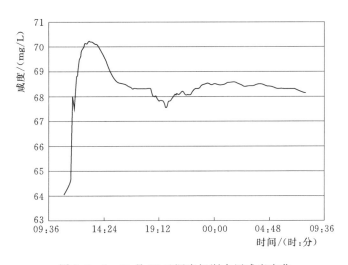

图 9.2-6　10 月 28 日调度坦洲水厂咸度变化

（2）10 月 29 日至 11 月 3 日调度效果。根据 10 月 29 日至 11 月 3 日闸门开闭情况，由于此期间内外江咸度持续居高不下，远远超出进水阈值，进水闸门一直处于关闭状态，有效地避免了外江咸水进入内河涌，对围内前期蓄积淡水资源产生影响，保障区域供水需求。

1）水位变化。坦洲水厂断面水位变化如图 9.2-7 所示，可以发现在整个调度期内，水厂泵站运行的水位需求皆得到满足，供水得到保障。在调度期间内，联围内仅有坦洲水厂持续运作，水位呈现下降趋势，但由于联围西北片区储存水量向西灌河的补给作用，以及东部上游茅湾涌在调度期间持续汇流，联围内部的水资源起到一定的补充作用，故坦洲水厂断面水位下降速率逐渐减小。

2）咸度变化。为将淡水资源蓄积，联围各闸门皆处于封闭状态，围内水质趋向于恶

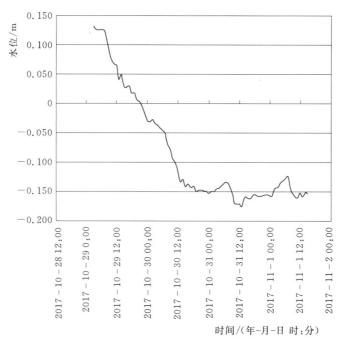

图 9.2－7　10 月 29 日至 11 月 3 日坦洲水厂水位变化过程线

化。根据 11 月 1 日沿河道巡测结果，围内较多河涌咸度比 10 月 28 日有较大升高，具体见表 9.2－17。

表 9.2－17　　　　　　　　　11 月 1 日联围内部咸度巡测表

巡测站点	巡测时间/（时：分）	咸度/（mg/L）	巡测站点	巡测时间/（时：分）	咸度/（mg/L）
坦洲水厂	11：00	149	灯笼闸内	10：32	376
裕洲泵站	12：30	234	大涌口闸内	11：50	500
西灌河上游	10：53	179	前山水道与大涌交汇处	10：13	450
南沙涌中段	10：25	229	前山水道与茅湾涌交汇处	10：10	354
联石湾涌	10：52	187	前山水道与沙心涌交汇处	09：30	224
联石湾闸内	10：43	390	前山水道与鹅咀涌交汇处	10：00	342

由表 9.2－17 中可以看出，联围内不同断面咸度出现超标现象，其中以靠近磨刀门水道的各进水闸门附近监测站点咸度超标较为严重，如灯笼闸内、联石湾闸内以及前山水道与大涌交汇处；联围西北角咸度基本未超标，维持在 200mg/L 左右，其中坦洲水厂断面咸度最低，仅 149mg/L，仍满足取水要求。

分析咸度升高原因，主要有以下几方面因素的影响。

a. 联围内部自身返咸因素影响。中珠联围位于河口地区，河涌底部淤泥中含盐量较高，在丰水期时由于淡水输运作用，盐分得以稀释，但在枯水期由于水量不足且闸门封闭的原因，水体的流动性减小，底泥中的盐分扩散进水体中且不断累积，致使水体咸度不断增高。

b. 调度期间内外江磨刀门水道及外海皆为高浓度咸水，尽管闸门整个过程中皆处于封闭状态，但依旧有咸水不断渗入，巡测中灯笼闸内、联石湾闸内咸度的高值，皆为此因素造成，渗入的极高浓度咸水，大大增加了内河涌的咸度。

c. 中珠联围内部取用水户众多，且较多沿河涌分布，许多高含咸度的污水直接排入内河涌，加上联围东部茅湾涌劣质水体的不断排入，致使围内水体环境恶化，促进水体中的含盐量增大。

3）水质变化。前文曾提及，由于蓄淡期间联围内部水体流动性变差，污染物难以得到稀释转移，加上围内河涌沿线用水户废污水的排放，联围内部的水环境质量状况将不断恶化。根据 9.2.2.1 节中水质监测断面设置，对抢淡蓄淡调度期间内联围重要断面的水质进行比对，见表 9.2-18。

表 9.2-18　　　　　　　　　10 月 31 日中珠联围水体污染物浓度　　　　　　　单位：mg/L

监测站点	分析结果/(mg/L)		
	氨氮	总磷	高锰酸盐指数
坦洲水厂	0.32	0.14	3.1
南沙涌	0.15	0.12	3.1
蜘洲涌沙心涌	0.45	0.16	3.7
前山河鹅咀涌	2.09	0.23	4.9
前山河观景台	2.31	0.48	7.3

由表 9.2-18 中可知，联围上游水质显著优于下游各处，且相差极为明显。其中水质最优断面为南沙涌，位于中珠联围西、北角正中，水体环境不易被污染；最差为前山河观景台处，位于联围最下游处，污染物汇集且水体不易扩散。此外，坦洲水厂断面水质也相对较优，达到取水水质标准。

为保障围内水体环境质量，本次蓄淡期间内，在满足坦洲水厂供水需求的前提下，间歇性开放下游闸门进行污染水体排放，以将联围内部劣质污染带下拉，具体是在 10 月 31 日下午开放广昌水闸和洪湾水闸。在此调控作用下，联围内各测点水质变化如图 9.2-8 和图 9.2-9 所示。

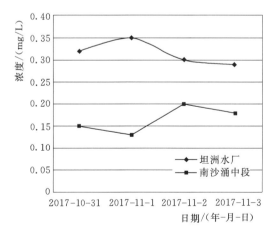

图 9.2-8　10 月 31 日至 11 月 3 日
联围上游 NH₃-N 变化

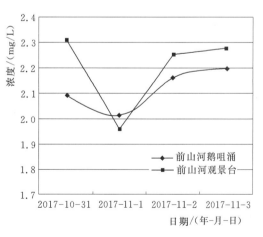

图 9.2-9　10 月 31 日至 11 月 3 日
联围下游 NH₃-N 变化

由图 9.2-8 和图 9.2-9 中可以看出，以 NH_3-N 为例，调度期间内对于中珠联围西北片区，坦洲水厂断面的污染物浓度出现波动，但幅度并不显著，满足坦洲水厂原水水质标准要求；南沙涌断面水质也存在波动现象，但相对于坦洲水厂呈现出上升趋势，反映出联围储水片区内水质由于排污影响，有轻微恶化的趋势。

对于中珠联围下游片区，由于 10 月 31 日广昌水闸和洪湾水闸开闸放水的缘故，下游污染水体得以释放排出，且联围上游较为干净的水体向下流动进行稀释，前山河鹅咀涌、前山河观景台位置处的污染物浓度皆出现不同程度的下降，但由于后续闸门关闭，两断面的浓度由于围内排污的影响，再次出现显著的恶化趋势。

对于中珠联围抢淡蓄淡调度的运行，联围水质恶化也是影响区域供水的重要因素。结合以上调度试验水质变化分析结果，在实际开展调度工作时，可根据外江咸潮变化过程，在满足联围供水需求的基础上，下游各控制闸门选择性地开闸放水，联围整体水体环境可以得到显著改善，进而缓解水环境恶化对供水造成的不利影响。

2. 调度评估

根据中珠联围抢淡蓄淡优化调度实施数据，结合 9.1 节中构建的评估体系，计算相应评估指标值，见表 9.2-19。

表 9.2-19 抢淡蓄淡调度效果评估指标值

评估指标	名　称	指标值
缺水量	坦洲水厂	0
供水保障总时长	坦洲水厂	105h
水闸累积抢淡量	马角水闸	37.80 万 m^3
	联石湾水闸	267.72 万 m^3
	大涌口水闸	323.41 万 m^3
河涌蓄淡量	西片区（西灌河—申堂涌—大涌）	1105.1 万 m^3

由表 9.2-19 可知，在调度期内坦洲水厂的供水需求得到了完全的保障，不存在缺水情况；各进水闸门累积抢淡共计 628.93 万 m^3，其中大涌口水闸抢淡量最多，为 323.41 万 m^3；对于河涌蓄淡量，抢淡过程结束时，以西灌河、申堂涌以及大涌界限的西片区内总蓄淡量达 1105.1 万 m^3，其中前山水道上游段蓄淡量最多，约 448.01 万 m^3，其次为大涌，蓄淡量为 158.36 万 m^3，联围西片区蓄积的水量为坦洲水厂的运行提供了充足的水源补给。

通过此次调度实践证明，利用 8.3 节中优选的方案四，即通过马角水闸、联石湾水闸、灯笼水闸、大涌口水闸根据外江咸潮变化有条件地进水，并由下游广昌水闸、洪湾水闸以及石角咀水闸有条件排水的中珠联围抢淡蓄淡调度策略是合理可行的。

第 **10** 章
结 论 与 展 望

10.1 结论

本书针对珠江三角洲水网区的水动力特性、河涌水体受排污与咸潮双重影响的现实问题，基于水资源变化和水资源调度特性等特点，探索出保障水网区水环境与供水安全的有效调度方案，为珠江三角洲水资源调度提供科学依据。

(1) 珠江三角洲河网区水资源调度面临着严峻的形势：①非汛期西江、北江、东江等三大水系中两江同枯的概率分别为 22.71%、21.31%，三江联合同枯的概率为 15.26%，皆处于较高的水平；②由于枯水期河道内径流量减少、天文潮汐作用、气候变化、海平面上升及风等自然因素，以及河道疏浚与挖沙、区域内供水需求不断增大等人为因素的影响，珠江三角洲咸潮上溯呈现不断加剧趋势；③随着珠江三角洲经济的发展，污染物及污水排放量逐年增加，污染物及污水进入河道后，水流往往还来不及流出，便受到涨潮流的顶托，或者受到闸泵的限制，缺乏对流扩散的有利条件，使得污染水体始终在河道中来回游荡，导致网河区水环境持续恶化。

(2) 珠江三角洲各地开展的水资源调度实践表明，闸泵群调度是改善水环境和保障供水安全的一条有效途径，但目前的水资源调度存在着以下几方面的问题：①污染负荷大，咸潮影响严重，导致水资源调度压力大；②河涌取排水布局不合理，堤防标准不统一，水资源调度条件有待完善；③功能需求多样，缺乏统一管理机制，导致水资源调度协调难度大；④工程系统复杂，影响因素众多，导致水资源调度技术难度大；⑤现有以经验调度为主，缺乏优化调度，水资源调度效果不乐观等问题。针对水资源调度现状及其存在问题，应从水资源调度关键技术研究、建立健全水资源统一调度管理机制、水资源监测与预警等方面加强基础工作。

(3) 针对珠江三角洲的水资源问题和调度需求，提出了对应调度策略：①对于受排污影响河网区，应在保证防洪排涝安全、满足正常供水灌溉和航运需求的前提下，充分利用外江潮汐动力和清水资源，通过水闸泵站等水利工程设施的调度，改变或控制水流流向和流量，使河网内主要河涌水体定向、有序流动，加快水体循环，促使污染物有效降解、扩散和输移，改善河涌水质；②对于受咸潮影响河网区，应根据外江径流条件和咸潮活动规律，通过水闸、泵站和水库等水利工程设施进行抢淡蓄淡调度，从外江抽取淡水，将淡水蓄积到内河涌或水库，以保障枯水期供水安全。

(4) 提出了珠江三角洲水资源调度的技术框架，将流域、三角洲、河口整体河网以及联围内河涌水动力水质调控过程模拟耦合，构建了一个完整的珠江流域—河口河网—联围水资源调度模型，包括珠江流域骨干水库抑咸调度模型、珠江河口—河网整体咸潮数学模型、联围水资源调度模型，联围水资源调度模型是在一维水动力模型的基础上，耦合一维水质模型和水闸调控模块所组成的。珠江流域骨干水库抑咸调度模型为联围水资源调度模型提供上游流量边界，珠江河口—河网整体咸潮数学模型为联围水资源调度模型提供河口咸潮边界。

（5）中珠联围的水动力与水质变化特征分析表明：①中珠联围内大部分河涌的水位随着外江潮位的变化而变化，且变化趋势与外江潮位基本保持一致；外江水闸全开工况下，内河涌水体在外江潮汐动力的作用下，通过外江水闸周期性进出，无法形成单向有序流动，呈现往复运动。②水闸对内河涌水动力和水质变化呈现不同程度的影响：上游马角水闸、联石湾水闸主要对西灌河的水位、流量以及污染物浓度变化起到决定性作用；中游灯笼水闸的作用有限，对整个中珠联围区域的水质水动力影响微弱；下游大涌口水闸在闸门全开时，具有河道宽度优势，对整个区域的影响较为显著，但由于位置的因素又使其在后续闸门调度中影响微弱。

（6）针对中珠联围改善水环境的调度需求，本书提出了联围整体调度与局部重点改善相结合的调度方法，制定了改善河网区水环境质量的闸泵调度方案。分析表明，在现状调度规则基础上改变大涌口调度规则为只进不排后，水环境调度效果最佳，水体更新速率较自然状态加快 37.22%，联围内 COD 和 NH_3-N 浓度下降明显。

（7）针对中珠联围咸潮影响期应急供水的调度需求，本书提出了水闸抢淡—河涌蓄淡—水库调咸—泵站供淡的调度方法，建立了水闸调度的咸度阈值，制定了保障咸潮影响期应急供水的抢淡蓄淡调度方案。分析表明，在典型枯水年条件下，通过马角水闸、联石湾水闸、灯笼水闸以及大涌口水闸抢淡，西片区各河涌整体蓄淡，各进水闸门咸度阈值分别按 250mg/L、400mg/L、600mg/L 及 700mg/L 控制，可以有效缓解咸潮影响；当咸潮进一步加剧时，将上述各水闸的咸度阈值进一步提高到 300mg/L、450mg/L、600mg/L 及 800mg/L，并通过铁炉山水库向西灌河补给淡水进行调咸，可以进一步保障咸潮上溯期间的供水需求。

（8）构建了珠江三角洲水资源调度评估体系，改善水环境调度的评估指标包括水环境改善率、污染物转移降解效率、河涌水体置换效率（半换水周期），抢淡蓄淡调度的评估指标包括缺水量、水闸累积进水量、河涌储蓄水量、泵站运行时长。采用推荐的水环境改善和抢淡蓄淡调度方案，在中珠联围开展调度试验与示范，并对调度效果进行了评估。

10.2 展望

（1）珠江三角洲地处河网河口区域，经济发达，对河道取水、排水需求强烈。然而河流污染问题非常突出，同时受到咸潮影响，水质性缺水问题非常突出。建议在取排水格局优化的基础上，加强对取水河道管理，严控在取水河道的排污现象和行为；加强研究分析取水河道咸潮活动规律，为抢淡蓄淡方案提供坚实基础。同时，加强流域范围内截污管网建设，提高污水收集处理率，减少入河排污量；采取人工湿地、生态浮床、水源涵养林等生态保护措施，削减污染物浓度，逐渐恢复或维持排水主导通道的生态功能。

（2）本书构建的抢淡蓄淡应急供水水闸优化调度模型，并未考虑降水、温度、风等影响咸潮上溯的因素，尚需进一步完善；水闸咸度控制阈值与外江咸潮活动密切相关，本书给出了典型枯水年条件下的水闸咸度控制阈值，实际调度中应根据咸潮预报成果确定，并根据外江咸潮情况实时调整。

（3）珠江三角洲水网区水污染问题是常年性问题，而非季节性问题，丰水期、平水期和枯水期都存在水环境调度需求。未来需要针对不同时期的水文条件和调度需求，开展全时期精细化调度研究。

（4）本书利用外江水闸实测的闸内外潮位过程和闸外咸度过程，作为模型边界进行模拟计算，提出了切合实际的调度方案，可为典型水网区的水闸调度提供参考。为进一步提高模型方案的可操作性，在今后的研究中建议与磨刀门水道上游来水和下游咸潮预报相结合，针对不同的来水和咸潮影响制定不同的调度方案。

参 考 文 献

[1] 贺新春，黄芬芬，汝向文，等. 珠江三角洲典型河网区水资源调度策略与技术研究 [J]. 华北水利水电大学学报（自然科学版），2016（6）：55 - 60.

[2] 贺新春，王翠婷，汝向文，等. 闸控潮汐河网区水环境调度模型研究 [J]. 华北水利水电大学学报（自然科学版），2018，39（2）：86 - 92.

[3] 李化雪，贺新春，汝向文，等. 珠江三角洲中珠联围供水安全现状及对策研究 [J]. 人民珠江，2016，37（1）：34 - 37.

[4] 石赟赟，万东辉，杨芳. 基于闸泵群调度的感潮河网区水量水质调控 [J]. 水资源研究，2016（1）：40 - 51.

[5] 申子通，贺新春，郑久瑜. 珠澳供水安全现状及对策建议 [J]. 广东水利水电，2015（11）：31 - 33.

[6] 饶伟民，杨凤娟，王丽影. 珠江三角洲河网区河道取排水适应性评价初探 [J]. 人民珠江，2017，38（8）：7 - 12.

[7] 刘祖发，丁波，关帅，等. 磨刀门水道咸潮上溯数值模拟及其分析 [J]. 中山大学学报，2016，55（6）：1 - 9.

[8] 关帅，查悉妮，丁波，等. 基于 Copula 函数的珠江流域河川径流丰枯遭遇 [J]. 热带地理，2015，35（2）：207 - 208.

[9] Priscoli J D. Water and civilization：using history to reframe water policy debates and to build a new ecological realism [J]. Water Policy，1998（1）：623 - 636.

[10] Moss B. Ecology of Freshwaters（Third editors），Man and Medium，Past to Future [M]. Blackwell Science，Oxford，1998.

[11] 刘宁. 响应水质型缺水社会需求的跨流域调水浅析 [J]. 中国水利，2006（1）：14 - 19.

[12] Hughes E O，Gprbam P R，Zehnder A. Toxicity of a unialgal culture of Microcystis aeruginosa [J]. Can. J Mcrobiol，1958，4（2）：225 - 236.

[13] 李志勤. 水库水动力学特性及污染物运动研究与应用 [D]. 成都：四川大学，2005.

[14] 林巍. 闸坝河流水质模型及实例研究 [J]. 污染防治技术，1995（4）：233 - 236.

[15] 郑保强，窦明，左其亭，等. 闸坝调度对水质改善的可调性研究 [J]. 水利水电技术，2011，42（7）：28 - 31.

[16] 阮燕云，张翔，夏军，等. 闸门对河道污染物影响的模拟研究 [J]. 武汉大学学报（工学版），2009，42（5）：673 - 676.

[17] 朱维斌，郑孝宇，朱淮宁. 受闸坝控制的河道水质预测方法研究 [J]. 水利水电科技进展，1998（1）：51 - 53，72.

[18] 方海恩，高金良，徐慧. 基于多水源优化运行理论的给水系统规划 [J]. 黑龙江大学工程学报，2013，4（3）：6 - 9.

[19] 杜建，陈晓宏，陈志和，等. 珠江三角洲感潮河网区水环境引水调控研究 [J]. 水文，2012，32（4）：16 - 21，96.

[20] 袁一星，钟丹，高金良. 基于宏观模型的给水管网优化运行研究 [J]. 中国给水排水，2010，26（5）：55 - 58，62.

[21] 陈文龙，徐峰俊. 市桥河水系水闸群联合调度对改善水环境的分析探讨 [J]. 人民珠江，2007 (5)：79-81.

[22] 信昆仑，刘遂庆，陶涛，等. 伪并行遗传算法在供水管网优化调度中的应用 [J]. 同济大学学报（自然科学版），2006 (12)：1662-1667.

[23] 顾正华. 河网水闸智能调度辅助决策模型研究 [J]. 浙江大学学报（工学版），2006 (5)：822-826.

[24] 阮仁良. 上海市水源地的可持续利用和水环境治理措施 [C] //上海市饮用水水源地战略研讨会论文集，2004.

[25] 张宏伟，杨芳，田林. 城市供水信息管理与调度系统 [J]. 中国给水排水，2001 (12)：6-9.

[26] 郑大琼，王念慎，杨军. 多源大型供水管网的优化调度 [J]. 水利学报，2003 (3)：1-6，13.

[27] 吕谋，张土乔，赵洪宾. 大规模供水系统直接优化调度方法 [J]. 水利学报，2001 (7)：84-90.

[28] 王银堂，胡四一，周全林，等. 南水北调中线工程水量优化调度研究 [J]. 水科学进展，2001 (1)：72-80.

[29] 林宝新，苏锡祺. 平原河网闸群防洪体系的优化调度 [J]. 浙江大学学报（自然科学版），1996 (6)：652-663.

[30] 张建云，陈洁云. 南水北调东线工程优化调度研究 [J]. 水科学进展，1995 (3)：198-204.

[31] 沈佩君，邵东国，郭元裕. 南水北调东线工程优化规划混合模拟模型研究 [J]. 武汉水利电力学院学报，1991 (4)：395-402.

[32] Bruce Loflis, John W. Labadie, Darrell G Fontane. Optimal operation of a system of lakes for quality and quantity. Torno HC ed [C]. Computer applications in water resources. New York: ASCE, 1989.

[33] Abraham Mehrez, Carlos Percia, Gideon Oron. Optimal operation of a multisource and multiquality regional water system [J]. Water Resources Research, 1992, 28 (5): 1199-1206.

[34] Avogadro E, Minciardi R, Paolucci M. A decisional procedure for water resources planning taking into account water quality constrains [J]. European Journal of Operational Research, 1997, 102 (2): 320-334.

[35] Hayes D F, Labadie J W, Sanders T G. Enhancing water quality in hydropower system operations [J]. Water Resources Research, 1998, 34 (3): 471-483.

[36] Lind Qwen T. Interaction of Water Quantity with Water Quality: The Lake Chapala Example [J]. Journal article, 2002, 467 (1): 159-167.

[37] Cai Ximing, Mckinney D C, Lasdon L S. Integrated hydrologie - agronomie - economic model for river basin management [J]. Journal of Water Resources Planning and Management, 2003, 129 (1): 628-634.

[38] Genius M. Evaluating Consumers' Willingness to Pay for Improved Potable Water Quality and Quantity [J]. Water Resources Management, 2008, 22 (12): 1825-1834.

[39] Se Woong Chung, Ick Hwan Ko, Yu Kyung Kim. Effect of reservoir flushing on downstream river water quality [J]. Journal of Environmental Management, 2008, 86 (1): 139-147.

[40] Vink S, Moran C J. Understanding Mine Site Water and Salt Dynamics to support Integrated Water Quality and Quantity Management [J]. Maney Publishing, 2009, 118 (118): 185-192.

[41] Javier Paredes, Joaquin Andreu, Abel Solera. A decision support system for water quality issues in the Manzanares River [J]. Science of the Total Environment, 2010, 408 (12): 2576-2589.

[42] Maeda S, Kawachi T, Koichi, Unami, et al. Controlling waste loads from point and nonpoint sources to river system by GIS - aided Epsilon Robust Optimization model [J]. Journal of Hydro - environment Research, 2010, 4 (1): 27-36.

［43］ 王晓峰，党志良. 水库水量水质优化调度综述［J］. 陕西理工学院学报（自科版），1999
（1）：58－62.

［44］ 张春艳. 河网与湖泊水量水质耦合数值模拟方法研究［D］. 南京：河海大学，2000.

［45］ 方子云，邹家祥，吴贻名. 环境水利学导论［M］. 北京：中国环境科学出版社，1994.

［46］ 徐贵泉，宋德蕃，黄士力，等. 感潮河网水量水质模型及其数值模拟［J］. 应用基础与工程科学
学报，1996（1）：94－105.

［47］ 徐祖信，卢士强. 平原感潮河网水动力模型研究［J］. 水动力学研究与进展，2003，18
（2）：176－181.

［48］ 王好芳，董增川. 基于量与质的多目标水资源配置模型［J］. 人民黄河，2004，26（6）：14－15.

［49］ 吴浩云. 大型平原河网地区水量水质耦合模拟及联合调度研究［D］. 南京：河海大学，2006.

［50］ 牛存稳，贾仰文，王浩，等. 黄河流域水量水质综合模拟与评价［J］. 人民黄河，2007，29
（11）：58－60.

［51］ 刘俊勇，张云，崔树彬. 东江三角洲水环境综合模型及其应用研究［J］. 人民珠江，2008（6）：4－8.

［52］ 张艳军，雒文生，雷阿林，等. 基于 DEM 的水量水质模型算法［J］. 武汉大学学报（工学版），
2008，41（5）：45－49.

［53］ 张永勇，夏军，陈军锋，等. 基于 SWAT 模型的闸坝水量水质优化调度模式研究［J］. 水力发电
学报，2010，29（5）：159－164.

［54］ 廖四辉，程绪水，施勇，等. 淮河生态用水多层次分析平台与多目标优化调度模型研究［J］. 水
力发电学报，2010，29（4）：14－19.

［55］ 蒋云钟，冶运涛，王浩. 基于物联网的河湖水系连通水质水量智能调控及应急处置系统研究
［J］. 系统工程理论与实践，2014（7）：1895－1903.

［56］ Mccallum B E. Areal Extent of Freshwater from an Experimental Release of Mississippi River Water into
Lake Pontchartrain, Louisiana, May 1994［J］. New York Ny United States, 1995：363－364.

［57］ 何用，李义天，李荣，等. 改善湖泊水环境的调水与生物修复结合途径探索［J］. 安全与环境
学，2005，5（1）：56－60.

［58］ 郑连第. 世界上的跨流域调水工程［J］. 南水北调与水利科技，2003，1（s1）：8－9.

［59］ 杨立信，等. 国外调水工程［M］. 北京：中国水利水电出版社，2003.

［60］ 杜晓舜，陈长太，何斌，等. 上海市引清调水工作的优化与完善［J］. 水资源保护，2010，26
（5）：57－61.

［61］ 李平. 沙颍河水质污染联防对于淮河治理的作用与存在问题探讨［J］. 河南水利与南水北调，
2013（9）：43－44.

［62］ 郑浩枝. 中山市石岐河引水冲污论述［J］. 广东水利水电，2006（2）：66－67.

［63］ 熊万永. 福州内河引水冲污工程的实践与认识［J］. 中国给水排水，2000，16（7）：26－28.

［64］ 水利部太湖流域管理局，江苏省环境保护厅. 引江济太应急调水改善太湖水源地水质效果分析
［J］. 中国水利，2007（17）：1－2.

［65］ 宋晓飞，石荣贵，孙羚晏，等. 珠江口磨刀门盐水入侵的现状与成因分析［J］. 海洋通报，2014
（1）：7－15.

［66］ 黄彦. 珠海市城市河道生态化治理思路研究［D］. 广州：华南理工大学，2013.

［67］ 丁疆华，舒强. 前山水道珠海段水环境可持续发展研究［J］. 环境与可持续发展，2006
（6）：29－30.

［68］ 陈豪，左其亭，窦明，等. 闸坝调度对污染河流水环境影响综合实验研究［J］. 环境科学学报，
2014，34（3）：763－771.

［69］ 贾瑞华，卢鼎元. 利用水利工程调度改善水环境质量的探讨［J］. 上海水务，1989（2）：11－12.

［70］ 陶亚芬. 水资源调度工程对城市内河水环境改善的作用分析［J］. 城市道桥与防洪，2011（5）：

88 – 91.

[71] 周建仁. 张家港市引长江水改善市区水环境研究 [D]. 南京：河海大学，2003.

[72] 李大鸣，林毅，刘雄，等. 具有闸、堰的一维河网非恒定流数学模型及其在多闸联合调度中的应用 [J]. 水利水电技术，2010，41（9）：47 – 51.

[73] 郭新蕾. 河网的一维水动力及水质分析研究 [D]. 武汉：武汉大学，2005.

[74] 白玉川，万春艳，黄本胜，等. 河网非恒定流数值模拟的研究进展 [J]. 水利学报，2000（12）：43 – 47.

[75] 江涛，朱淑兰，张强，等. 潮汐河网闸泵联合调度的水环境效应数值模拟 [J]. 水利学报，2011，42（4）：388 – 395.

[76] 李毓湘，逄勇. 珠江三角洲地区河网水动力学模型研究 [J]. 水动力学研究与进展，2001，16（2）：143 – 155.

[77] 朱效娟. 受潮汐影响的河网水质模型的研究与应用 [D]. 南京：河海大学，2007.

[78] 张永春，孙勤芳，蒋建国，等. 潮汐河网水质数学模型 [J]. 环境科学学报，1987，7（4）：449 – 458.

[79] 董志，倪培桐，黄健东，等. 广州市荔枝湾感潮河网引清调水方案研究 [J]. 人民珠江，2016，37（1）：1 – 4.

[80] 文佩. 调引珠江水改善海珠区新滘围水环境的研究 [C]. 中国水论坛，2007.

[81] 顾莉，华祖林. 天然河流纵向离散系数确定方法的研究进展 [J]. 水利水电科技进展，2007，27（2）：85 – 89.

[82] 周克钊. 纵向离散系数的经验公式及其他 [J]. 四川大学学报（工程科学版），1988（1）：78 – 88.

[83] 肖莞生，卢婧青，陈国轩，等. 珠三角八大口门潮汐调和分析及潮性特征对比 [J]. 广东水利水电，2013（5）：6 – 11.

[84] 何敬标. 大涌口水闸重建工程总体设计 [J]. 西部探矿工程，2007，19（5）：180 – 183.

[85] 刘丙军，吴志强，柯华斌. 珠江三角洲网河区水量水质联合优化调度模型研究 [J]. 人民珠江，2015，19（1）：75 – 79.

[86] 邹华志. 河网、河口及海岸整体联解数值模式及其在珠江口咸潮上溯研究的应用 [D]. 青岛：中国海洋大学，2010.

[87] 胥加仕，罗承平. 近年来珠江三角洲咸潮活动特点及重点研究领域探讨 [J]. 人民珠江，2005（2）：21 – 23.

[88] 逄勇，黄智华. 珠江三角洲河网与伶仃洋一、三维水动力学模型联解研究 [J]. 河海大学学报（自然科学版），2004，32：10 – 13.

[89] 贾良文，吴超羽，等. 珠江口磨刀门枯季水文特征及河口动力过程 [J]. 水科学进展，2006，17（1）：82 – 87.

[90] 郑沛楠，宋军，张芳苒，等. 常用海洋数值模式简介 [J]. 海洋预报，2008，25（4）：108 – 120.

[91] 陈燕群. 应对珠江口咸潮的对策初探 [J]. 广西水利水电，2005，（3）：81 – 83.

[92] 章文. 磨刀门水道盐水入侵咸度特征分析及预测 [D]. 广州：中山大学，2014.

[93] 熊立华，郭生练，肖义，等. Copula 联结函数在多变量水文频率分析中的应用 [J]. 武汉大学学报（工学版），2005（6）：16 – 19.

[94] 陈子燊，刘曾美，路剑飞. 广义极值分布参数估计方法的对比分析 [J]. 中山大学学报（自然科学版），2010，49（6）：105 – 109.

[95] Hosking J R M. L – moments：Analysis and estimation of distribution using linear combinations of order statistics [J]. Journal of the Royal Statistical Society，1990，52（1）：105 – 124.

[96] Hosking JRM. L – moments：Analysis and estimation of distribution of distribution using linear combinations of order statistics [J]. Journal of the Royal Statistical Society，1990，52（1）：105 – 124.

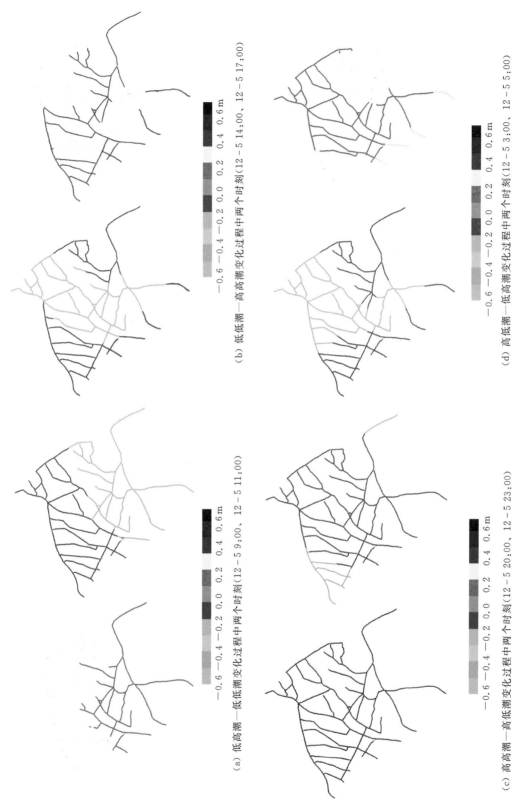

（a）低高潮—低低潮变化过程中两个时刻（12-5 9:00, 12-5 11:00）

（b）低低潮—高高潮变化过程中两个时刻（12-5 14:00, 12-5 17:00）

（c）高高潮—高低潮变化过程中两个时刻（12-5 20:00, 12-5 23:00）

（d）高低潮—低高潮变化过程中两个时刻（12-5 3:00, 12-5 5:00）

图 6.1-4　中珠联围涨落潮水位变化过程

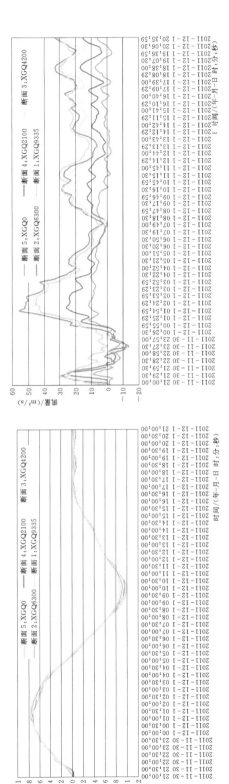

图 6.1-6 西灌河沿途断面流量过程线

图 6.1-5 西灌河沿途断面水位过程线（单周期）

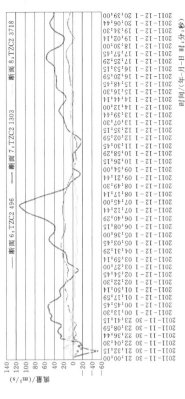

图 6.1-8 坦洲涌主要断面流量过程线

图 6.1-7 坦洲涌主要断面和大涌口断面水位过程线（单周期）

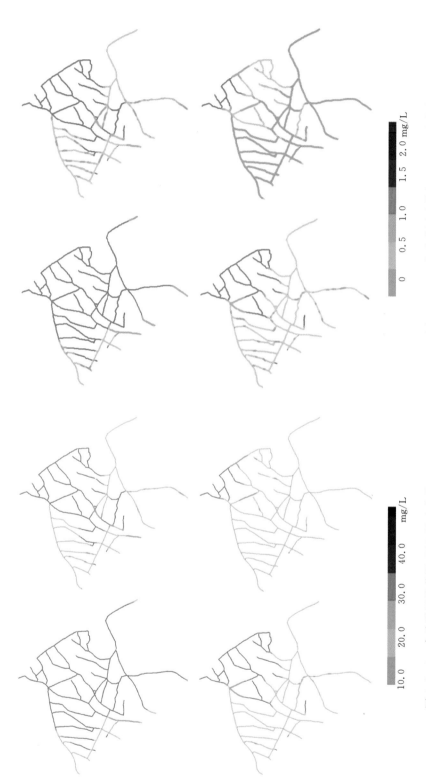

图 6.1-10 中珠联围涨落潮 NH₃-N 浓度变化

$1.5\quad 2.0\ \mathrm{mg/L}$

（按顺序序为 12-1 10：28、12-2 12：47、12-4 2：12、12-5 19：15）

图 6.1-9 中珠联围涨落潮 COD 浓度变化

$\mathrm{mg/L}$

（按时间顺序为 12-1 10：28、12-2 12：47、12-4 2：12、12-5 19：15）

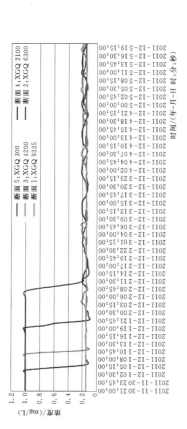

图 6.1－12　西灌河沿途断面 NH₃－N 过程线

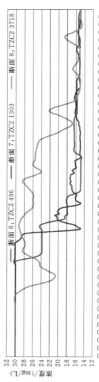

图 6.1－14　坦洲涌主要断面 COD 浓度变化过程线

图 6.1－11　西灌河沿途断面 COD 过程线

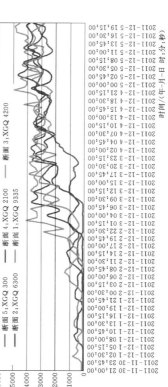

图 6.1－13　西灌河沿途断面咸度过程线

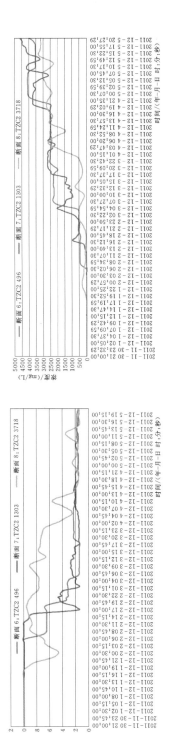

图 6.1-16 坦洲涌主要断面咸度变化过程线

图 6.1-15 坦洲涌主要断面 NH₃-N 浓度变化过程线

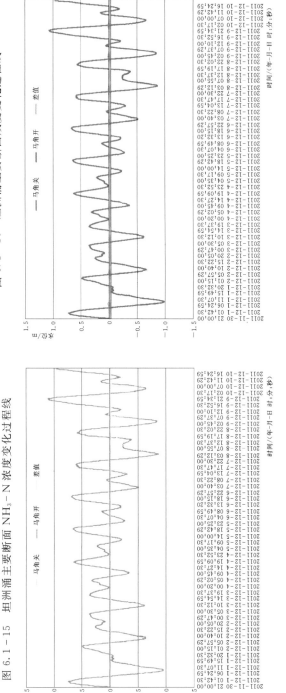

图 6.2-2 马角水闸开关下裕洲泵站水位过程线

图 6.2-1 马角水闸开关下坦洲水厂水位过程线

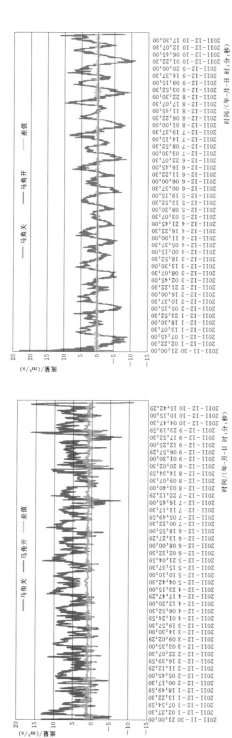

图 6.2-3 马角水闸开关下坦洲水厂流量过程线

图 6.2-4 马角水闸开关下裕洲泵站流量过程线

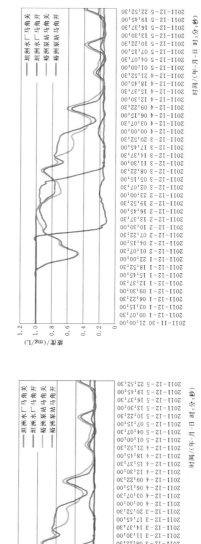

图 6.2-5 马角水闸开关下坦洲水厂、裕洲泵站 COD
浓度变化过程线

图 6.2-6 马角水闸开关下坦洲水厂、裕洲泵站
NH₃-N 浓度变化过程线

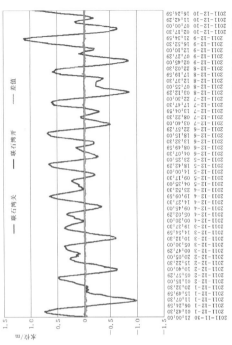

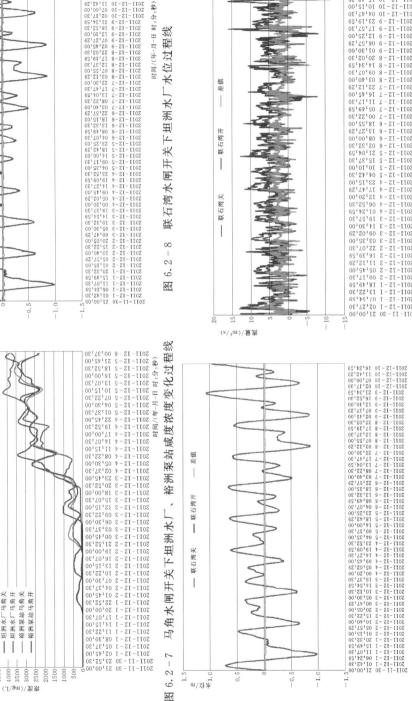

图 6.2-8 联石湾水闸开关下坦洲水厂水位过程线

图 6.2-10 联石湾水闸开关下坦洲水厂流量过程线

图 6.2-7 马角水闸开关下坦洲水厂、裕洲泵站咸度变化过程线

图 6.2-9 联石湾水闸开关下裕洲泵站水位过程线

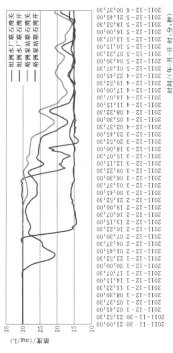

图 6.2－11　联石湾水闸开关下裕洲泵站流量过程线

图 6.2－12　联石湾水闸开关下坦洲水厂、
裕洲泵站 COD 浓度变化过程线

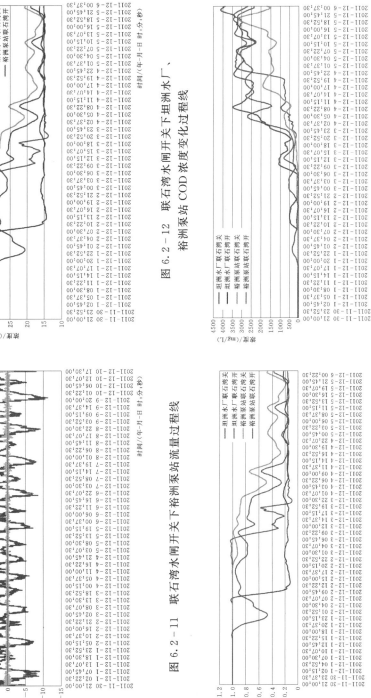

图 6.2－13　联石湾水闸开关下坦洲水厂、裕洲泵站
NH₃－N 浓度变化过程线

图 6.2－14　联石湾水闸开关下坦洲水厂、裕洲泵站盐度
浓度变化过程线

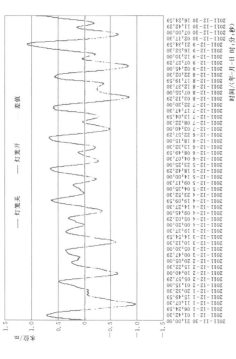

图 6.2－15　灯笼水闸开关下坦洲水厂水位过程线

图 6.2－16　灯笼水闸开关下裕洲泵站水位过程线

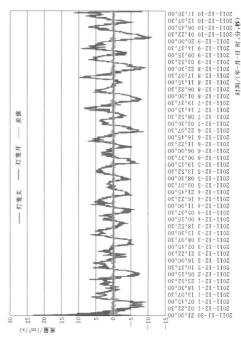

图 6.2－18　灯笼水闸开关下裕洲泵站流量过程线

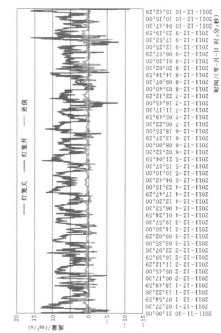

图 6.2－17　灯笼水闸开关下坦洲水厂流量过程线

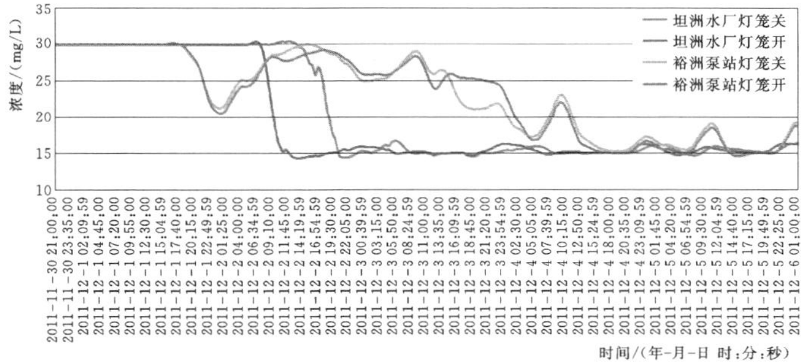

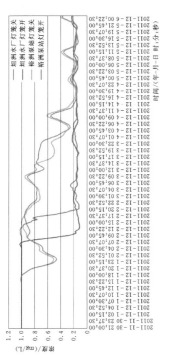

图 6.2-19　灯笼水闸开关下坦洲水厂、裕洲泵站 COD
浓度变化过程线

图 6.2-20　灯笼水闸开关下坦洲水厂、裕洲泵站
NH₃-N 浓度变化过程线

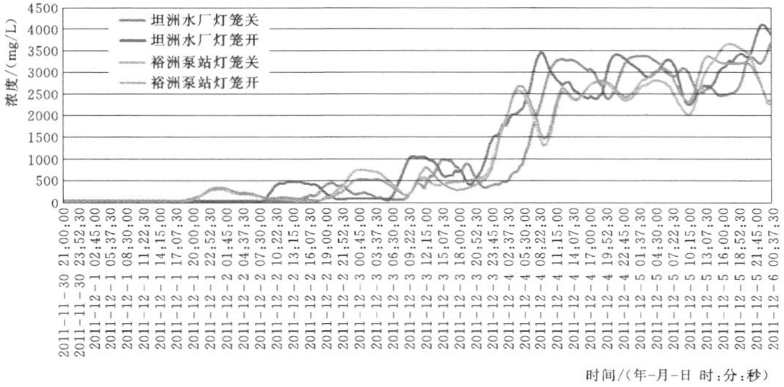

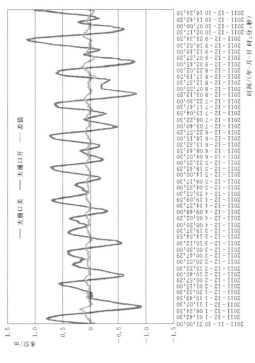

图 6.2-21　灯笼水闸开关下坦洲水厂、裕洲泵站咸度
浓度变化过程线

图 6.2-22　大涌口水闸开关下坦洲水厂水位过程线

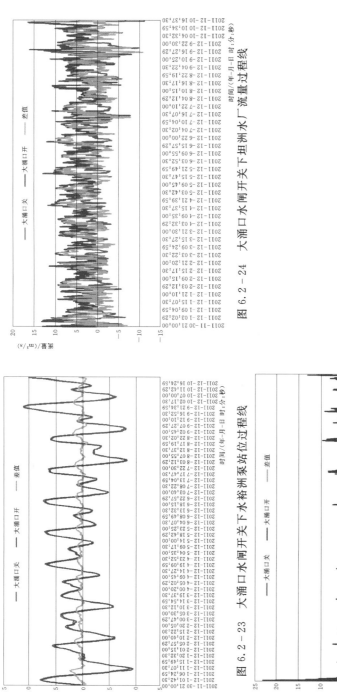

图 6.2-23 大涌口水闸开关下裕洲泵站泵位过程线

图 6.2-24 大涌口水闸开关下坦洲水厂流量过程线

图 6.2-25 大涌口水闸开关下裕洲泵站流量过程线

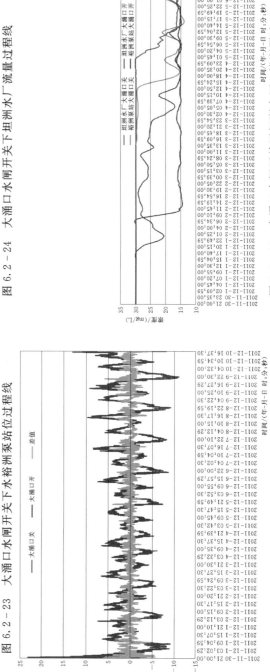

图 6.2-26 大涌口水闸开关下坦洲水厂、裕洲泵站 COD 浓度变化过程线

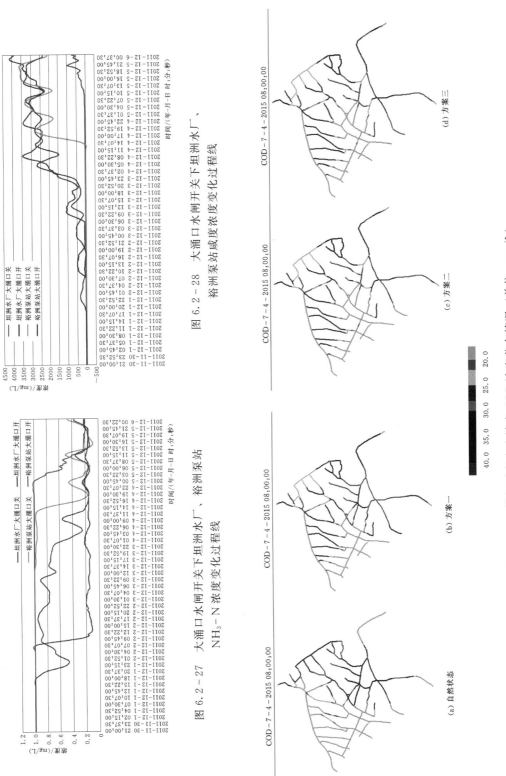

图 6.2-27 大涌口水闸开关下坦洲水厂、裕洲泵站 NH₃-N 浓度变化过程线

图 6.2-28 大涌口水闸开关下坦洲水厂、裕洲泵站咸度浓度变化过程线

图 7.2-2 模拟时段末流域内 COD 浓度分布情况（单位：mg/L）

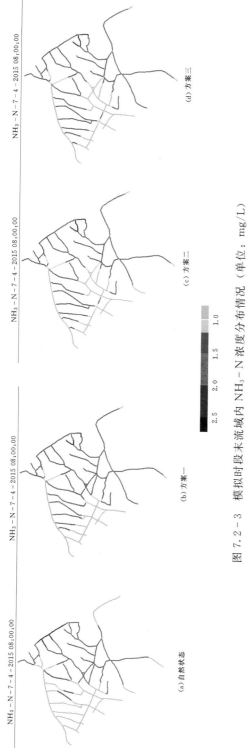

图 7.2-3　模拟时段末流域内 NH$_3$-N 浓度分布情况（单位：mg/L）

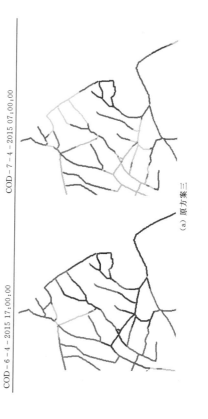

图 7.4-2（一）　不同改善方案下两个时刻 COD
浓度分布情况（单位：mg/L）

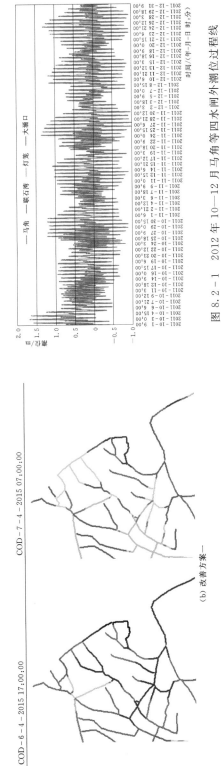

COD-6-4-2015 17:00:00　　　　COD-7-4-2015 07:00:00

(b) 改善方案一

COD-6-4-2015 17:00:00　　　　COD-7-4-2015 07:00:00

(c) 改善方案二

20.0		
25.0		
30.0		
35.0		
40.0		

图 7.4-2（二）　不同改善方案下两个时刻 COD
浓度分布情况（单位：mg/L）

图 8.2-1　2012 年 10—12 月马角等四水闸外潮位过程线

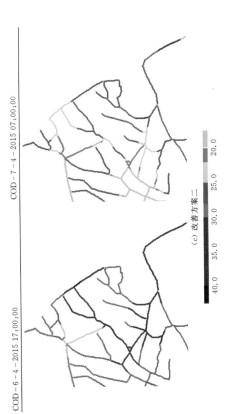

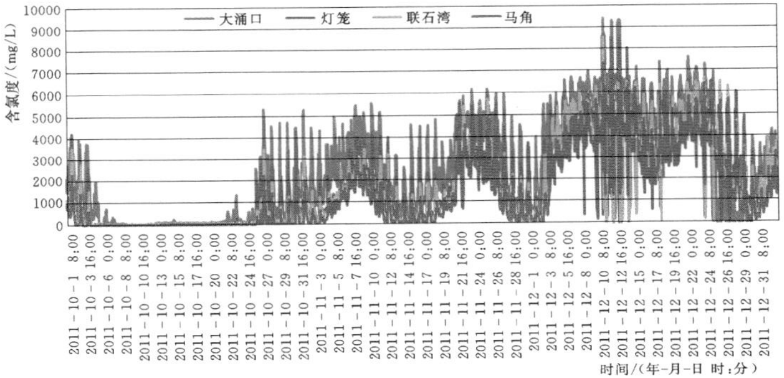

图 8.2-2　2012 年 10—12 月马角等四水闸外咸度过程线

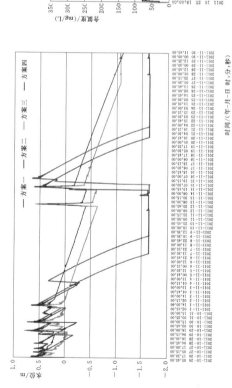

图 8.2-3　西灌河控制断面水位变化

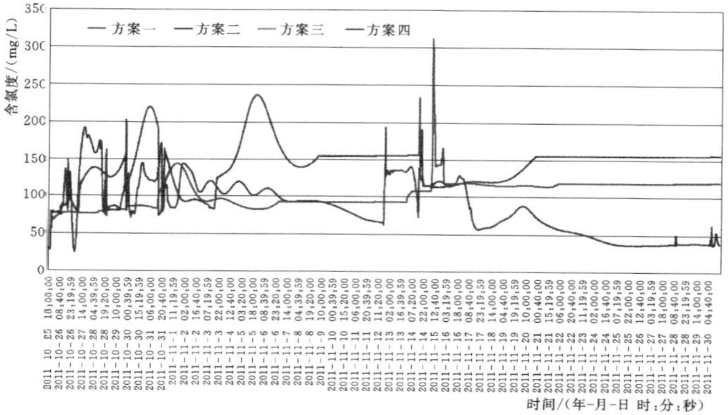

图 8.2-5　西灌河水闸抢淡量累计图

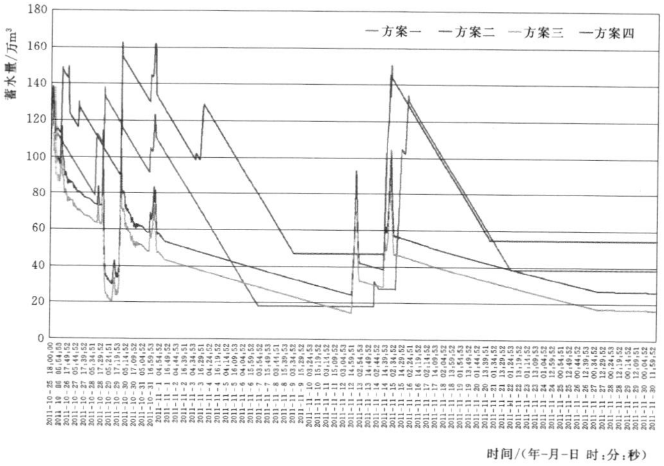

图 8.2-4　西灌河控制断面咸度变化

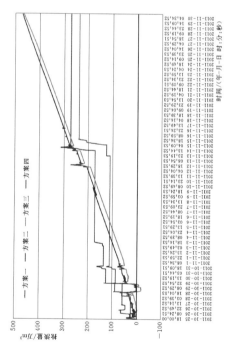

图 8.2-6　西灌河蓄水量变化过程线

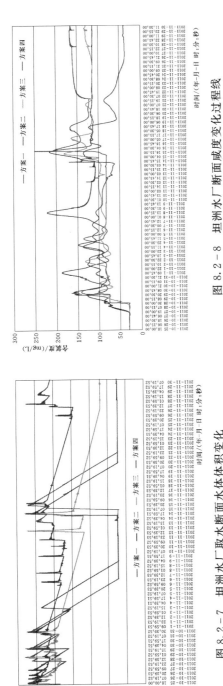

图 8.2-7 坦洲水厂取水断面水体积变化

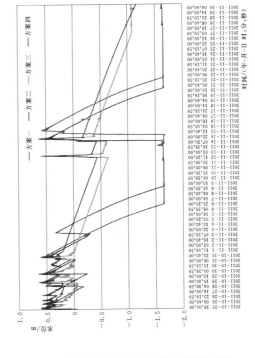

图 8.2-8 坦洲水厂断面盐度变化过程线

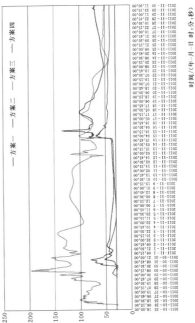

图 8.2-9 裕洲泵站断面盐度变化过程线

图 8.2-10 坦洲水厂断面水位变化过程线

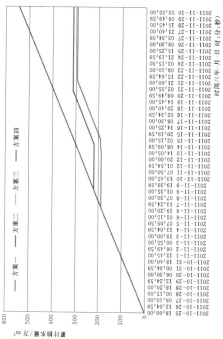

图 8.2－11　裕洲泵站断面水位变化过程线

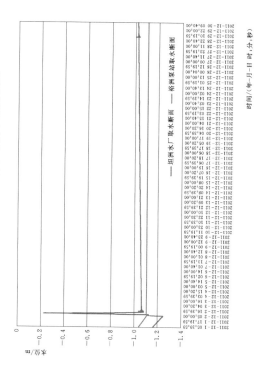

图 8.2－14　坦洲水厂泵站累计抽水量过程图

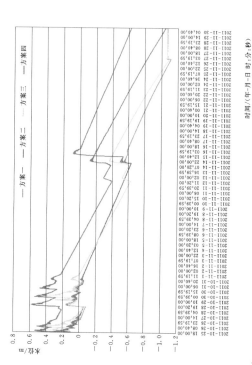

图 8.2－15　裕洲泵站累计抽水量过程图

图 8.4－1　12 月份取水断面水位变化过程

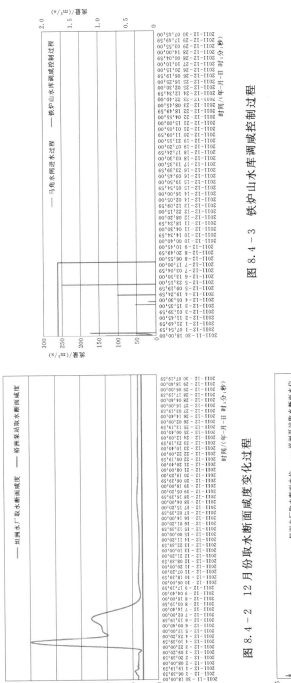

图 8.4-2 12 月份取水断面咸度变化过程

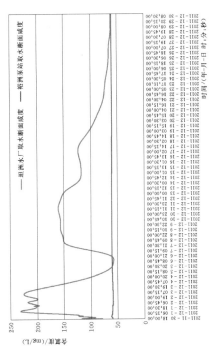

图 8.4-3 铁炉山水库调咸控制过程

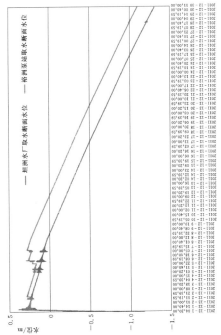

图 8.4-4 取水断面的水位变化过程

图 8.4-5 取水断面的咸度变化过程